U0236271

从零开始学

Python

明日科技　编著

全国百佳图书出版单位

化学工业出版社

·北京·

内容简介

本书从零基础读者的角度出发，通过通俗易懂的语言、丰富多彩的实例，循序渐进地让读者在实践中学习Python编程知识，并提升自己的实际开发能力。

全书共分为4篇21章，内容包括开启Python之旅、变量与基本数据类型、与计算机交流、运算符与表达式、程序的控制结构、序列的通用操作、列表（list）、元组（tuple）、字符串的常用操作、正则表达式操作、字典与集合、函数、模块和包、面向对象与类、文件I/O、异常处理与程序调试、海龟绘图、GUI设计之PyQt5、网络爬虫开发、小海龟挑战大迷宫、AI图像识别助手等。书中知识点讲解细致，侧重介绍每个知识点的使用场景，涉及的代码给出了详细的注释，可以使读者轻松领会Python程序开发的精髓，快速提高开发技能。同时，本书配套了大量教学视频，扫码即可观看，还提供所有程序源文件，方便读者实践。

本书适合人工智能、网络爬虫工程师及Python初学者等自学使用，也可用作高等院校相关专业的教材及参考书。

图书在版编目（CIP）数据

从零开始学 Python / 明日科技编著. —北京：化
学工业出版社，2022.3
ISBN 978-7-122-40451-0

Ⅰ.①从… Ⅱ.①明… Ⅲ.①软件工具–程序设计
Ⅳ.① TP311.561

中国版本图书馆 CIP 数据核字（2022）第 019621 号

责任编辑：耍利娜　张　赛　　　　　　　文字编辑：蔡晓雅　林　丹
责任校对：李雨晴　　　　　　　　　　　装帧设计：尹琳琳

出版发行：化学工业出版社（北京市东城区青年湖南街13号　邮政编码100011）
印　　装：三河市延风印装有限公司
787mm×1092mm　1/16　印张23½　字数576千字　　2022年6月北京第1版第1次印刷

购书咨询：010-64518888　　　　　　售后服务：010-64518899
网　　址：http://www.cip.com.cn
凡购买本书，如有缺损质量问题，本社销售中心负责调换。

定　　价：99.00元　　　　　　　　　　　　　　　　　版权所有　违者必究

Python 是由荷兰人 Guido van Rossum 发明的一种面向对象的、解释型高级编程语言，人称"胶水"语言，能够把使用其他语言制作的各种模块(尤其是 C/C++)很轻松地联结在一起。Python 语法简洁、清晰，代码可读性强，编程模式符合人类的思维方式和习惯，很多学校都开设了 Python 课程，甚至连小学生都能学会，您还在等什么呢? 快快加入 Python 开发者的阵营吧!

本书内容

本书包含了学习 Python 开发的必备知识，全书共分为 4 篇 21 章内容，结构如下。

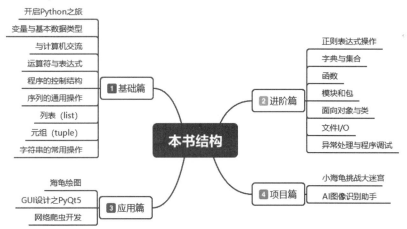

第 1 篇：基础篇。本篇主要对 Python 语言的基础知识进行讲解，包括开启 Python 之旅、变量与基本数据类型、与计算机交流、运算符与表达式、 程序的控制结构、序列的通用操作、列表、元组、字符串的常用操作等内容。

第 2 篇：进阶篇。本篇主要讲解 Python 语言更深一层的技术，包括正则表达式操作、字典与集合、函数、模块和包、面向对象与类、文件 I/O、异常处理与程序调试等内容。

第 3 篇：应用篇。本篇主要讲解 Python 语言的不同应用方向的技术，包括海龟绘图、进行 GUI 设计的第三方模块 PyQt5 和网络爬虫开发等。

第 4 篇：项目篇。学习编程的最终目的是进行开发，解决实际问题，本篇通过小海龟挑战大迷宫和 AI 图像识别助手两个不同类型的项目，讲解如何使用所学的 Python 知识开发项目。

本书特点

☑ **知识讲解详尽细致**。本书以零基础入门学员为对象，力求将知识点划分得更加细致，讲解更加详细，使读者能够学必会，会必用。

☑ **案例侧重实用有趣**。实例是最好的编程学习方式，本书在讲解知识时，通过有趣、实用的案例对所讲解的知识点进行解析，让读者不只学会知识，还能够知道所学知识的真实使用场景。

☑ **思维导图总结知识**。每章最后都使用思维导图总结本章重点知识，使读者能一目了然地回顾本章知识点以及重点需要掌握的知识。

☑ **配套高清视频讲解**。本书资源包中提供了同步高清教学视频，读者可以根据这些视频更快速地学习，感受编程的快乐和成就感，增强进一步学习的信心，从而快速成为编程高手。

读者对象

☑ 初学编程的自学者　　　　　　　　　☑ 编程爱好者

☑ 大中专院校的老师和学生　　　　　　☑ 相关培训机构的老师和学员

☑ 毕业设计的学生　　　　　　　　　　☑ 初、中、高级程序开发人员

☑ 程序测试及维护人员　　　　　　　　☑ 参加实习的"菜鸟"程序员

读者服务

为了方便解决本书疑难问题，我们提供了多种服务方式，并由作者团队提供在线技术指导和社区服务，服务方式如下：

√ 企业 QQ：4006751066

√ QQ 群：337212027

√ 服务电话：400-67501966、0431-84978981

本书约定

开发环境及工具如下：

√ 操作系统：Windows 10 等。

√ 开发工具：IDLE、PyCharm。

√ Python 语言版本：3.9。

致读者

本书由明日科技 Python 程序开发团队组织编写，主要人员有王国辉、李磊、冯春龙、高春艳、李再天、王小科、赛奎春、申小琦、赵宁、张鑫、周佳星、杨柳、葛忠月、李春林、宋万勇、张宝华、杨丽、刘媛媛、庞凤、胡冬、梁英、谭畅、何平、李菁菁、依莹莹等。在编写过程中，我们以科学、严谨的态度，力求精益求精，但疏漏之处在所难免，敬请广大读者批评指正。

感谢您阅读本书，零基础编程，一切皆有可能，希望本书能成为您编程路上的敲门砖。

祝读书快乐！

编著者

目 录

第 3 章　与计算机交流 / 37

第 4 章　运算符与表达式 / 48

第 5 章　程序的控制结构 / 61

第6章　序列的通用操作 / 80

▶ 视频讲解：7 节，38 分钟

第7章　列表（list）/ 90

▶ 视频讲解：7 节，90 分钟

第 8 章　元组（tuple）/ 104

▶视频讲解：6 节，44 分钟

第 9 章　字符串的常用操作 / 113

▶视频讲解：11 节，117 分钟

第 2 篇　进阶篇

第 10 章　正则表达式操作 / 136

▶视频讲解：3 节，34 分钟

第 11 章　字典与集合 / 150

▶视频讲解：8 节，83 分钟

第 12 章 函数 / 164

▶ 视频讲解：13 节，132 分钟

第 13 章 模块和包 / 181

▶ 视频讲解：10 节，105 分钟

第 3 篇　应用篇

第 17 章　海龟绘图 / 250

第 18 章　GUI 设计之 PyQt5 / 279

▶视频讲解：11 节，143 分钟

第 19 章　网络爬虫开发 / 299

▶视频讲解：13 节，150 分钟

第4篇 项目篇

第20章 小海龟挑战大迷宫 / 330

第21章 AI 图像识别助手 / 347

▶视频讲解：7 节，88 分钟

Python

从零开始学　Python

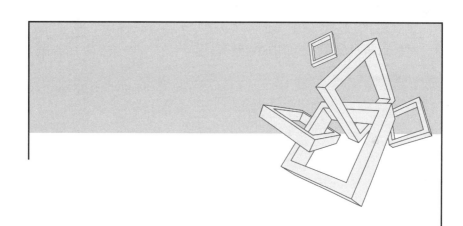

第1篇
基础篇

第 1 章

开启 Python 之旅

 本章学习目标

- 了解 Python 语言
- 学会搭建 Python 开发环境
- 能够解决安装过程中出现的问题
- 掌握在 IDLE 和 PyCharm 中编写"Hello World"程序
- 学会安装及使用 PyCharm 开发工具

1.1 Python 概述

1.1.1 Python 简介

Python 英文是指"蟒蛇"。1989 年，由荷兰人 Guido van Rossum 发明的一种面向对象的解释型高级编程语言，命名为 Python，标志如图 1.1 所示。Python 的设计哲学为优雅、明确、简单。实际上，Python 也始终贯彻这个理念，以至于现在网络上流

图 1.1 Python 的标志

传着"人生苦短，我用 Python"的说法。可见 Python 有着简单、开发速度快、节省时间和容易学习等特点。

Python 本身并非所有的特性和功能都集成到语言核心，而是被设计为可扩充的。它具有丰富和强大的库，能够把用其他语言（尤其是 C/C++）制作的各种模块很轻松地联结在一起。因此，Python 常被称为"胶水"语言。

1991 年，Python 的第一个公开发行版问世之后，Python 的发展并不突出。2004 年以后，Python 的使用率呈线性增长。2010 年，Python 赢得 TIOBE 2010 年度语言大奖。直到 2020 年，IEEE Spectrum 发布的年度编程语言排行榜中，Python 已经连续 4 年夺冠。

1.1.2 Python 的版本

Python 自发布以来，主要经历了 3 个版本的变化，分别是 1994 年发布的 Python 1.0 版本（已过时），2000 年发布的 Python 2.0 版本（现在已经停止更新）和 2008 年发布的 3.0 版本（现在已经更新到 3.9.x）。如果新手学习 Python，建议从 Python 3.x 版本开始。

👑 说明：

Python 版本更新较快，差不多两个月就升级一次，这也导致选择 Python 3.x 也会有缺点，那就是很多扩展库的发行总是滞后于 Python 的发行版本，甚至目前还有很多库不支持 Python 3.x。因此，在选择 Python 时，一定要先考虑清楚自己的学习目的。例如，打算做哪方面的开发，需要用到哪些扩展库，以及扩展库支持的最高 Python 版本等。明确这些问题后，再做出选择。

1.1.3 Python 的应用领域

Python 作为一种功能强大的编程语言，因其简单易学而受到很多开发者的青睐。那么 Python 的应用领域有哪些呢？概括起来主要有以下几个，

- 应用程序开发：拥有脚本编写、软件开发等基本功能。
- AI 人工智能：机器学习、神经网络、深度学习等方面得到广泛的支持和应用。
- 数据分析：大数据行业的基石。
- 自动化运维开发：运维工程师首选的编程语言。
- 云计算：拥有成功案例 OpenStack。
- 网络爬虫：大数据行业获取数据的核心工具。
- Web 开发：完善的框架支持，开发速度快。
- 游戏开发：简单、高效、代码少。

1.2 搭建 Python 开发环境

所谓"工欲善其事，必先利其器"。在正式学习 Python 开发前，需要先搭建 Python 开发环境。Python 是跨平台的开发工具，可以在多个操作系统上进行编程，编写好的程序也可以在不同系统上运行。常用的操作系统及说明如表 1.1 所示。

表 1.1 进行 Python 开发常用的操作系统

操作系统	说明
Windows	推荐使用 Windows 10 注意：Python 3.9 及以上版本不能在 Windows 7 系统上使用
Mac OS	从 Mac OS X 10.3(Panther) 开始已经包含 Python
Linux	推荐 Ubuntu 版本

1.2.1 在 Windows 操作系统上安装 Python

要进行 Python 开发，需要先安装 Python 解释器。由于 Python 是解释型编程语言，所以需要一个解释器，这样才能运行编写的代码。这里说的安装 Python 实际上就是安装 Python 解释器。下面以 Windows 操作系统为例介绍安装 Python 的方法。

（1）如何查看计算机操作系统的位数

现在很多软件，尤其是编程工具，为了提高开发效率，分别对 32 位操作系统和 64 位操作系统做了优化，推出了不同的开发工具包。Python 也不例外，所以安装 Python 前，需要了解计算机操作系统的位数。下面以 Windows 10 操作系统为例介绍查看操作系统位数的步骤。

在桌面找到"此电脑"图标，右键单击该图标，在打开的菜单中选择"属性"菜单项，如图 1.2 所示。选择"属性"菜单项后将弹出如图 1.3 所示的"系统"窗体，在"系统类型"标签处标示着本机是 64 位操作系统还是 32 位操作系统，该信息就是操作系统的位数。图 1.3 中所展示的计算机操作系统的位数为 64 位。

图 1.2 菜单中选择"属性"

图 1.3 查看系统类型

（2）下载 Python 安装包

在 Python 的官方网站中，可以很方便地下载到 Python 的开发环境，具体下载步骤如下。

① 打开浏览器（如 Google Chrome 浏览器），进入 Python 官方网站，将鼠标移动到 Downloads 菜单上，将显示和下载有关的菜单项，如图 1.4 所示。如果使用的是 64 位的 Windows 操作系统，那么直接单击"Python 3.9.x"按钮下载 64 位的安装包，否则，单击 Windows 菜单项，进入详细的下载列表。在下载列表中，将列出 Python 不同版本的下载链接，读者可以根据需要下载。

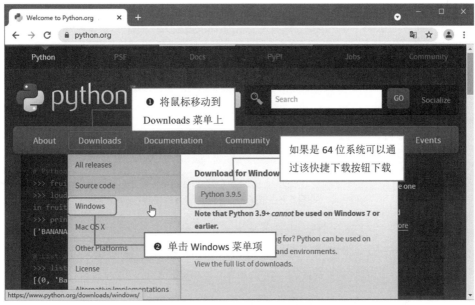

图 1.4　Python 官方网站首页

👑 注意：

如果选择 Windows 菜单项时，没有显示右侧的下载按钮，应该是页面没有加载完全，加载完成后就会显示了，请耐心等待。

② 单击 Windows 菜单项，进入到 Python 下载列表页面，在该页面中，将列出 Python 提供的各个版本的下载链接。读者可以根据需要下载。当前 Python 3.x 的最新稳定版本是 3.9.5，所以找到如图 1.5 所示的位置。

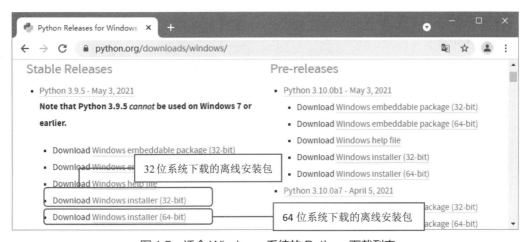

图 1.5　适合 Windows 系统的 Python 下载列表

👑 说明：

　　在如图 1.5 所示的列表中，带 (32-bit) 的，表示是在 Windows 32 位系统上使用的；而带 (64-bit) 的，则表示是在 Windows 64 位系统上使用的。另外，标记为 "embeddable package" 的，表示嵌入式安装；标记为 "installer" 的，表示通过可执行文件 (*.exe) 方式离线安装；标记为 "embeddable zip file" 的，表示嵌入式版本，可以集成到其他应用中。

　　③ 单击 "Windows installer (64-bit)" 超链接，下载适用于 Windows 64 位操作系统的离线安装包，如图 1.6 所示。

图 1.6　正在下载 Python

　　④ 下载完成后，浏览器会自动提示 "此类型的文件可能会损害您的计算机。您仍然要保留 python-3.9.5-am….exe 吗？"，此时，单击 "保留" 按钮，保留该文件即可。

　　⑤ 下载完成后，将得到一个名称为 "python-3.9.5-amd64.exe" 的安装文件。如图 1.7 所示。

图 1.7　下载后的 python-3.9.5-amd64.exe 文件

（3）Windows 64 位系统上安装 Python

　　在 Windows 64 位系统上安装 Python 3.9.x 的步骤如下。

　　① 双击下载后得到的安装文件 python-3.9.5-amd64.exe，将显示安装向导对话框，选中 Add Python 3.9 to PATH 复选框，让安装程序自动配置环境变量。如图 1.8 所示。

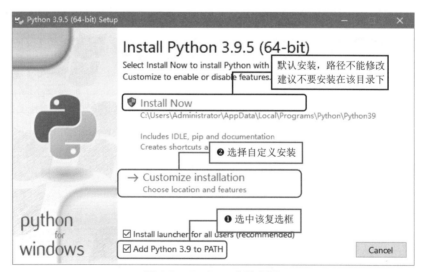

图 1.8　Python 安装向导

👑 注意：

一定要选中"Add Python 3.9 to PATH"复选框，否则在后面学习中会出现"XXX 不是内部或外部命令"的错误。

② 单击"Customize installation"按钮，进行自定义安装（自定义安装可以修改安装路径），在弹出的"安装选项"对话框中采用默认设置，如图 1.9 所示。

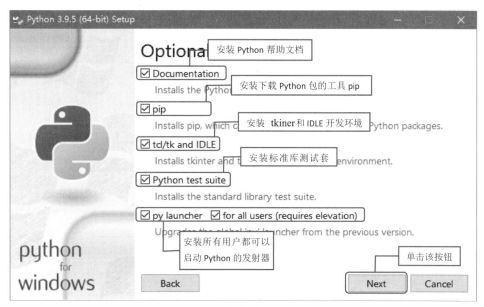

图 1.9　设置"安装选项"对话框

③ 单击"Next"按钮，将打开高级选项对话框，在该对话框中，设置安装路径为"C:\Python\Python39"（读者可自行设置路径），其他采用默认设置，如图 1.10 所示。

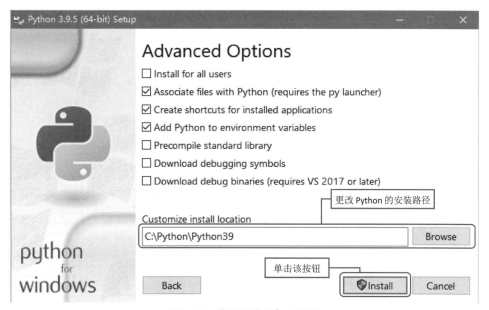

图 1.10　"高级选项"对话框

④ 单击"Install"按钮，将显示如图 1.11 所示的"用户帐户控制"窗体，在该窗体中确认是否允许此应用对你的设备进行更改，此处单击"是"按钮即可。

单击该按钮

图 1.11　确认是否允许此应用对你的设备进行更改

⑤ 单击"是"按钮，开始安装 Python，安装完成后将显示如图 1.12 所示的对话框。

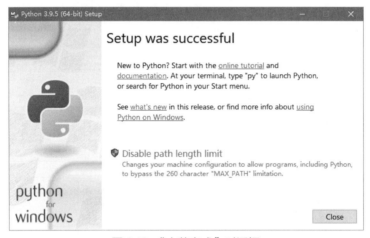

图 1.12　"安装完成"对话框

（4）测试 Python 是否安装成功

Python 安装成功后，需要检测 Python 是否成功安装。例如，在 Windows 10 系统中检测 Python 是否成功安装，可以单击 Windows 10 系统的开始菜单，在桌面左下角"搜索程序和文件"文本框中输入 cmd 命令，然后按下 <Enter> 键，启动命令

图 1.13　在命令行窗口中运行的 Python 解释器

行窗口，在当前的命令提示符后面输入"python"，并且按 <Enter> 键，如果出现如图 1.13 所示的信息，则说明 Python 安装成功，同时进入交互式 Python 解释器中。

图 1.13 中的信息是笔者电脑中安装的 Python 的相关信息，其中包括 Python 的版本、该版本发行的时间、安装包的类型等。因为选择的版本不同，这些信息可能会有所差异，只要命令提示符变为">>>"就说明 Python 已经安装成功，正在等待用户输入 Python 命令。

👑 注意：

　　如果输入 python 后，没有出现如图 1.13 所示的信息，而是显示"'python' 不是内部或外部命令，也不是可运行的程序或批处理文件"，这时，需要在环境变量中配置 Python。具体方法参见 1.3.1 节。

1.2.2　在 Linux 操作系统上安装 Python

Ubuntu 是一个以桌面应用为主的 Linux 系统，它使用简单、界面美观，深受广大 Linux 支持者的喜欢，在使用 Ubuntu 系统时，需要像使用 Windows 系统一样进行安装，这里以在虚拟机上安装 Ubuntu 系统为例介绍 Linux 系统中安装 Python。

（1）通过虚拟机安装 Ubuntu 系统

① 首先在电脑上下载安装 VMware 虚拟机（可登录 VMware 官网下载），打开该虚拟机，在菜单中选择"文件"/"新建虚拟机"菜单。

② 弹出"新建虚拟机向导"对话框，在该对话框中单击"浏览"按钮，选择下载好的 Ubuntu 系统的 .iso 镜像文件（可登录 Ubuntu 官网下载）。

③ 单击"下一步"按钮，进入"简易安装信息"设置界面，这里设置使用 Ubuntu 系统的用户名和密码，这里设置用户名为 xiaoke，密码为 root，如图 1.14 所示。

> 注意：
> 由于 Ubuntu 系统内置了 root 用户，所以不能将用户名设置为 root。

④ 单击"下一步"按钮，由于"简易安装信息"设置界面中的全名设置成为 root，所以会弹出"VMware Workstation 15 Player"提示框询问是否继续安装，直接单击"是"按钮即可。

⑤ 进入"命名虚拟机"界面，输入虚拟机名称，并选择虚拟机的存放位置，如图 1.15 所示。

图 1.14　简易安装信息

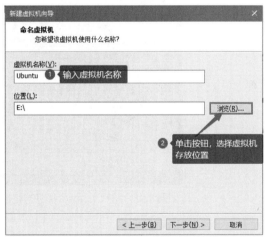

图 1.15　命名虚拟机

> 注意：
> 这里的虚拟机位置建议选择一个没有任何其他文件的分区，这样可以避免破坏已有文件。

⑥ 单击"下一步"按钮，进入"指定磁盘容量"界面，默认的最大磁盘大小为 20GB，这里不用更改，但如果磁盘空间足够大，将下面的"将虚拟磁盘存储为单个文件"单选按钮选中，如图 1.16 所示。

⑦ 单击"下一步"按钮，预览已经设置好的虚拟机相关的信息，如图 1.17 所示。

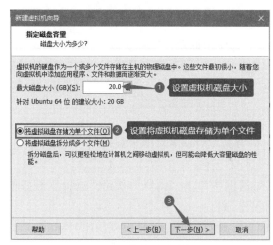
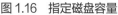

图 1.16　指定磁盘容量

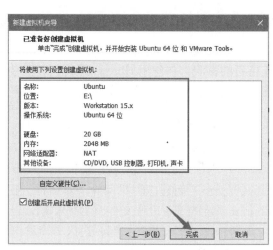

图 1.17　预览设置的虚拟机相关信息

⑧ 确认无误后，单击"完成"按钮，即可自动开始在虚拟机上安装 Ubuntu 系统，等待安装完成即可。

（2）使用已有 Python

Ubuntu 系统在安装完成后，会自带 Python，例如，我们这里安装的是 Ubuntu 20.04 桌面版，安装完成后，打开终端，输入 python3，即可显示如图 1.18 所示的信息。

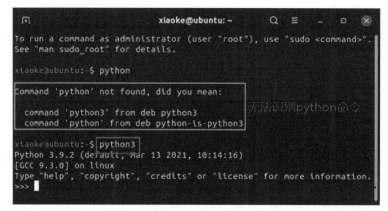

图 1.18　在 Ubuntu 系统的终端输入 python3 命令进入交互环境

👑 说明：

在图 1.18 中可以看到，当输入 python 命令时，系统无法识别，这是因为在 Ubuntu 系统中的 python 命令默认会调用 Python 2.x，而由于 Python 2.x 在 2020 年停止服务，所以在最新的 Ubuntu 系统中取消了内置的 Python 2.x 版本，只保留了最新的 Python 3 版本。所以当输入 pyhton 3 命令时，将直接进入 Python 交互环境。

1.2.3　在 Mac OS 操作系统中安装 Python

Mac OS 是一套运行于苹果电脑上的操作系统，由于苹果电脑的易用性以及 Python 的跨平台特性，现在很多开发者都使用 Mac OS 开发 Python 程序。这里对如何在 Mac OS 系统中安装 Python 进行讲解。

（1）下载安装文件

打开浏览器，访问 Python 官方网址 https://www.python.org/，将鼠标移动到 Downloads 菜单，单击该菜单下的"Mac OS X"菜单，进入专为 Mac OS 系统提供的 Python 下载列表页面，该页面中提供了 Python 2.x 和 Python 3.x 版本的下载链接，由于 Python 2.x 版本的官方支持即将终止，因此建议下载 Python 3.x 版本。找到自己想要下载的版本，并且单击其下方的"Download macOS 64-bit installer"超链接。浏览器开始自动下载，并显示下载进度，如图 1.19 所示。

图 1.19　Python 的下载进度

等待下载完成后，得到一个 python-3.9.x-macos11.pkg，该文件就是针对 Mac OS 系统的 Python 安装文件。

> 👑 说明：
>
> 文件名 python-3.9.x-macos11.pkg 中的 x 代表具体的版本号，例如，下载 3.9.5 版本则对应的文件名为 python-3.9.5-macos11.pkg。

（2）安装 Python

Python 安装文件下载完成后，就可以进行安装了。在 Mac OS 系统中安装 Python 的步骤与在 Windows 中类似，都是按照向导一步步操作即可。在 Mac OS 系统中安装 Python 的具体步骤如下：

① 双击下载的 python-3.9.x-macos11.pkg 文件，进入欢迎界面，单击"继续"按钮，进入重要信息界面，再单击"继续"按钮，进入软件许可协议界面，再单击"继续"按钮，将弹出是否同意许可条款的提示框，单击"同意"按钮，进入安装确认界面，该界面中显示需要占的空间以及是否确认安装，单击"安装"按钮进行安装。

② 由于 Mac OS 系统本身的安全性，在安装软件时，会提示用户输入密码，如图 1.20 所示，输入你的密码，单击"安装软件"按钮。

③ 系统自动开始安装 Python，并显示安装进度，安装完成后，自动进入安装完成界面，提示安装成功，单击"关闭"按钮即可。

图 1.20　输入密码以安装软件

（3）安装安全证书

在安装完 Python 后，MacOS 系统还要求安装 Python 的安全证书，在 Python 的安装文件夹中找到"Install Certificates.command"文件，直接双击打开，如图 1.21 所示。

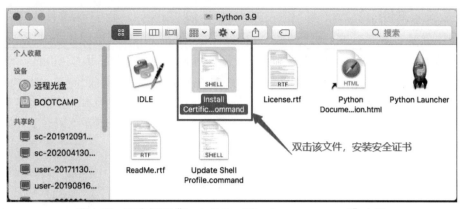

图 1.21　双击打开"Install Certificates.command"文件

等待自动安装完成即可，如图 1.22 所示。

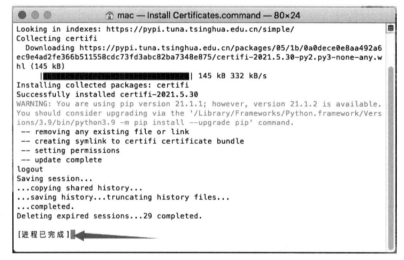

图 1.22　安装安全证书

（4）打开并使用 Python

Python 及其安全证书安装完成后，就可以使用了。使用方法：打开 MacOS 系统的终端，输入 python3 命令，按回车键，进入 Python 交互环境，如图 1.23 所示。

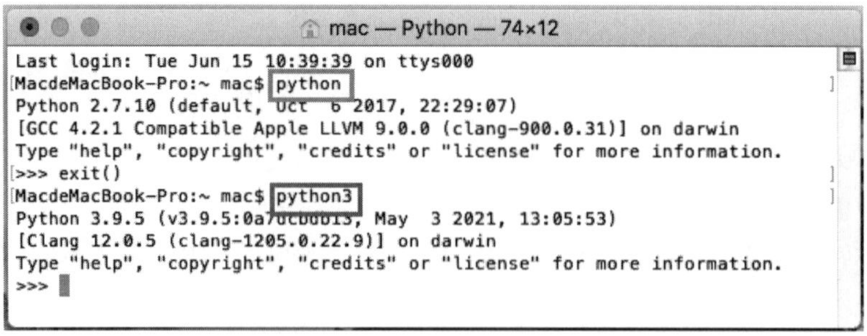

图 1.23　使用 python3 进入 Python 交互环境

👑 说明：

图 1.23 中，当输入 python 命令时，也可以进入 Python 交互环境，但版本显示为 2.7.10，该版本是 MacOS 系统自带的 Python，支持 Python 2.x。

另外，用户也可以直接双击 Python 安装目录下的 IDLE，直接进入 IDLE 开发工具进行 Python 程序的编写，如图 1.24 所示。

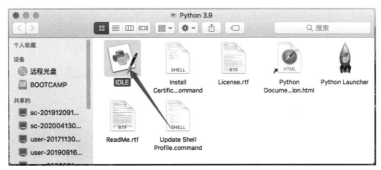

图 1.24　通过打开 IDLE 编写 Python 程序

1.3　常见问题的分析与解决

初学者经常会在搭建 Python 开发环境这一步遇到各种问题，下面列举了一些常见问题的解决方案。如果在学习中遇到了问题，请尝试下面的解决方案。

1.3.1　解决提示 "'python' 不是内部或外部命令……" 的问题

在命令行窗口中输入 "python" 命令后，显示 "'python' 不是内部或外部命令，也不是可运行的程序或批处理文件"，如图 1.25 所示。

出现该问题的原因是，在当前的路径中找不到 Python.exe 可执行程序，具体的解决方法是配置环境变量，这里以 Windows 10 系统为例介绍配置环境变量的方法，具体如下。

① 在 "此电脑" 图标上单击鼠标右键，然后在弹出的快捷菜单中执行 "属性" 命令，并在弹出的 "属性" 对话框左侧单击 "高级系统设置" 超链接，将出现如图 1.26 所示的 "系统属性" 对话框。

图 1.25　输入 python 命令后出错　　　　图 1.26　"系统属性" 对话框

② 单击"环境变量"按钮，将弹出"环境变量"对话框，如图 1.27 所示，选中"Administrator 的用户变量"栏中的 Path 变量，然后单击"编辑"按钮。

图 1.27 "环境变量"对话框

③ 在弹出的"编辑环境变量"对话框中，单击"新建"按钮，在光标所在位置输入 Python 的安装路径"C:\Python\Python39\"，然后再单击"新建"按钮，并且在光标所在位置输入"C:\Python\Python39\Scripts\"（C 盘为笔者的 Python 安装路径所在的盘符，读者可以根据自身实际情况进行修改），接下来再将新添加的两个变量值上移到如图 1.28 所示位置。单击"确定"按钮完成环境变量的设置。

图 1.28 设置 Path 环境变量值

④ 在命令行窗口中，输入 python 命令，如果 Python 解释器可以成功运行，说明配置成功。如果已经正确配置了注册信息，仍无法启动 Python 解释器，建议重新安装 Python。

1.3.2　我的 Python 安装到哪了？

在实际应用中，有时需要找到 Python 的安装位置。如果没有按照书中的方法安装在自己指定的位置，或者采用了默认安装，那么就可能找不到 Python 的安装位置。这时可以按照以下步骤查找其具体位置。

① 在开始菜单中，找到已经安装的 Python 选项（如 Python 3.9），如图 1.29 所示。

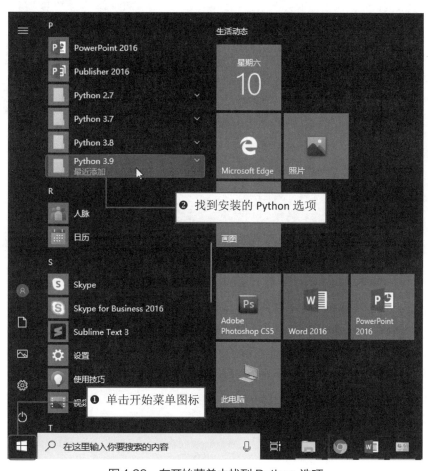

图 1.29　在开始菜单中找到 Python 选项

② 找到 Python 选项右侧的向下箭头并单击（单击后会变成向上箭头），在展开的节点中，找到 Python 3.9(64-bit) 节点，并且单击鼠标右键，在展开的快捷菜单中，单击"更多"，接下来在展开的菜单中单击"打开文件位置"菜单项，如图 1.30 所示。

③ 单击"打开文件位置"菜单项，将打开开始菜单中各项快捷方式所在的位置，在 Python 3.9(64-bit) 上单击鼠标右键，如图 1.31 所示。

④ 在弹出的快捷菜单中，单击"打开文件所在的位置"菜单项，即可进入到 Python 安装位置。

图 1.30 找到"打开文件位置"菜单项

图 1.31 找到 Python 3.9(64-bit) 快捷方式

1.3.3 为什么出现 2502/2503 错误

在 Windows 10 系统上安装 Python 时，有时可能会弹出如图 1.32 所示的错误提示框，并且不能再继续安装。

出现该错误的原因是权限设置的问题。解决的方法是，在安装包文件上单击鼠标右键，在弹出的快捷菜单中选择"以管理员身份运行"菜单项，然后按照 1.2.1 节介绍的方法继续安装即可。

图 1.32　出现 2503 错误提示框

1.4　第一个 Python 程序

在安装 Python 后，会自动安装一个 IDLE，它是一个开发 Python 程序的集成开发环境，提供两种代码编写方式，一种是 Shell，可以实时交互；另一种是编辑窗口，可以创建或者编辑 Python 文件并运行。对于初学者，建议使用 IDLE 作为开发工具。下面将介绍如何使用 IDLE 开发第一个 Python 程序。

1.4.1　在 IDLE 中编写"Hello World"

单击 Windows 10 系统的开始菜单，然后依次选择"所有程序"→"Python 3.9"→"IDLE (Python 3.9 64-bit)"菜单项，即可打开 IDLE 窗口，如图 1.33 所示。

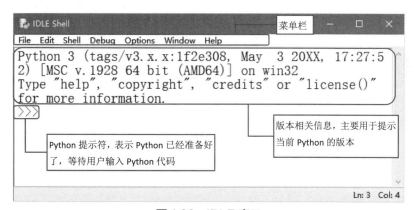

图 1.33　IDLE 窗口

在当前的 Python 提示符 >>> 的右侧输入以下代码，并且按 <Enter> 键。

```
print('Hello World')
```

运行结果如图 1.34 所示。

在 IDLE 中，可以输出简单的语句，但是实际开发时，通常不能只包含一行代码，当需要编写多行代码时，可以单独创建一个文件保存这些代码，在全部编写完成后一起执行。具体方法如下。

① 在 IDLE 主窗口的菜单栏上，选择"File"→"New File"菜单项，将打开一个新窗口，在该窗口中，可以直接编写 Python 代码。在输入一行代码后再按下 <Enter> 键，将自动换

到下一行，等待继续输入，如图 1.35 所示。

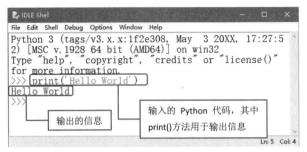

图 1.34 在 IDLE 中输出 Hello World

图 1.35 新创建的 Python 文件窗口

② 在代码编辑区中，编写多行代码。例如，输出中英文版的"人生苦短，我用Python"，代码如下：

```
01    print('人生苦短，我用Python。')
02    print('Lift is short,you need Python.')
```

编写代码后的 Python 文件窗口如图 1.36 所示。

图 1.36 编写代码后的 Python 文件窗口

③ 按下快捷键 <Ctrl+S> 保存文件，这里将文件名称设置为 demo.py。其中，.py 是 Python 文件的扩展名。

1.4.2 运行 Python 程序

运行 Python 程序通常有两种方法：一种是在开发工具中运行，例如，使用的开发工具为 IDLE，那么就可以在 IDLE 中运行；另一种是在 Python 交互模式中运行。下面分别进行介绍。

（1）在 IDLE 中运行 Python 程序

在 IDLE 中，要运行已经编写好的 Python 程序，可以在菜单栏中选择 Run/Run Module 菜单项（或按 <F5> 键）实现。例如，运行 1.4.1 节编写的 Python 程序，如图 1.37 所示。

运行程序后，将打开 Python Shell 窗口，显示运行结果，如图 1.38 所示。

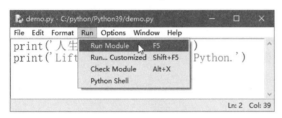
图 1.37　运行程序

图 1.38　运行结果

👑 说明：

程序运行结果会在 IDLE 中呈现，每运行一次程序，就在 IDLE 中呈现一次。

（2）在 Python 交互模式中运行 .py 文件

要运行一个已经编写好的 .py 文件，可以单击开始菜单，在"搜索程序和文件"文本框中输入 cmd 命令，并按下 <Enter> 键，启动命令行窗口，然后输入以下格式的代码：

```
python 完整的文件名（包括路径）
```

例如，要运行 C:\python\Python39\demo.py 文件，可以使用下面的代码：

```
python C:/python/Python39/demo.py
```

运行结果如图 1.39 所示。

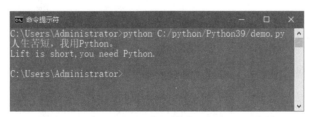
图 1.39　在 Python 交互模式下运行 .py 文件

👑 多学两招：

在运行 .py 文件时，如果文件名或者路径比较长，可先在命令行窗口中输入 python 加一个空格，然后直接把文件拖拽到空格的位置，这时文件的完整路径将显示在空格的右侧，再按下 <Enter> 键运行即可。

1.4.3　常见问题的分析与解决

① 运行 Python 程序时，出现"importError:No module named 'encodings'"异常。

如果在一台计算机中安装过多个版本的 Python，当删除后安装的某个版本的 Python，再运行之前安装的 Python 时，可能会出现"importError:No module named 'encodings'"异常，这是因为找不到 Python 解释器了。解决的方法是删除以前安装的 Python，然后重新安装想用的 Python，并且在安装时勾选"Add Python 3.9 to PATH"复选框，表示将自动配置环境变量。

② 在 IDLE 的 Python Shell 窗口中，输入一条 Python 语句，按下〈Enter〉键后，显示如图 1.40 所示的语法错误。

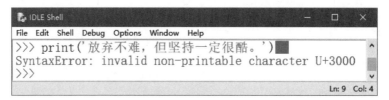

```
IDLE Shell                                  —    □    ×
File  Edit  Shell  Debug  Options  Window  Help
>>> print('放弃不难，但坚持一定很酷。')
SyntaxError: invalid non-printable character U+3000
>>>
                                              Ln: 9  Col: 4
```

图 1.40　语法错误

出现该问题是因为输入了无效的非打印字符。这里的 Python 语句没有错误，只是在语句的结尾不小心输出了一个全角的空格，将其删除即可解决该问题。

👑 说明：

在 Python 中，输入代码时，除非在字符串中有全角空格，否则一定不要用全角空格。这个错误比较隐蔽，不容易发现，所以要养成好的编码习惯。

1.5　使用第三方开发工具 PyCharm

PyCharm 是由 Jetbrains 公司开发的 Python 集成开发环境，由于其具有智能代码编辑器，可实现自动代码格式化、代码完成、智能提示、重构、单元测试、自动导入和一键代码导航等功能，目前已成为 Python 专业开发人员和初学者使用的有力工具。本章将详细讲解 PyCharm 工具的使用方法。

👑 说明：

PyCharm 和 IDLE 都是 Python 的开发工具，都可以用来编写 Python 程序。如果不想安装和使用 PyCharm 作为 Python 的开发工具，可以跳过本节，直接使用 IDLE 作为开发工具学习后面的内容。

1.5.1　PyCharm 的下载与安装

可以直接到 Jetbrains 公司官网下载 PyCharm 安装包，然后双击安装即可，具体步骤如下。

① 打开 PyCharm 官网，选择 Developer Tools 菜单下的 PyCharm 项，如图 1.41 所示，进入下载 PyCharm 界面。

② 在 PyCharm 下载页面，单击"Download"按钮，进入 PyCharm 环境选择和版本选择界面。选择下载 PyCharm 的操作系统平台为 Windows，单击社区版（Community）对应的"Download"按钮，下载社区版的 PyCharm，如图 1.42 所示。

图 1.41　PyCharm 官网页面

图 1.42　PyCharm 环境与版本下载选择页面

③ 下载完成后，将提示"该文件可能会损害您的计算机，是否保留"，这里单击"保存"按钮，然后在该任务框上单击鼠标右键，选择"在文件夹中显示"菜单项，即可看到如图 1.43 所示的安装包文件。

PC pycharm-community-2021.1.exe	2021/4/1...	应用程序	372,727 KB

图 1.43　下载完成的 PyCharm 安装包

④ 双击 PyCharm 安装包，在欢迎界面中，单击"Next"按钮进入软件安装路径设置界面，在该界面中，设置合理的安装路径。强烈建议不要把软件安装到操作系统所在的路径，否则当出现操作系统崩溃等特殊情况而必须重做操作系统时，PyCharm 程序路径下的程序将被破坏。PyCharm 默认的安装路径为操作系统所在的路径，建议更改，另外安装路径中建议不要使用中文字符。笔者选择的安装路径为"D:\Program Files\JetBrains\PyCharm Community Edition 2021.1"，如图 1.44 所示。单击"Next"按钮，进入创建快捷方式界面。

⑤ 在创建桌面快捷方式界面（Create Desktop Shortcut）中设置 PyCharm 程序的快捷方式。如果计算机操作系统是 32 位，选择"32-bit launcher"，否则选择"64-bit launcher"。

这里的计算机操作系统是 64 位系统，所以选择"64-bit launcher"；下面的 Create Associations 区域用于设置关联文件，勾选".py"左侧的复选框，表示以后打开 .py（.py 文件是 python 脚本文件，接下来编写的很多程序都是 .py 的）文件时，会默认调用 PyCharm 打开，这里并不勾选，如图 1.45 所示。

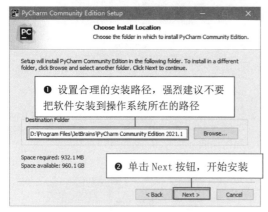

图 1.44　设置 PyCharm 安装路径　　　　图 1.45　设置快捷方式和关联

⑥ 单击"Next"按钮，进入选择开始菜单文件夹界面，采用默认即可，单击"Install"按钮（安装大概 10 分钟，请耐心等待）。安装完成后，单击"Finish"按钮，结束安装。

⑦ PyCharm 安装完成后，会在开始菜单中建立一个文件夹，如图 1.46 所示，单击"PyCharm Community Edition 2021.1"，启动 PyCharm 程序。另外，快捷打开 PyCharm 的方式是单击桌面快捷方式"PyCharm Community Edition 2021.1 x64"，如图 1.47 所示。

图 1.46　PyCharm 菜单

图 1.47　PyCharm 桌面快捷方式

1.5.2　运行 PyCharm

运行 PyCharm 开发环境的步骤如下。

① 单击 PyCharm 桌面快捷方式，启动 PyCharm 程序。第一次运行时，将弹出阅读并接受用户协议条款对话框，需要选中下方的"I confirm that I have read and accept the terms of this User Agreement"复选框，单击"Continue"按钮，还将弹出询问是否共享数据信息的 Data Sharing 对话框，如果不想共享你的数据信息，可以单击"Don't Send"按钮，否则单击"Send Anonymous Statistics"按钮。这里单击"Don't Send"按钮，开始启动 PyCharm 程序。启动完成后，打开如图 1.48 所示的欢迎页。

② PyCharm 默认采用 Darcula（深色）界面方案，如果不想使用该界面方案，可以在该欢迎页中单击"Customize"列表项，在右侧进行设置。例如，笔者使用的就是浅色方案，可以在"Color theme"下拉列表框中，选择"IntelliJ Light"选项，其他默认即可。

图 1.48　PyCharm 的欢迎页

1.5.3　创建工程目录

为了方便存放 PyCharm 工程文件，要在 PyCharm 欢迎界面设置一下工程目录的位置，方法如下。

① 在 PyCharm 欢迎页中，单击左侧的"Projects"列表项，再单击右侧的"New Project"按钮，创建一个新工程文件。

② PyCharm 会自动为新工程文件设置一个存储路径。为了更好地管理工程，最好设置一个容易管理的存储路径，可以在存储路径输入框中直接输入工程文件放置的存储路径，也可以通过单击右侧的存储路径选择按钮，打开路径选择对话框进行选择（存储路径不能为已经设置的 Python 存储路径），其他采用默认，如图 1.49 所示。

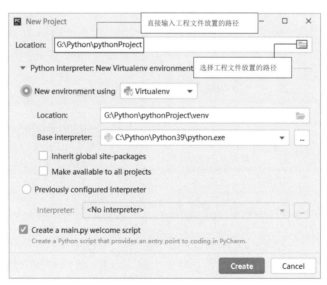

图 1.49　设置 Python 存储路径

　　说明：

　　创建工程文件前，必须保证安装 Python，否则创建 PyCharm 工程文件时会出现"Interpreter field is empty."提示，"Create"按钮不可用。

23

③ 单击"Create"按钮即可创建一个工程，并且打开如图 1.50 所示的工程列表。

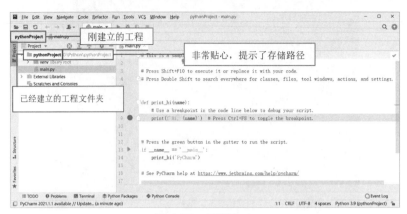

图1.50　工程窗口

说明：

PyCharm 新创建一个项目后，初次启动时会显示"每日一贴"窗口，每次提供一个 PyCharm 功能的小贴士。如果要关闭"每日一贴"功能，可以将显示"每日一贴"的复选框取消选中状态，单击 Close 按钮即可关闭"每日一贴"，如果关闭"每日一贴"后，想要再次显示"每日一贴"，可以在 PyCharm开发环境的菜单中依次选择"Help"→"tip of the day"菜单项，启动"每日一贴"窗口。

1.5.4　编写"Hello World"程序

接下来使用 PyCharm 环境编写"Hello World"程序，步骤如下。

① 在创建好的 pythonProject 项目名称上单击鼠标右键，在弹出的菜单中选择"New"→"Python File"菜单项（一定要选择"Python File"项，这个至关重要，否则无法进行后续学习），如图 1.51 所示。

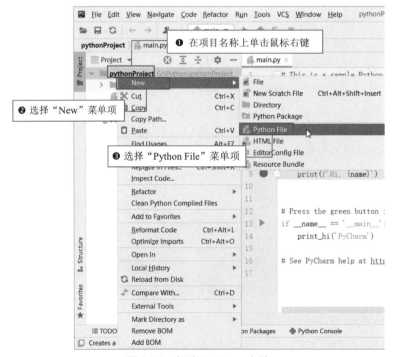

图1.51　新建 Python 文件

② 在新建文件对话框输入要创建的 Python 文件名"first",并按下〈Enter〉键,将完成文件的创建,并且自动打开该文件,在右侧的代码编辑区输入以下代码,如图 1.52 所示。

```
print('Hello World!')
```

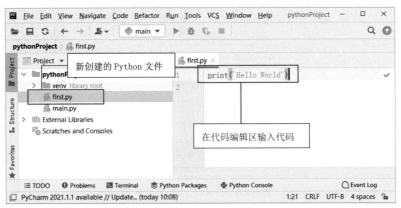

图 1.52 输入"Hello World"代码

③ 在代码编辑区中,单击鼠标右键,在弹出的快捷菜单中选择"Run"→"Run..."菜单项,运行程序,如图 1.53 所示。

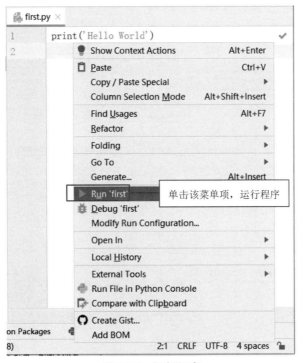

图 1.53 运行程序

④ 如果程序代码没有错误,将显示运行结果,如图 1.54 所示。

👑 说明:

在编写程序时,有时代码下面还弹出黄色的小灯泡💡,它是用来干什么的?

其实程序没有错误,只是 PyCharm 对代码提出的一些改进建议或提醒,如添加注释、创建使用源等。显示黄色灯泡不会影响代码的运行结果。

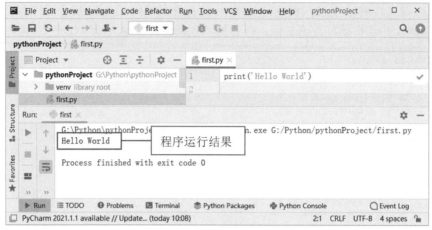

图1.54　程序运行结果

 本章知识思维导图

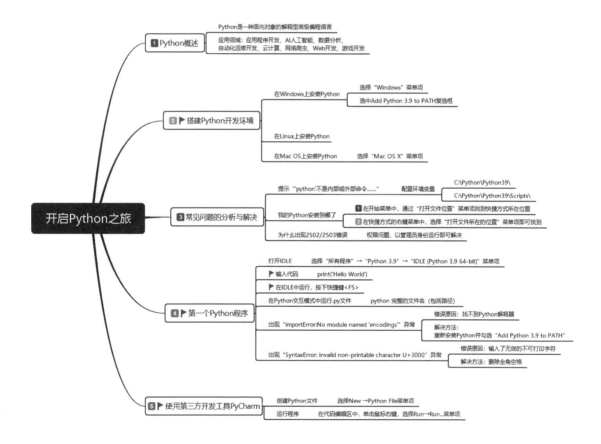

第 2 章
变量与基本数据类型

扫码领取
➤ 配套视频
➤ 配套素材
➤ 学习指导
➤ 交流社群

 本章学习目标

- 了解什么是保留字与标识符
- 熟悉标识符的命名规则
- 了解什么是变量
- 掌握变量的定义与使用
- 熟练掌握基本数据类型的应用
- 掌握数据类型间的转换

2.1 保留字与标识符

2.1.1 保留字

保留字是 Python 语言中已经被赋予特定意义的一些单词，开发程序时，不可以把这些保留字作为变量、函数、类、模块和其他对象的名称来使用。例如，图 2.1 中的 if 和 and 都是保留字。Python 语言中的保留字如表 2.1 所示。

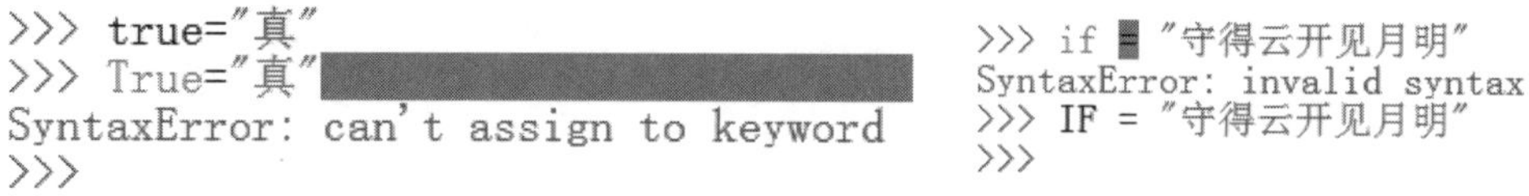

```
>>> true="真"                          >>> if ▌ "守得云开见月明"
>>> True="真"                          SyntaxError: invalid syntax
SyntaxError: can't assign to keyword   >>> IF = "守得云开见月明"
>>>                                    >>>
```

图 2.1　Python 中的保留字区分字母大小写

表 2.1　Python 中的保留字

and	as	assert	break	class	continue
def	del	elif	else	except	finally
for	from	False	global	if	import
in	is	lambda	nonlocal	not	None
or	pass	raise	return	try	True
while	with	yield			

👑 注意：

Python 中所有保留字是区分字母大小写的。例如，if 是保留字，但是 IF 就不属于保留字。如图 2.1 所示。

在 Python 中，保留字可以通过在 IDLE 中，输入以下两行代码查看。

```
01    import keyword
02    keyword.kwlist
```

执行结果如图 2.2 所示。

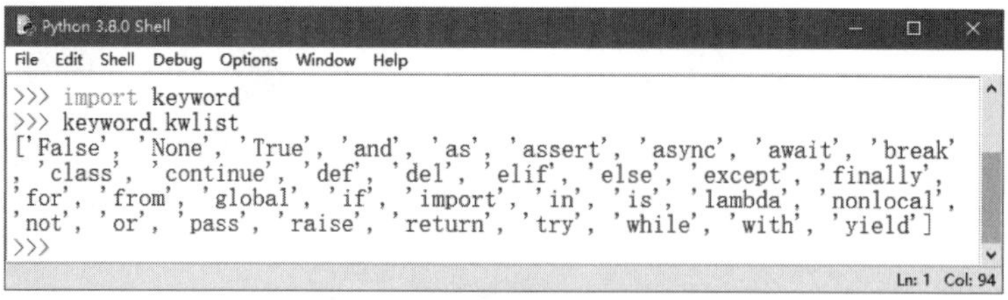

图 2.2　查看 Python 中的保留字

👑 常见错误：

如果在开发程序时，使用 Python 中的保留字作为模块、类、函数或者变量等的名称，如下面代码为使用 Python 保留字 if 作为变量的名称：

```
01    if = " 坚持下去不是因为我很坚强，而是因为我别无选择 "
02    print(if)
```

运行时则会出现如图 2.3 所示的错误提示信息。

2.1.2 标识符

标识符可以简单地理解为一个名字，比如每个人都有自己的名字，它主要用来标识变量、函数、类、模块和其他对象的名称。

Python 语言标识符命名规则如下。

① 由字母、下划线"_"和数字组成，并且第一个字符不能是数字。目前 Python 中只允许使用 ISO-Latin 字符集中的字符 A～Z 和 a～z。

② 不能使用 Python 中的保留字。

例如，下面是合法的标识符：

图 2.3 使用 Python 保留字作为变量名时的错误信息

```
01   USERID
02   name
03   model2
04   user_age
```

下面是非法标识符：

```
01   4word                    # 以数字开头
02   try                      # Python 中的保留字
03   $money                   # 不能使用特殊字符 $
```

👑 注意：

Python 的标识符中不能包含空格、@、% 和 $ 等特殊字符。

③ 区分字母大小写。

在 Python 中，标识符中的字母是严格区分大小写的，两个同样的单词，如果大小写格式不一样，所代表的意义是完全不同的。例如，下面 3 个变量是完全独立、毫无关系的，就像 3 个长得比较像的人，彼此之间都是独立的个体。

```
01   number = 0                # 全部小写
02   Number = 1                # 部分大写
03   NUMBER = 2                # 全部大写
```

④ Python 中以下划线开头的标识符有特殊意义，一般应避免使用相似的标识符。

● 以单下划线开头的标识符（如 _width）表示不能直接访问的类属性，另外也不能通过 from xxx import * 导入；

● 以双下划线开头的标识符（如 __add）表示类的私有成员；

● 以双下划线开头和结尾的是 Python 里专用的标识，例如，__init__() 表示构造函数。

👑 说明：

在 Python 语言中允许使用汉字作为标识符，如"名字 ='明日科技'"，在程序运行时并不会出现错误（如图 2.4 所示），但建议读者尽量不要使用汉字作为标识符。

图 2.4 使用汉字作为标识符

2.2 变量

2.2.1 什么是变量

在 Python 中，变量严格意义上应该称为"名字"，也可以理解为标签。当把一个值赋给一个名字时（如把值"学会 Python 还可以飞"赋给 python），python 就称为变量。在大多数编程语言中，都把这称为"把值存储在变量中"。意思是在计算机内存中的某个位置，字符串序列"学会 Python 还可以飞"已经存在。你不需要准确地知道它们到底在哪里。只需要告诉 Python 这个字符串序列的名字是 python，然后就可以通过这个名字来引用这个字符串序列了。

2.2.2 定义与使用变量

在 Python 中，不需要先声明变量名及其类型，直接赋值即可创建各种类型的变量。需要注意的是，对于变量的命名并不是任意的，应遵循以下几条规则：

● 变量名必须是一个有效的标识符；
● 变量名不能使用 Python 中的保留字；
● 慎用小写字母 l 和大写字母 O；
● 应选择有意义的单词作为变量名。

为变量赋值可以通过等于号"="来实现。语法格式为：

```
变量名 = value
```

例如，创建一个整型变量，并为其赋值为 520，可以使用下面的语句。

```
number = 520                              # 创建变量 number 并赋值为 520，该变量为数值型
```

这样创建的变量就是数值型的变量。如果直接为变量赋值一个字符串值，那么该变量即为字符串类型。例如下面的语句。

```
nickname = "Aurora"                       # 字符串类型的变量
```

另外，Python 是一种动态类型的语言，也就是说，变量的类型可以随时变化。例如，在 IDLE 中，创建变量 nickname，并赋值为字符串"Aurora"，然后输出该变量的类型，可以看到该变量为字符串类型，再将变量赋值为数值 520，并输出该变量的类型，可以看到该变量为整型。执行过程如下：

```
01  >>> nickname = "Aurora"               # 字符串类型的变量
02  >>> print(type(nickname))
03  <class 'str'>
04  >>> nickname = 520                     # 整型的变量
05  >>> print(type(nickname))
06  <class 'int'>
```

👑 说明：

在 Python 语言中，使用内置函数 type() 可以返回变量类型。

👑 注意：

　　常量就是程序运行过程中值不能改变的量，比如数学运算中的 π 值等。在 Python 中，并没有提供定义常量的保留字。不过在 PEP 8 规范中定义了常量的命名规范为大写字母和下划线组成，但是在实际项目中，常量首次赋值后，还是可以被其他代码修改。

2.3　基本数据类型

　　在内存中存储的数据可以有多种类型。例如：一个人的姓名可以用字符型存储，年龄可以使用数值型存储，婚姻状况可以使用布尔型存储。这里的字符型、数值型、布尔型都是 Python 语言中提供的基本数据类型。下面将详细介绍基本数据类型。

2.3.1　数字类型

　　在生活中，经常使用数字记录比赛得分、公司的销售数据和网站的访问量等信息。在 Python 语言中，提供了数字类型用于保存这些数值，并且它们是不可改变的数据类型。如果修改数字类型变量的值，那么会先把该值存放到内存中，然后修改变量让其指向新的内存地址。

　　在 Python 语言中，数字类型主要包括整数、浮点数和复数。

（1）整数

　　整数用来表示整数数值，即没有小数部分的数值。在 Python 语言中，整数包括正整数、负整数和 0，并且它的位数是任意的（当超过计算机自身的计算功能时，会自动转用高精度计算），如果要指定一个非常大的整数，只需要写出其所有位数即可。

　　整数类型包括十进制整数、八进制整数、十六进制整数和二进制整数。

　　① 十进制整数：十进制整数的表现形式大家都很熟悉。例如，下面的数值都是有效的十进制整数。

```
01   1024
02   -2035
03   0
04   31415926535897932384626433832795028
05   66666666666666666666666666666666666666666666666666666666666666666666666666666666
```

　　在 IDLE 中执行的结果如图 2.5 所示。

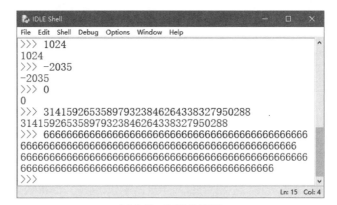

图 2.5　有效的整数

在 Python 2.x 中，如果输入的数比较大时，Python 会自动在其后面加上字母 L（也可能是小写字母 l），例如，在 Python 2.7.14 中输入 3141592653589793238462 后的结果如图 2.6 所示。

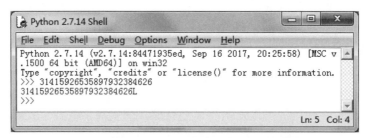

图 2.6　在 Python 2.x 中输入较大数时的效果

👑 注意：

不能以 0 作为十进制数的开头（0 除外）。

② 八进制整数：由 0 ～ 7 组成，进位规则为"逢八进一"，并且以 0o/0O 开头，如 0o123（转换成十进制数为 83）、-0o123（转换成十进制数为 -83）。

👑 注意：

在 Python 3.x 中，八进制数必须以 0o/0O 开头。但在 Python 2.x 中，八进制数可以以 0 开头。

③ 十六进制整数：由 0 ～ 9、A ～ F 组成，进位规则为"逢十六进一"，并且以 0x/0X 开头，如 0x25（转换成十进制数为 37）、0Xb01e（转换成十进制数为 45086）。

👑 注意：

十六进制数必须以 0X 或 0x 开头。

④ 二进制整数：由 0 和 1 两个数组成，进位规则是"逢二进一"，如 101（转换成十进制数为 5）、1010（转换成十进制数为 10）。

（2）浮点数

浮点数由整数部分和小数部分组成，主要用于处理包括小数的数，例如：1.414、0.5、-1.732、3.1415926535897932384626 等。浮点数也可以使用科学计数法表示，例如，2.7e2、-3.14e5 和 6.16e-2 等。

👑 注意：

在使用浮点数进行计算时，可能会出现小数位数不确定的情况。例如，计算 0.1+0.1 时，将得到想要的 0.2，而计算 0.1+0.2 时，将得到 0.30000000000000004（想要的结果为 0.3）。不只是 Python，其他高级编程语言也都存在这个问题，暂时忽略多余的小数位数即可。

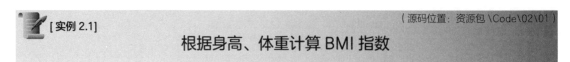

[实例 2.1]　　　　　　　　　　　　　　　　　　　　　　　　（源码位置：资源包 \Code\02\01）

根据身高、体重计算 BMI 指数

在 IDLE 中创建一个名称为 bmiexponent.py 的文件，然后在该文件中定义两个变量：一个用于记录身高（单位：m）；另一个用于记录体重（单位：kg）。根据公式"BMI= 体重 /（身高×身高）"计算 BMI 指数，代码如下：

```
01    height = 1.66                                      # 保存身高的变量，单位：m
02    print(" 您的身高： " + str(height))
03    weight = 48.5                                      # 保存体重的变量，单位：kg
04    print(" 您的体重： " + str(weight))
05    bmi=weight/(height*height)                         # 用于计算 BMI 指数，公式：BMI= 体重 /（身高 × 身高）
06    print(" 您的 BMI 指数为： "+str(bmi))               # 输出 BMI 指数
```

👑 说明：

上面的代码只是为了展示浮点数的实际应用，涉及的源码按原样输出即可，其中，str() 函数用于将数值转换为字符串；在计算 BMI 指数的代码"weight/(height*height)"中应用了 Python 的算术运算符，将在第 3 章进行介绍。

运行结果如图 2.7 所示。

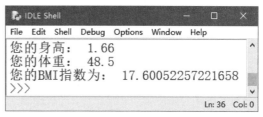

图 2.7　根据身高、体重计算 BMI 指数

（3）复数

Python 中的复数与数学中的复数的形式完全一致，都是由实部和虚部组成，并且使用 j 或 J 表示虚部。当表示一个复数时，可以将其实部和虚部相加，例如，一个复数，实部为 5.21，虚部为 1.414j，则这个复数为 5.21+1.414j。

2.3.2　字符串类型

字符串就是连续的字符序列，可以是计算机所能表示的一切字符的集合。在 Python 中，字符串属于不可变序列，通常使用单引号 " ' "、双引号 " " " 或者三引号 " '' '' " 或 " """ """ "（三引号就是连续输入三个单引号或者连续输入三个双引号）括起来。这三种引号形式在语义上没有差别，只是在形式上有些差别。其中单引号和双引号中的字符序列必须在一行上，而三引号内的字符序列可以分布在连续的多行上。例如，定义 3 个字符串类型变量，并且应用 print() 函数输出，代码如下：

```
01    title = ' 我喜欢的名言警句 '                            # 使用单引号，字符串内容必须在一行
02    mot_cn = " 命运给予我们的不是失望之酒，而是机会之杯。"       # 使用双引号，字符串内容必须在一行
03    # 使用三引号，字符串内容可以分布在多行
04    mot_en = '''Our destiny offers not the cup of despair,
05    but the chance of opportunity.'''
06    print(title)
07    print(mot_cn)
08    print(mot_en)
```

执行结果如图 2.8 所示。

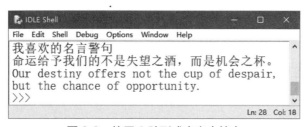

图 2.8　使用 3 种形式定义字符串

👑 注意：

字符串开始和结尾使用的引号形式必须一致。另外，当需要表示复杂的字符串时，还可以嵌套使用引号。例如，下面的字符串也都是合法的。

```
01    ' 在 Python 中也可以使用双引号 (" ") 定义字符串 '
02    "'（··）nnn' 也是字符串 "
03    """'---' _ "***"""
```

Python 中的字符串还支持转义字符。所谓转义字符是指使用反斜杠 "\" 对一些特殊字符进行转义。常用的转义字符如表 2.2 所示。

表 2.2   常用的转义字符及其说明

转义字符	说明	转义字符	说明
\	续行符	\"	双引号
\n	换行符	\'	单引号
\0	空	\\	一个反斜杠
\t	水平制表符，用于横向跳到下一制表位	\f	换页
\0dd	八进制数，dd代表字符，如\012代表换行	\xhh	十六进制数，hh代表字符，如\x0a代表换行

注意：

在字符串定界符（引号）的前面加上字母 r（或 R），那么该字符串将原样输出，其中的转义字符将不进行转义。例如，输出字符串 " 失望之酒 \x0a 机会之杯 " 将输出转义字符换行，而输出字符串 r" 失望之酒 \x0a 机会之杯 "，则原样输出，执行结果如图 2.9 所示。

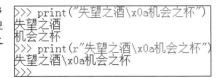

图 2.9   转义和原样输出的对比

2.3.3   布尔类型

布尔类型主要用来表示真值或假值。在 Python 中，标识符 True 和 False 被解释为布尔值。另外，Python 中的布尔值可以转化为数值，True 表示 1，False 表示 0。

说明：

Python 中的布尔类型的值可以进行数值运算，例如，"False + 1" 的结果为 1。但是不建议对布尔类型的值进行数值运算。

在 Python 中，所有的对象都可以进行真值测试。其中，只有下面列出的几种情况得到的值为假，其他对象在 if 或者 while 语句中都表现为真。

- False 或 None。
- 数值中的零，包括 0、0.0、虚数 0。
- 空序列，包括字符串、空元组、空列表、空字典。
- 自定义对象的实例，该对象的 __bool__() 方法返回 False 或者 __len__() 方法返回 0。

2.3.4   数据类型转换

Python 是动态类型的语言（也称为弱类型语言），不需要像 Java 或者 C 语言一样在使用变量前声明变量的类型。虽然 Python 不需要先声明变量的类型，但有时仍然需要用到类型转换。例如，在实例 01 中，要想通过一个 print() 函数输出提示文字 "您的身高："和浮点型变量 height 的值，就需要将浮点型变量 height 转换为字符串，否则将显示如图 2.10 所示的错误。

图 2.10　字符串和浮点型变量连接时出错

在 Python 中，提供了如表 2.3 所示的函数进行数据类型的转换。

表 2.3　常用类型转换函数及其作用

函数	作用
int(x)	将 x 转换成整数类型
float(x)	将 x 转换成浮点数类型
complex(real [,imag])	创建一个复数
str(x)	将 x 转换为字符串
repr(x)	将 x 转换为表达式字符串
eval(str)	计算在字符串中的有效 Python 表达式，并返回一个对象。例如，可以将一个数值类型的字符串转换为数值
chr(x)	将整数 x 转换为一个字符
ord(x)	将一个字符 x 转换为它对应的整数值
hex(x)	将一个整数 x 转换为一个十六进制字符串
oct(x)	将一个整数 x 转换为一个八进制的字符串
bin(x)	将一个整数 x 转换为一个二进制的字符串
round(x,ndigits)	返回数值的四舍五入值。其中的 x 是原数，ndigits 是保留的小数位数

👑 说明：

使用 round() 函数四舍五入的规则如下。

① 如果保留位数的后一位是小于 5 的数字，则舍去。例如，3.1415 保留两位小数为 3.14。

② 如果保留位数的后一位是大于 5 的数字，则入上去。例如，3.1487 保留两位小数为 3.15。

③ 如果保留位数的后一位是 5，且该位数后有数字，则入上去。例如，8.2152 保留两位小数为 8.22；又如 8.2252 保留两位小数为 8.23。

④ 如果保留位数的后一位是 5，且该位数后没有数字。要根据保留位数的那一位来决定是入上去还是舍去：如果是奇数则入上去，如果是偶数则舍去。例如，1.35 保留一位小数为 1.4；又如 1.25 保留一位小数为 1.2。

📝 [实例 2.2]

（源码位置：资源包 \Code\02\02）

模拟超市抹零结账行为

在 IDLE 中创建一个名称为 erase_zero.py 的文件，然后在该文件中，首先将各个商品金额累加，计算出商品总金额，并转换为字符串输出，然后再应用 int() 函数将浮点型的变量转换为整型，从而实现抹零，并转换为字符串输出。关键代码如下：

```
01  money_all = 58.75 + 70.91 + 68.50 + 32.37 + 18.81  # 累加总计金额
02  money_all_str = str(money_all)                      # 转换为字符串
03  print("商品总金额为: " + money_all_str)
04  money_real = int(money_all)                         # 进行抹零处理
05  money_real_str = str(money_real)                    # 转换为字符串
06  print("实收金额为: " + money_real_str)
```

运行结果如图 2.11 所示。

👑 常见错误：

　　在进行数据类型转换时，如果把一个非数字字符串转换为整型，将产生如图 2.12 所示的错误。

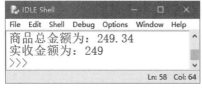

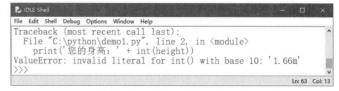

图 2.11　模拟超市抹零结账行为　　　　图 2.12　将非数字字符串转换为整型产生的错误

 本章知识思维导图

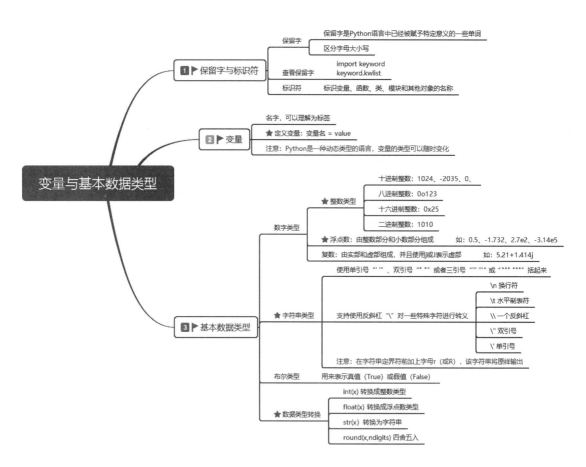

第 3 章
与计算机交流

扫码领取
► 配套视频
► 配套素材
► 学习指导
► 交流社群

 本章学习目标

- 了解注释的作用
- 能够熟练地为代码添加注释
- 了解 Python 的代码缩进规则
- 了解 Python 的编码规范
- 掌握输出函数 print() 的使用
- 掌握输入函数 input() 的使用

3.1 注释

注释是指在代码中添加的标注性的文字，旨在告诉别人你的代码要实现什么功能，从而帮助程序员更好地阅读代码。注释的内容将被 Python 解释器忽略，并不会在执行结果中体现出来。

在 Python 中，通常包括 3 种类型的注释，分别是单行注释、多行注释和中文编码声明注释。这些注释在 IDLE 中的效果如图 3.1 所示。

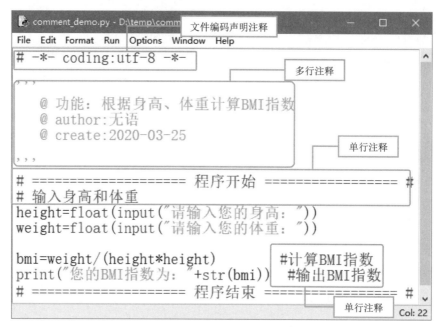

图 3.1　Python 中的注释

3.1.1 单行注释

在 Python 中，使用 "#" 作为单行注释的符号。从符号 "#" 开始直到换行为止，其后面所有的内容都作为注释的内容而被 Python 解释器忽略。

语法如下：

```
# 注释内容
```

单行注释可以放在要注释代码的前一行，也可以放在要注释代码的右侧。例如，下面的两种注释形式都是正确的。

第一种形式：

```
01   # 要求输入用户名，由字母、数字组成，长度至少为 7，如 mingri01
02   user= input('请输入用户名：')
```

第二种形式：

```
user = input('请输入用户名：')     # 要求输入用户名，由字母、数字组成，长度至少为 7，如 mingri01
```

上面两种形式的运行结果都是如图 3.2 所示的效果。

```
请输入用户名: mingri01
>>>
```

图 3.2　运行结果

```
bmi=weight/(height*height)          #Magic，请勿改动
```

图 3.3　冗余的注释

👑 说明:

在添加注释时，一定要有意义，即注释能充分体现代码的作用。例如，图 3.3 所示的注释就是冗余的注释。如果将其注释修改为如图 3.4 所示的注释，就能很清楚地知道代码的作用。

```
bmi=weight/(height*height)          # 用于计算BMI指数，公式为“体重/身高的平方”
```

图 3.4　推荐的注释

👑 注意:

注释可以出现在代码的任意位置，但是不能分隔关键字和标识符。例如，下面的代码注释是错误的:

```
height = # 要求输入身高 input(" 请输入您的身高: ")
```

👑 多学两招:

对于注释除了可以标记代码的作用，也可以用于临时注释掉不想让其执行的代码。在 IDLE 开发环境中，可以通过选择主菜单中的 "Format" → "Comment Out Region" 菜单项（也可直接使用快捷键〈Alt+3〉），将选中的代码注释掉，也可通过选择主菜单中的 "Format" → "UnComment Region" 菜单项（也可直接使用快捷键〈Alt+4〉），取消添加的单行注释。

3.1.2　多行注释

在 Python 中，并没有一个单独的多行注释标记，而是将包含在一对三引号（'''……'''）或者（"""……"""）之间，并且不属于任何语句的内容认为是注释。这样的代码解释器将忽略。由于这样的代码可以分为多行编写，所以也作为多行注释。

语法格式如下:

```
'''
注释内容 1
注释内容 2
……
'''
```

或者

```
"""
注释内容 1
注释内容 2
……
"""
```

多行注释通常用来为 Python 文件、模块、类或者函数等添加版权、功能等信息，例如，下面代码将使用多行注释为 demo.py 文件添加版权、功能及修改日志等信息。

```
01  '''
02  @ 版权所有: 吉林省明日科技有限公司 ©版权所有
03  @ 文件名: first.py
04  @ 文件功能描述: 控制无人机穿越风洞
05  @ 创建日期: 2021 年 05 月 20 日
06  @ 创建人: 无语
07  @ 修改描述: 增加判断输入是否合法的功能代码
08  @ 修改日期: 2021 年 05 月 21 日
09  '''
```

注意：

在 Python 中，三引号 ('''……''') 或者 ("""……""") 是字符串定界符。所以，如果三引号作为语句的一部分出现，那么就不是注释，而是字符串，这一点要注意区分。例如，如图 3.5 所示的代码即为多行注释，而如图 3.6 所示的代码即为字符串。

```
@ 版权所有：吉林省明日科技有限公司©版权所有
@ 文件名：first.py
@ 文件功能描述：控制无人机穿越风洞
```

图 3.5　三引号为多行注释

```
print('''控制无人机穿越风洞''')
```

图 3.6　三引号为字符串

3.1.3　文件编码声明注释

在 Python 3 中，默认采用的文件编码是 UTF-8。这种编码支持世界上大多数语言的字符，也包括中文。如果不想使用默认编码，则需要在文件的第一行声明文件的编码，也就是需要使用文件编码声明注释。

语法格式如下：

```
# -*- coding: 编码 -*-
```

或者

```
#coding= 编码
```

在上面的语法中，编码为文件所使用的字符编码类型，如果采用 GBK，则设置为 gbk 或 cp936。

例如，指定编码为 GBK，可以使用下面的文件编码声明注释。

```
# -*- coding:gbk -*-
```

说明：

在上面的代码中，"-*-"没有特殊的作用，只是为了美观才加上的。所以上面的代码也可以使用"# coding:utf-8"代替。

另外，下面的代码也是正确的中文编码声明注释。

```
#coding=gbk
```

3.2　代码缩进

Python 不像其他程序设计语言（如 Java 或者 C 语言）采用大括号 {} 分隔代码块，而是采用代码缩进和冒号 ":" 区分代码之间的层次。

说明：

缩进可以使用空格或者 <Tab> 键实现。其中，使用空格时，通常情况下采用 4 个空格作为一个缩进量，而使用 <Tab> 键时，则采用一个 <Tab> 键作为一个缩进量。通常情况下建议采用空格进行缩进。

在 Python 中，对于类定义、函数定义、流程控制语句，以及异常处理语句等，行尾的冒号和下一行的缩进表示一个代码块的开始，而缩进结束，则表示一个代码块的结束。

例如，下面的代码中的缩进即为正确的缩进。

```
01    height=float(input(" 请输入您的身高: "))          # 输入身高
02    weight=float(input(" 请输入您的体重: "))          # 输入体重
03    bmi=weight/(height*height)                        # 计算 BMI 指数
04
05    # 判断身材是否合理
06    if bmi<18.5:
07        print(" 您的 BMI 指数为: "+str(bmi))          # 输出 BMI 指数
08        print(" 体重过轻 ~@_@~")
09    if bmi>=18.5 and bmi<24.9:
10        print(" 您的 BMI 指数为: "+str(bmi))          # 输出 BMI 指数
11        print(" 正常范围, 注意保持 (-_-)")
12    if bmi>=24.9 and bmi<29.9:
13        print(" 您的 BMI 指数为: "+str(bmi))          # 输出 BMI 指数
14        print(" 体重过重 ~@_@~")
15    if bmi>=29.9:
16        print(" 您的 BMI 指数为: "+str(bmi))          # 输出 BMI 指数
17        print(" 肥胖 ^@_@^")
```

Python 对代码的缩进要求非常严格，同一个级别的代码块的缩进量必须相同。如果不采用合理的代码缩进，将抛出 SyntaxError 异常。例如，代码中有的缩进量是 4 个空格，还有的是 3 个空格，就会出现 SyntaxError 错误，如图 3.7 所示。

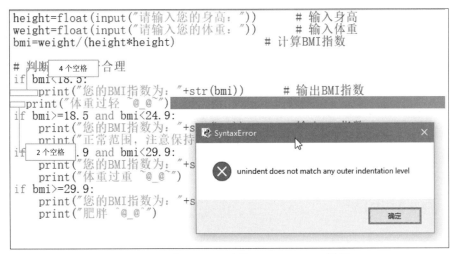

图 3.7　缩进量不同导致的 SyntaxError 错误

在 IDLE 开发环境中，一般以 4 个空格作为基本缩进单位。不过也可以选择"Options"→"Configure IDLE"菜单项，在打开的"Settings"对话框（如图 3.8 所示）的"Fonts/Tabs"选项卡中修改基本缩进量。

🎓 多学两招：

　　在 IDLE 开发环境的文件窗口中，可以通过选择主菜单中的"Format"→"Indent Region"菜单项（也可直接使用快捷键〈Ctrl+]〉），将选中的代码缩进（向右移动指定的缩进量），也可通过选择主菜单中的"Format"→"Dedent Region"菜单项（也可直接使用快捷键〈Ctrl+[〉），对代码进行反缩进（向左移动指定的缩进量）。

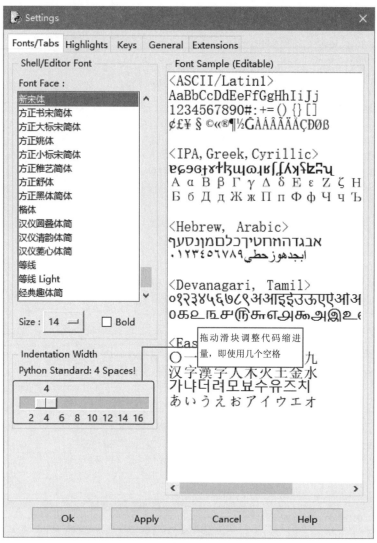

图 3.8　修改基本缩进量

3.3　编码规范

在编写代码时，遵循一定的代码编写规则和命名规范可以使代码更加规范化，对代码的理解与维护起到至关重要的作用。本节将对 Python 代码的编写规则以及命名规范进行介绍。

3.3.1　编写规则

Python 中采用 PEP 8 作为编码规范，其中 PEP 是 Python Enhancement Proposal 的缩写，翻译过来是 Python 增强建议书，而 PEP 8 表示版本。它是 Python 代码的样式指南，其官方网址为：https://www.python.org/dev/peps/pep-0008/。下面给出 PEP8 编码规范中的一些应该严格遵守的条目。

① 不要在行尾添加分号 ";"，也不要用分号将两条命令放在同一行。例如，图 3.9 所

示的代码为不规范的写法。

② 建议每行不超过 80 个字符，如果超过，建议使用小括号"()"将多行内容隐式地连接起来，而不推荐使用反斜杠"\"进行连接。例如，如果一个字符串文本在一行上显示不下，那么可以使用小括号"()"将其分行显示，代码如下：

```
01    print('生活不会突变，你要做的只是耐心和积累。'
02          '人这一辈子没法做太多的事情，所以每一件都要做得精彩绝伦。')
```

以下通过反斜杠"\"进行连接的做法是不推荐使用的。

```
01    print('生活不会突变，你要做的只是耐心和积累。\
02          人这一辈子没法做太多的事情，所以每一件都要做得精彩绝伦。')
```

不过以下两种情况除外：

● 导入模块的语句过长；

● 注释里的 URL。

③ 使用必要的空行可以增加代码的可读性。一般在顶级定义（如函数或者类的定义）之间空两行，而方法定义之间空一行。另外，在用于分隔某些功能的位置也可以空一行。

④ 每个 import 语句只导入一个模块，尽量避免一次导入多个模块。如图 3.10 所示的推荐写法，而如图 3.11 所示为不推荐写法。

图 3.10 推荐写法   图 3.11 不推荐写法

⑤ 通常情况，运算符两侧、函数参数之间、逗号","两侧建议使用空格进行分隔。

⑥ 应该避免在循环中使用 + 和 += 运算符累加字符串。这是因为字符串是不可变的，这样做会创建不必要的临时对象。推荐的做法是将每个子字符串加入列表，然后在循环结束后使用 join() 方法连接列表。

⑦ 适当使用异常处理结构提高程序容错性，但不能过多依赖异常处理结构，适当的显式判断还是必要的。

👑 说明：

在编写 Python 程序时，建议严格遵循 PEP8 编码规范。完整的 Python 编码规范请参考 PEP8。

3.3.2 命名规范

命名规范在编写代码中起到很重要的作用，虽然不遵循命名规范，程序也可以运行，但是使用命名规范可以更加直观地了解代码所代表的含义。本节将介绍 Python 中常用的一些命名规范。

① 模块名尽量短小，并且使用全部小写字母，可以使用下划线分隔多个字母。例如，game_main、game_register、bmiexponent 都是推荐使用的模块名称。

② 包名尽量短小，并且全部使用小写字母，不推荐使用下划线。例如，com.mingrisoft、com.mr、com.mr.book 都是推荐使用的包名称，而 com_mingrisoft 就是不推荐的。

③ 类名采用单词首字母大写形式（即 Pascal 风格）。例如，定义一个借书类，可以命名

右上角：
user = input('请输入用户名：');
pwd = input('请输入密码：');
图 3.9 不规范写法

为 BorrowBook。

　　④ 模块内部的类采用下划线 "_" +Pascal 风格的类名组成。例如，在 BorrowBook 类中的内部类，可以使用 _BorrowBook 命名。

　　⑤ 函数、类的属性和方法的命名规则同模块类似，也是全部采用小写字母，多个字母间用下划线 "_" 分隔。

　　⑥ 常量命名时采用全部大写字母，可以使用下划线。

　　⑦ 使用单下划线 "_" 开头的模块变量或者函数是受保护的，在使用 import * from 语句从模块中导入时这些变量或者函数不能被导入。

　　⑧ 使用双下划线 "__" 开头的实例变量或方法是类私有的。

3.4　输入与输出

　　基本输入和输出是指从键盘上输入字符，然后在屏幕上显示。从第一个 Python 程序开始，我们一直在使用 print() 函数向屏幕上输出一些字符，这就是 Python 的基本输出函数。除了 print() 函数，Python 还提供了一个用于进行标准输入的 input() 函数，用于接收用户从键盘上输入的内容。

3.4.1　使用 print() 函数输出

　　默认的情况下，在 Python 中，使用内置的 print() 函数可以将结果输出到 IDLE 或者标准控制台上。其基本语法格式如下：

```
print(objects, sep=' ', end='\n', file=sys.stdout, flush=False)
```

　　参数说明：

　　● objects：用于指定输出内容，可以是数字、字符串（字符串需要使用引号括起来）等，此类内容将直接输出，也可以是包含运算符的表达式，此类内容将计算结果输出。例如：

```
01    x = 1024                                    # 变量 x，值为 1024
02    y = 2                                       # 变量 y，值为 2
03    print(520)                                  # 输出数字 520
04    print(x*y)                                  # 输出变量 x*y 的结果 2048
05    print('Stay hungry,Stay foolish.')          # 输出字符串 "Stay hungry,Stay foolish."
```

👑 多学两招:

　　在 Python 中，默认情况下，一条 print() 语句输出后会自动换行，如果想要一次输出多个内容（包括不同数据类型），而且不换行，可以将要输出的内容使用英文半角的逗号分隔。例如下面的代码将在一行输出变量 a 和 b 的值：

```
print(x,y)                                       # 输出变量 x 和 y，结果为：1024 2
```

　　● sep：可选参数，在一次输出多个内容时，用于指定分隔符，默认为一个空格。例如，指定分隔符为 "|" 时，可以使用下面的代码。

```
print(' 莫等闲 ',' 白了少年头 ',' 空悲切 ',sep = '|')
```

运行上面的代码，将显示以下运行结果。

```
莫等闲 | 白了少年头 | 空悲切
```

● end：用于指定输出内容以什么结尾，默认为"\n"，即换行符。如果不想换行，可以在输出内容后面加上",end = ' 分隔符 '"。其中的"分隔符"可以是空格或其他字符，也可以省略，如果省略，那么将不使用分隔符，而是直接连接到一起输出。例如下面的代码：

```
01    print('=============== 分行输出 ================')
02    print(' 莫等闲 ')
03    print(' 白了少年头 ')
04    print(' 空悲切 ')
05    print('=============== 在一行输出 ================')
06    print(' 莫等闲 ',end = '')
07    print(' 白了少年头 ',end = '')
08    print(' 空悲切 ')
```

运行上面的代码，将显示如图 3.12 所示的结果。

● file：在输出时，也可以把结果输出到指定文件，例如，将一个字符串"每一份坚持都是成功的累积，只要相信自己，总会遇到惊喜。"输出到 D:\mot.txt 中，代码如下：

```
01    fp = open(r'D:\mot.txt','a+')                                      # 打开文件
02    print(" 每一份坚持都是成功的累积，只要相信自己，总会遇到惊喜。",file=fp)   # 输出到文件中
03    fp.close()                                                          # 关闭文件
```

👑 说明：

在上面的代码中应用了打开文件、关闭文件等文件操作的内容。其中，open() 函数用于打开文件，指定参数 a+ 表示以追加模式打开文件，并且当文件不存在时自动创建该文件。关于这部分内容的详细介绍请参见"文件及目录"相关的内容，这里了解即可。

执行上面的代码后，将在 D 盘根目录下生成一个名称为 mot.txt 的文件，该文件的内容为文字"每一份坚持都是成功的累积，只要相信自己，总会遇到惊喜。"，如图 3.13 所示。

图 3.12　将两条输出语句结果在一行输出

图 3.13　文件 mot.txt 的内容

● flush：用于指定输出内容到文件时，是否被缓存，值为 True 时，缓冲区会被强制刷新，即立即将内容保存到文件，否则，在关闭文件或刷新缓存时才会写入文件。

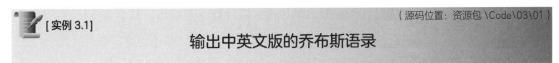

[实例 3.1]　　　　　　　　　　　　　　　　　　　　（源码位置：资源包 \Code\03\01 ）

输出中英文版的乔布斯语录

苹果公司的创始人乔布斯在 2005 年给斯坦福大学做毕业演讲中提到过他最喜欢的一句话："Stay hungry, Stay foolish."。在 IDLE 中，通过 print() 函数输出该条语录的英文和中文，

代码如下：

```
01    print(' ≌≌≌≌≌≌≌≌≌≌≌≌≌≌≌≌ ')                    # 输出 16 个字符≌
02    print('\n  Stay hungry, Stay foolish. ')
03    print('   求知若饥       虚心若愚 \n')
04    print(' ≌≌≌≌≌≌≌≌≌≌≌≌≌≌≌≌ ')                    # 输出 16 个字符≌
```

运行结果如图 3.14 所示。

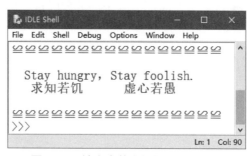

图 3.14　输出中英文版的乔布斯语录

3.4.2　使用 input() 函数输入

在 Python 中，使用内置函数 input() 可以接收用户的键盘输入。input() 函数的基本用法如下：

```
variable = input(" 提示文字 ")
```

其中，variable 为保存输入结果的变量，双引号内的文字用于提示要输入的内容。例如，想要接收用户输入的内容，并保存到变量 tip 中，可以使用下面的代码：

```
tip = input(" 请输入提示文字: ")
```

在 Python 3.x 中，无论输入的是数字还是字符都将被作为字符串读取。如果想要接收数值，需要把接收到的字符串进行类型转换。例如，想要接收整型的数字并保存到变量 age 中，可以使用下面的代码：

```
age = int(input(" 请输入年龄: "))
```

👑 说明：

　　在 Python 2.x 中，input() 函数接收内容时，数值直接输入即可，并且接收后的内容作为数字类型；而如果要输入字符串类型的内容，需要将对应的字符串使用引号括起来，否则会报错。

 [实例 3.2]　　　　　　　　　　　　　　　　　　　　　　（源码位置：资源包 \Code\03\02）

输入用户名和密码并输出

使用 input() 函数输入用户名和密码，然后将其组合到一起输出，代码如下：

```
01    user = input(' 请输入用户名: ')
02    pwd = input(' 请输入密码: ')
03    print(user,' 您好! 您的密码为 ',pwd,'\n 温馨提示: 不要随便输入自己的密码哦! ')
```

运行结果如图 3.15 所示。

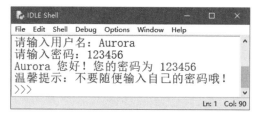

图 3.15　输入用户名和密码并输出

 本章知识思维导图

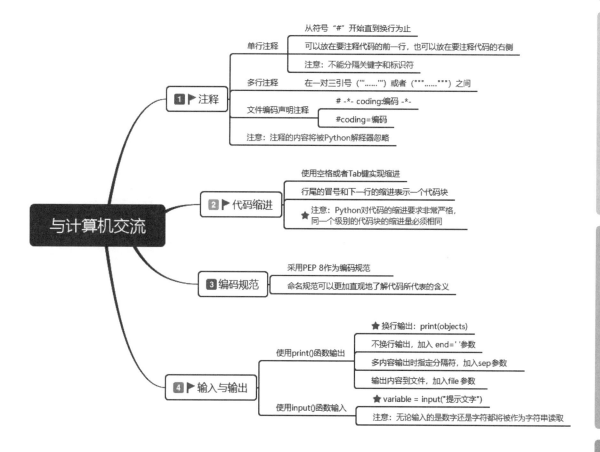

第 4 章
运算符与表达式

 本章学习目标

- 了解什么是运算符与表达式
- 熟练掌握算术运算符的应用
- 熟练掌握赋值运算符的应用
- 掌握比较运算符和逻辑运算符的应用
- 了解位运算符的应用
- 掌握赋值表达式的应用
- 了解运算符的优先级

4.1 算术运算符

运算符是一些特殊的符号，主要用于数学计算、比较大小和逻辑运算等。Python 的运算符主要包括算术运算符、赋值运算符、比较（关系）运算符、逻辑运算符和位运算符。使用运算符将不同类型的数据按照一定的规则连接起来的式子，称为表达式。下面将介绍算术运算符。

算术运算符是处理四则运算的符号，在数字的处理中应用得最多。常用的算术运算符如表 4.1 所示。

表 4.1　算术运算符

运算符	说明	实例	结果
+	加	520+527	1047
-	减	527-520	7
*	乘	3.14*6	18.84
/	除	17/2	8.5
%	求余，即返回除法的余数	17%2	1
//	取整除，即返回商的整数部分	17//2	8
**	幂，即返回x的y次方	1.01**365	1.01**365，即 1.01^{365}

👑 说明：

在算术运算符中使用 % 求余，如果除数（第二个操作数）是负数，那么取得的结果也是一个负值。

在 Python 中，经常使用算术运算符进行加、减、乘、除运算，例如下面的代码：

```
01    a = 365
02    b = 2
03    c = 720
04    print('a+c = ',a + c)          # 进行加法运算
05    print('c-a = ',c - a)          # 进行减法运算
06    print('a*b = ',a * b)          # 进行乘法运算
07    print('a/b = ',a / b)          # 进行除法运算
08    print('a//b = ',a // b)        # 进行整除运算
```

运行结果如图 4.1 所示。

👑 注意：

使用除法（/ 或 //）运算和求余运算符时，除数不能为 0，否则将会出现异常，如图 4.2 所示。

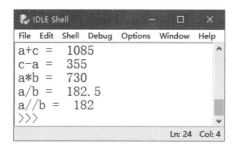

图 4.1　进行加、减、乘、除运算

图 4.2　除数为 0 时出现的错误提示

在 Python 中进行数学计算时，与我们学过的数学中运算符优先级是一致的。

● 先乘除后加减。

● 同级运算符是从左至右计算。

● 可以使用 "()" 调整计算的优先级。

算术运算符优先级由高到最低顺序排列如下：

第一级：　**

第二级：　*, /, %, //

第三级：　+, −

例如，下面的代码：

```
01    a = 365
02    b = 2
03    c = 720
04    print('c - a * b = ', c - a * b)          # 先进行乘法运算再进行减法运算
```

运行结果为：c - a * b = -10

 [实例 4.1]　　　　　　　　　　　　　　　　　　　　（源码位置：资源包 \Code\04\01）

计算学生成绩的分差及平均分

某学员 3 门课程成绩如下表所示，编程实现：

● Python 课程和 C 语言课程的分数之差。

● Python 课程和 English 课程的分数之差。

● 3 门课程的平均分。

课程	分数
Python	99
English	100
C 语言	95

在 IDLE 中创建一个名称为 score_handle.py 的文件，然后在该文件中，首先定义 3 个变量，用于存储各门课程的分数，然后应用减法运算符计算分数差，再应用加法运算符和除法运算符计算平均成绩，最后输出计算结果。代码如下：

```
01    python = 99                                # 定义变量，存储 Python 的分数
02    english = 100                              # 定义变量，存储 English 的分数
03    c = 95                                     # 定义变量，存储 C 语言的分数
04    sub_pc = python - c                        # 计算 Python 和 C 语言的分数差
05    sub_pe = python - english                  # 计算 Python 和英语的分数差
06    avg = (python + english + c) / 3           # 计算平均成绩
07    print("Python 课程和 C 语言课程的分数之差: ",sub_pc ," 分 \n")
08    print("Python 课程和英语课程的分数之差: ",sub_pe ," 分 \n")
09    print("3 门课的平均分: ",avg, " 分 ")
```

运行结果如图 4.3 所示。

4.2　赋值运算符

　　赋值运算符主要用来为变量等赋值。使用时，可以直接把基本赋值运算符 "=" 右边的值赋给左

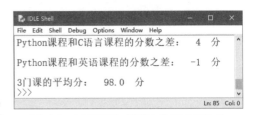

图 4.3　计算学生成绩的分差及平均分

边的变量，也可以进行某些运算后再赋值给左边的变量。在 Python 中常用的赋值运算符如表 4.2 所示。

表 4.2　常用的赋值运算符

运算符	说明	举例	展开形式
=	简单的赋值运算	x=y	x=y
+=	加赋值	x+=y	x=x+y
-=	减赋值	x-=y	x=x-y
*=	乘赋值	x*=y	x=x*y
/=	除赋值	x/=y	x=x/y
%=	取余数赋值	x%=y	x=x%y
**=	幂赋值	x**=y	x=x**y
//=	最整除赋值	x//=y	x=x//y

👑 注意：

　　混淆 = 和 == 是编程中最常见的错误之一。很多语言（不只是 Python）都使用了这两个符号，有很多程序员用错这两个符号。

4.2.1　简单的赋值运算

在 Python 中，使用简单赋值运算符 "=" 将变量名与值或者表达式连接起来，就可以实现简单的赋值运算。简单的赋值运行在实际开发中，经常被应用。例如，定义变量并为其赋值、改变变量的值等。

 [实例 4.2]　　　　　　　　　　　　　　　　　　　　（源码位置：资源包 \Code\04\02 ）

定义不同类型值的变量

使用赋值运算符定义不同类型值的变量，并且通过 print() 函数输出各变量的值，代码如下：

```
01    a = 520                              # 赋值为数字
02    b = '成功不是一步登天，而是聚沙成塔。'    # 赋值为字符串
03    c = False                            # 赋值为布尔类型的值
04    d = a * 3                            # 赋值为表达式的值
05    print(a)
06    print(b)
07    print(c)
08    print(d)
```

运行结果如图 4.4 所示。

4.2.2　复合赋值运算

在实际开发时，经常会遇到将一个变量的值加上或者减去某个值，再赋值给该变量。如 a = a + b。对于这样的式子可以通过复合赋值运算符进行简化，简化后为 a += b。这里的 += 就是

图 4.4　简单的赋值运算示例运行结果

复合赋值运算符。在 Python 中，4.1 节介绍的算术运算符都可以与 = 号组合为复合赋值运算符。

 [实例 4.3]　　　　　　　　　　　　　　　　　　　　　　　（源码位置：资源包 \Code\04\03）

复合赋值运算符的示例

演示复合赋值运算符的应用，代码如下：

```
01   a = 2048
02   print('a = ',a)
03   b = 10
04   print('b = ',b)
05   c = 6
06   print('c = ',c)
07   d = 1024
08   print('d = ',d)
09   a += b                          # a = 2058
10   print(' 执行a += b后, a = ',a)
11   a = 2048                        # 恢复默认值
12   d -= a
13   print(' 执行d -= a后, d = ',d)
14   d = 1024                        # 恢复默认值
15   d *= b                          # d = 10240
16   print(' 执行d *= b后, d = ',d)
17   d = 1024                        # 恢复默认值
18   a /= b                          # a = 204.8
19   print(' 执行a /= b后, a = ',a)
20   a = 2048                        # 恢复默认值
21
22   d %= b                          # d = 4
23   print(' 执行d %= b后, d = ',d)
24   d = 1024                        # 恢复默认值
25   b **= c                         # b =1000000
26   print(' 执行b **= c后, b = ',b)
27   b = 10                          # 恢复默认值
28   a //= b                         # a = 204
29   print(' 执行a //= b后, a = ',a)
```

运行结果如图 4.5 所示。

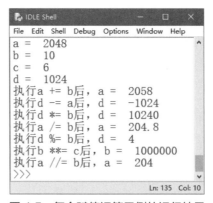

图 4.5　复合赋值运算示例的运行结果

4.2.3　多重赋值

在 Python 中，有一种便利的技巧，即同时给多个变量赋值。例如，定义变量 a、b、c、

d，并且赋值为 170，代码如下：

```
01    a = b = c = d = 170
02    print('a =',a)
03    print('b =',b)
04    print('c =',c)
05    print('d =',d)
```

运行如下：

```
a = 170
b = 170
c = 170
d = 170
```

在使用多重赋值时，也可以同时为多个变量赋不同的值。例如，定义变量 a、b、c、d，并且分别赋值为 10、20、30、40，代码如下：

```
01    a , b , c , d = 10 ,20 , 30 , 40
02    print('a =',a)
03    print('b =',b)
04    print('c =',c)
05    print('d =',d)
```

运行如下：

```
a = 10
b = 20
c = 30
d = 40
```

多重赋值还有一个很实用的功能就是交换两个变量的值。例如，定义变量 a 和 b，并且分别为其赋值为 1024 和 2048，然后通过多重赋值实现将 a 和 b 的值交换。代码如下：

```
01    a = 1024
02    b = 2048
03    print('a = ', a 'b = ', b)
04    print(' 交换后: ')
05    a, b = b, a                        # 多重赋值
06    print('a = ', a, 'b = ', b)
```

运行如下：

```
a =  1024 b =  2048
交换后:
a =  2048 b =  1024
```

4.3　比较（关系）运算符

比较运算符，也称关系运算符，用于对变量或表达式的结果进行大小、真假等比较，如果比较结果为真，则返回 True，如果为假，则返回 False。比较运算符通常用在条件语句中作为判断的依据。Python 中的比较运算符如表 4.3 所示。

表 4.3 Python 的比较运算符

运算符	作用	举例	结果
>	大于	'a' > 'b'	False
<	小于	156 < 456	True
==	等于	'c' == 'c'	True
!=	不等于	'y' != 't'	True
>=	大于或等于	479 >= 426	True
<=	小于或等于	62.45 <= 45.5	False

 多学两招：

在 Python 中，当需要判断一个变量是否介于两个值之间时，可以采用"值 1 < 变量 < 值 2"的形式，例如"0 < a < 100"。

[实例 4.4] （源码位置：资源包 \Code\04\04）

使用比较运算符比较大小关系

在 IDLE 中创建一个名称为 comparison_operator.py 的文件，然后在该文件中，定义 3 个变量，并分别使用 Python 中的各种比较运算符对它们的大小关系进行比较，代码如下：

```
01  python = 98                              # 定义变量，存储 Python 课程的分数
02  english = 100                            # 定义变量，存储 English 课程的分数
03  c = 95                                   # 定义变量，存储 C 语言课程的分数
04  # 输出 3 个变量的值
05  print("python = " + str(python) + " english = " +str(english) + " c = " +str(c) + "\n")
06  print("python < english 的结果: " + str(python < english))   # 小于操作
07  print("python > english 的结果: " + str(python > english))   # 大于操作
08  print("python == english 的结果: " + str(python == english)) # 等于操作
09  print("python != english 的结果: " + str(python != english)) # 不等于操作
10  print("python <= english 的结果: " + str(python <= english)) # 小于或等于操作
11  print("english >= c 的结果: " + str(python >= c))            # 大于或等于操作
```

运行结果如图 4.6 所示。

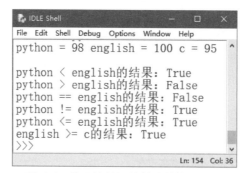

图 4.6 使用比较运算符比较大小关系

4.4 逻辑运算符

逻辑运算符是对真和假两种布尔值进行运算，运算后的结果仍是一个布尔值，Python

中的逻辑运算符主要包括 and（逻辑与）、or（逻辑或）、not（逻辑非）。表 4.4 列出了逻辑运算符的用法和说明。

表 4.4　逻辑运算符

运算符	含义	用法	结合方向
and	逻辑与	op1 and op2	从左到右
or	逻辑或	op1 or op2	从左到右
not	逻辑非	not op	从右到左

使用逻辑运算符进行逻辑运算时，其运算结果如表 4.5 所示。

表 4.5　使用逻辑运算符进行逻辑运算的结果

表达式 1	表达式 2	表达式 1 and 表达式 2	表达式 1 or 表达式 2	not 表达式 1
True	True	True	True	False
True	False	False	True	False
False	False	False	False	True
False	True	False	True	True

👑 说明：

　　在 Python 中，使用 and 时，从左到右计算表达式，如果所有值均为真，则返回最后一个值，如果存在假，则返回第一个假值。

 [实例 4.5]

（源码位置：资源包 \Code\04\05）

参加手机店的打折活动

在 IDLE 中创建一个名称为 sale.py 的文件，然后在该文件中，使用代码实现模拟手机店打折活动。活动规则为：每周一的上午 10 点至 11 点和每周四的下午 1 点至 3 点，对某款手机进行折扣让利活动。代码如下：

```
01    print("\n 手机店正在打折，活动进行中……")                    # 输出提示信息
02    strWeek = input(" 请输入中文星期（如星期一）: ")              # 输入星期，例如，星期一
03    intTime = int(input(" 请输入时间中的小时（范围: 0~23）: "))    # 输入时间
04    # 判断是否满足活动参与条件（使用了 if 条件语句）
05    if (strWeek == " 星期一 " and  (10 <= intTime <= 11)) or (strWeek == " 星期四 " and (13 <= intTime <= 15)):
06        print(" 恭喜您，获得了折扣活动参与资格，快快选购吧！")      # 输出提示信息
07    else:
08        print(" 对不起，您来晚一步，期待下次活动……")              # 输出提示信息
```

👑 说明：

① 第 2 行代码中，input() 函数用于接收用户输入的字符序列。

② 第 3 行代码中，由于 input() 函数返回的结果为字符串类型，所以需要进行类型转换。

③ 第 5 行至第 7 行代码使用了 if…else 条件判断语句，该语句主要用来判断程序是否满足某种条件。

④ 第 5 行代码中对条件进行判断时，使用了逻辑运算符 and、or 和比较运算符 ==、<=。

按下快捷键 <F5> 运行实例，首先输入星期为"星期三"，然后输入时间为 8，将显示如图 4.7 所示的结果。

再次运行实例，输入星期为"星期一"，时间为 10，将显示如图 4.8 所示的结果。

图 4.7　不符合条件的运行效果　　　　图 4.8　符合条件的运行效果

👑 说明：

　　本实例未对输入错误信息进行校验，所以为保证程序的正确性，请输入合法的星期和时间。有兴趣的读者可以自行添加校验功能。

4.5　位运算符

位运算符是把数字看作二进制数来进行计算的，因此，需要先将要执行运算的数据转换为二进制，然后才能进行执行运算。Python 中的位运算符有位与（&）、位或（|）、位异或（^）、位取反（~）、左移位（<<）和右移位（>>）。

👑 说明：

　　整型数据在内存中以二进制的形式表示，如 7 的 32 位二进制形式如下：
　　00000000 00000000 00000000 00000111
　　其中，左边最高位是符号位，最高位是 0 表示正数，若为 1 则表示负数。负数采用补码表示，如 −7 的 32 位二进制形式如下：
　　11111111 11111111 11111111 11111001

4.5.1　"位与"运算

"位与"运算的运算符为"&"，"位与"运算的运算法则：两个操作数据的二进制表示，只有对应数位都是 1 时，结果数位才是 1，否则为 0。如果两个操作数的精度不同，则结果的精度与精度高的操作数相同，如图 4.9 所示。

```
  0000 0000 0000 1100
& 0000 0000 0000 1000
  ───────────────────
  0000 0000 0000 1000
```
图 4.9　12&8 的运算过程

👑 说明：

　　"位与"运算符可以快速实现判断一个整数是奇数还是偶数。例如，一个数 x 与整数 1 进行"位与"运算，如果结果为 1，则 x 为奇数；如果结果为 0，则 x 为偶数。

4.5.2　"位或"运算

"位或"运算的运算符为"|"，"位或"运算的运算法则：两个操作数据的二进制表示，只有对应数位都是 0，结果数位才是 0，否则为 1。如果两个操作数的精度不同，则结果的精度与精度高的操作数相同，如图 4.10 所示。

```
  0000 0000 0000 0100
| 0000 0000 0000 1000
  ───────────────────
  0000 0000 0000 1100
```
图 4.10　4|8 的运算过程

4.5.3　"位异或"运算

"位异或"运算的运算符是"^"，"位异或"运算的运算法则：当两个操作数的二进制表示相同（同时为 0 或同时为 1）时，结果为 0，否则为 1。若两个操作数的精度不同，则结果的精度与精度高的操作数相同，如图 4.11 所示。

```
  0000 0000 0001 1111
∧ 0000 0000 0001 0110
  0000 0000 0000 1001
```
图 4.11　31^22 的运算过程

4.5.4　"位取反"运算

"位取反"运算也称"位非"运算，运算符为"～"。"位取反"运算就是将操作数中对应的二进制数 1 修改为 0，0 修改为 1，如图 4.12 所示。

```
~ 0000 0000 0111 1011
  1111 1111 1000 0100
```
图 4.12　～123 的运算过程

在 Python 中使用 print() 函数输出图 4.9 ～图 4.12 的运算结果，代码如下：

```
01    print("12&8 = "+str(12&8))          # 位与计算整数的结果
02    print("4|8 = "+str(4|8))            # 位或计算整数的结果
03    print("31^22 = "+str(31^22))        # 位异或计算整数的结果
04    print("~123 = "+str(~123))          # 位取反计算整数的结果
```

运算结果如图 4.13 所示。

4.5.5　左移位运算符 <<

左移位运算符 << 是将一个二进制操作数向左移动指定的位数，左边（高位端）溢出的位被丢弃，右边（低位端）的空位用 0 补充。左移位运算相当于乘以 2 的 n 次幂。

例如，int 类型数据 48 对应的二进制数为 00110000，将其左移 1 位，根据左移位运算符的运算规则可以得出 (00110000<<1)=01100000，所以转换为十进制数就是 96（48×2）；将其左移 2 位，根据左移位运算符的运算规则可以得出 (00110000<<2)=11000000，所以转换为十进制数就是 192（48×2^2），其执行过程如图 4.14 所示。

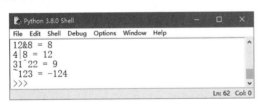

图 4.13　图 4.9 ～图 4.12 的运算结果

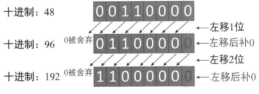

图 4.14　左移位运算

4.5.6　右移位运算符 >>

右移位运算符 >> 是将一个二进制操作数向右移动指定的位数，右边（低位端）溢出的位被丢弃，而在填充左边（高位端）的空位时，如果最高位是 0（正数），左侧空位填入 0；如果最高位是 1（负数），左侧空位填入 1。右移位运算相当于除以 2 的 n 次幂。

正数 48 右移 1 位的运算过程如图 4.15 所示。

负数 −80 右移 2 位的运算过程如图 4.16 所示。

图 4.15　正数 48 右移 1 位的运算过程　　　图 4.16　负数 −80 右移 2 位的运算过程

4.6 赋值表达式

在 Python 3.8 中新增了赋值表达式，使用 ":=" 运算符实现，用于在表达式内部为变量赋值，它又被称为 "海象运算符"，因为它很像海象的眼睛和长牙。赋值表达式主要用于降低程序的复杂性并提升可读性。例如，在进行用户注册时，需要判断输入的用户名的长度，当长度超出指定范围时，给出提示（要求提示输入的用户名的长度）。在不使用赋值表达式时，代码如下：

```
01    name = '问渠那得清如许，为有源头活水来。'
02    n = len(name)
03    if n > 10:
04        print('当前字符串的字数为 ', n, ' 已经超出限制字数10个。')
```

而使用赋值表达式时，可以将赋值和条件判断合为一行代码实现。具体代码如下：

```
01    name = '问渠那得清如许，为有源头活水来。'
02    if (n := len(name)) > 10:
03        print('当前字符串的字数为 ', n, ' 已经超出限制字数10个。')
```

上面两段的代码的运行是一样的，都将显示以下内容：

```
当前字符串的字数为 16 已经超出限制字数10个。
```

 说明：

赋值表达式还可以应用在正则表达式匹配时，或者配合 while 循环计算一个值来检测循环是否终止以及应用在列表推导式中。由于这部分知识点我们还没有学习，所以这里不进行具体介绍。有兴趣的读者可以查看 API 文档。

[实例 4.6]　　　　　　　　　　　　　　　　　　　（源码位置：资源包 \Code\04\06）
模拟用户注册时验证输入是否合法

在开发用户注册功能时，通常需要对用户输入的数据进行验证，即检测输入信息是否符合程序要求。例如，密码必须大于 8 位并且小于 16 位。编写一段 Python 代码，判断用户输入的密码是否符合大于 8 个字符并且小于 16 个字符的要求。如果不符合要求，还需要提示输入密码的字符个数。

```
01    pwd = input('请输入密码（要求8~16个字符)：')
02    if 8 <= (i:=len(pwd)) <=16:
03        print('您输入的字符个数为 ',i,',是有效的密码！')
04    else:
05        print('您输入的字符个数为 ',i,',不是有效的密码！')
06
```

运行程序，输入 123456789，效果如图 4.17 所示；输入 123456，效果如图 4.18 所示。

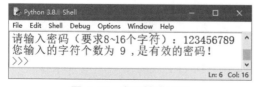

图 4.17　密码符合要求

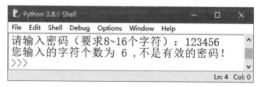

图 4.18　密码不符合要求

4.7 运算符的优先级

所谓运算符的优先级，是指在应用中哪一个运算符先计算，哪一个后计算，与数学的四则运算应遵循的"先乘除，后加减"是一个道理。

Python 运算符的运算规则是：优先级高的运算先执行，优先级低的运算后执行，同一优先级的操作按照从左到右的顺序进行。也可以像四则运算那样使用小括号，括号内的运算最先执行。表 4.6 按从高到低的顺序列出了运算符的优先级。同一行中的运算符具有相同优先级，此时它们的结合方向决定求值顺序。

表 4.6　运算符的优先级

运算符	说明	优先级
**	幂	↑
～、+、-	取反、正号和负号	
*、/、%、//	算术运算符	
+、-	算术运算符	
<<、>>	位运算符中的左移和右移	
&	位运算符中的位与	
^	位运算符中的位异或	
|	位运算符中的位或	
<、<=、>、>=、!=、==	比较运算符	
not x	布尔逻辑非 NOT	
and	布尔逻辑与 AND	
or	布尔逻辑或 OR	
:=	赋值表达式	

👑 多学两招：

在编写程序时尽量使用括号"()"来限定运算次序，避免运算次序发生错误。

例如，下面的代码演示了小括号对于改变运算符优先级的作用。

```
01  a = 6
02  print('a * a * a // a * a * a = ',a * a * a // a * a * a)
03  print(' 加入小括号后: ')
04  print('a * a * a // (a * a * a) = ',a * a * a // (a * a * a))
```

运行结果如下：

```
a * a * a // a * a * a =  1296
加入小括号后:
a * a * a // (a * a * a) = 1
```

本章知识思维导图

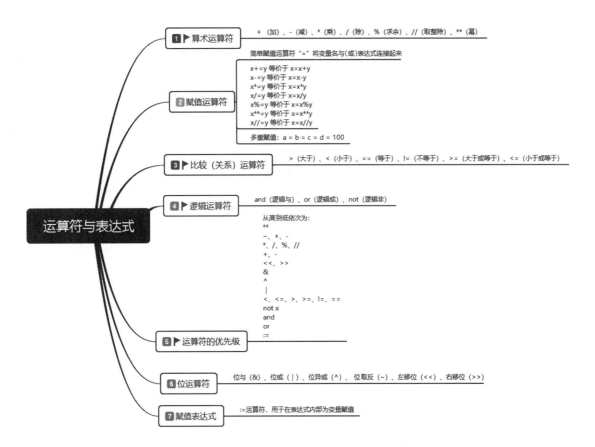

第 5 章
程序的控制结构

本章学习目标

- 了解程序的 3 种基本结构
- 熟练掌握分支语句的应用
- 能够灵活应用条件表达式
- 熟练掌握循环语句的应用
- 掌握 break 语句的应用
- 掌握 continue 语句的应用
- 学会使用 pass 空语句

5.1 程序的基本结构

计算机在解决某个具体问题时，主要有 3 种情形，分别是顺序执行所有的语句、选择执行部分语句和循环执行部分语句。程序设计中的 3 种基本结构为顺序结构、分支结构和循环结构。这 3 种结构的执行流程如图 5.1 所示。

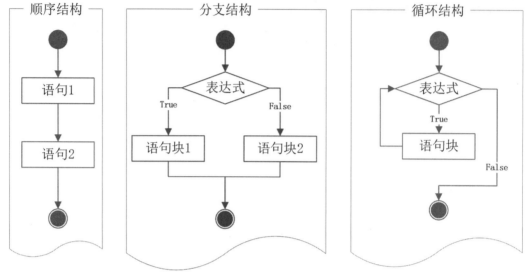

图 5.1　3 种基本结构的执行流程

其中，第一幅图是顺序结构的流程图，编写完毕的语句按照编写顺序依次被执行；第二幅图是分支结构的流程图，主要根据条件语句的结果执行不同的语句；第三幅图是循环结构的流程图，是在一定条件下反复执行某段程序的流程结构，其中，被反复执行的语句称为循环体，决定循环是否终止的判断条件称为循环条件。

本章之前编写的实例大多采用的是顺序结构。例如，定义一个字符串类型的变量，然后输出该变量，代码如下：

```
01  mot_cn = '命运给予我们的不是失望之酒，而是机会之杯。' # 使用单引号，字符串内容必须在一行
02  print(mot_cn)
```

分支结构和循环结构的应用场景：《射雕英雄传》中黄蓉与瑛姑见面时曾出过这样一道数学题，"今有物不知其数，三三数之剩二,五五数之剩三,七七数之剩二，问几何？"

解决这道题，有以下两个要素。

① 需要满足的条件是一个数除以三余二，除以五余三，除以七余二。这就涉及条件判断，需要通过分支语句实现。

② 依次尝试符合条件的数。这就需要循环执行，需要通过循环语句实现。

5.2 分支语句

在生活中，我们总是要做出许多选择，程序也是一样。下面给出几个常见的例子。

① 如果购买成功，用户余额减少，用户积分增多。

② 如果输入的用户名和密码正确，提示登录成功，进入网站；否则，提示登录失败。

③ 如果用户使用微信登录，则使用微信扫一扫；如果使用 QQ 登录，则输入 QQ 号和密码；如果使用微博登录，则输入微博账号和密码；如果使用手机号登录，则输入手机号和密码。

以上例子中的判断，就是程序中的分支语句，也称为选择语句、条件语句，即按照条件执行不同的代码片段。Python 中分支语句主要有 3 种形式，分别为 if 语句、if…else 语句和 if…elif…else 多分支语句，下面将分别对它们进行详细讲解。

👑 说明：

在其他语言中（例如 C、C++、Java 等），选择语句还包括 switch 语句，可以实现多重选择。但是，在 Python 中，却没有 switch 语句，所以要实现多重选择的功能时，只能使用 if…elif…else 多分支语句或者 if 语句的嵌套。

5.2.1　最简单的 if 语句

Python 中使用 if 保留字来组成单分支语句，简单的语法格式如下：

```
if 表达式：
    语句块
```

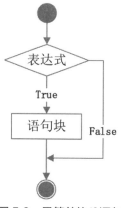

其中，表达式可以是一个单纯的布尔值或变量，也可以是比较表达式或逻辑表达式（例如: a > b and a != c），如果表达式为真，则执行"语句块"；如果表达式的值为假，就跳过"语句块"，继续执行后面的语句，这种形式的 if 语句相当于汉语里的关联词语"如果……就……"，其流程图如图 5.2 所示。

👑 说明：

在 Python 中，当表达式的值为非零的数或者非空的字符串时，if 语句也认为是条件成立（即为真值）。

图 5.2　最简单的 if 语句的执行流程

下面通过一个具体的实例来演示 if 语句的具体应用。

[实例 5.1]　（源码位置：资源包 \Code\05\01 ）

根据 BMI 指数判断身材是否标准

[实例 2.1] 实现了根据身高和体重计算 BMI 指数，本实例将在此基础上实现根据 BMI 指数判断身材是否标准，并且使用 input() 函数实现输入身高和体重，代码如下：

```
01   '''
02      @ 功能: 根据 BMI 指数判断身材是否标准
03      @ author: 无语
04      @ create:2021-05-25
05   '''
06   height = float(input("请输入您的身高（单位：m）: "))    # 输入身高, 单位: m
07   weight = float(input("请输入您的体重（单位：kg）: "))   # 输入体重, 单位: kg
08   bmi=weight/(height*height)                            # 用于计算 BMI 指数，公式为 "体重 /( 身高 × 身高 )"
09   print("您的 BMI 指数为: "+str(bmi))                    # 输出 BMI 指数
10   # 判断身材是否标准
11   if bmi<18.5:
12       print(" 您的体重过轻  ~@_@~")
13   if bmi>=18.5 and bmi<24.9:
14       print(" 正常范围, 注意保持 (-_-)")
15   if bmi>=24.9 and bmi<29.9:
```

```
16        print(" 您的体重过重 ~@_@~")
17    if bmi>=29.9:
18        print(" 肥胖 ^@_@^")
```

运行程序，效果如图 5.3 所示。

👑 说明:

使用 if 语句时，如果只有一条语句，那么语句块可以直接写到冒号 ":" 的右侧，例如下面的代码:

> if bmi<18.5:print(" 您的体重过轻 ~@_@~")

但是，为了程序代码的可读性，建议不要这么做。

👑 常见错误:

① if 语句后面未加冒号，例如下面的代码:

```
01    number = 5
02    if number == 5
03        print("number 的值为 5")
```

运行后，将产生如图 5.4 所示的语法错误。

图 5.3 根据 BMI 指数判断身材是否合理　　　　图 5.4 语法错误

解决的方法是在第 2 行代码的结尾处添加英文半角的冒号。正确的代码如下:

```
01    number = 5
02    if number == 5:
03        print("number 的值为 5")
```

② 使用 if 语句时，如果在符合条件时，需要执行多个语句，例如，程序的真正意图是当 bmi 的值小于 18.5 时，才输出 bmi 的值和提示信息 "您的体重过轻～@_@～"，正确代码如下:

```
01    if bmi<18.5:
02        print(" 您的 BMI 指数为: "+str(bmi))        # 输出 BMI 指数
03        print(" 您的体重过轻 ~@_@~")
```

在上面的代码中，如果第二个输出语句没有缩进，代码如下:

```
01
02    if bmi<18.5:
03        print(" 您的 BMI 指数为: "+str(bmi))        # 输出 BMI 指数
04    print(" 您的体重过轻 ~@_@~")
```

在执行程序时，无论 bmi 的值是否小于 18.5，都会输出 "您的体重过轻 ～@_@～"。这显然与程序的本意是不符的，但程序并不会报告异常，因此这种 bug 很难发现。

5.2.2　if…else 语句

在生活中，经常会遇到只能二选一的情况。针对类似的问题，Python 提供了 if…else 语句，其语法格式如下：

```
if 表达式 :
    语句块 1
else:
    语句块 2
```

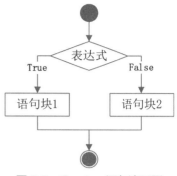

图 5.5　if…else 语句流程图

使用 if…else 语句时，表达式可以是一个单纯的布尔值或变量，也可以是比较表达式或逻辑表达式，如果满足条件，则执行 if 后面的语句块；否则，执行 else 后面的语句块。这种形式的分支语句相当于汉语里的关联词语"如果……否则……"，其流程图如图 5.5 所示。

👑 技巧：

if…else 语句可以使用条件表达式进行简化，如下面的代码：

```
01  a = -1
02  if a > 0:
03      b = a
04  else:
05      b = -a
06  print(b)
```

可以简写成：

```
01  a = -1
02  b = a if a>0 else -a
03  print(b)
```

上段代码主要实现求绝对值的功能，如果 a > 0，就把 a 的值赋值给变量 b，否则将 -a 赋值给变量 b。使用条件表达式的好处是可以使代码简洁，并且有一个返回值。

✍ [实例 5.2]

（源码位置：资源包 \Code\05\02 ）

模拟某大学毕业生在创业路上遇到困难时所做的选择

使用 if…else 语句模拟某大学毕业生在创业路上遇到困难时做出的选择不同，产生的结果也会不同。例如，如果他继续坚持就可能冲出困境，获得成功，否则必定失败，代码如下：

```
01  print('当您遇到困难时，您会如何进行选择？坚持还是放弃？')   # 输出提示信息
02  opt = input("选择坚持输入 1，选择放弃输入 0: ")           # 输入做出的选择
03  if opt == '1':  # 进行条件判断
04      print('恭喜您，离成功已经不远了！')
05  else:
06      print('很遗憾，您现在已经失败了！')
```

运行程序，当输入 1 时，效果如图 5.6 所示；当输入 0 时，效果如图 5.7 所示。

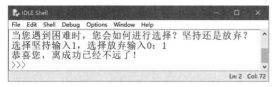

图 5.6　输入 1 时的结果

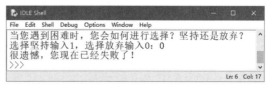

图 5.7　输入 0 时的结果

注意:

else 一定不可以单独使用，必须和保留字 if 一起使用，例如，下面的代码是错误的：

```
01    else:
02        print(number," 不符合条件 ")
```

程序中使用 if…else 语句时，如果出现 if 语句多于 else 语句的情况，那么将会根据缩进确定该 else 语句属于哪个 if 语句。如下面的代码：

```
01    a = -1
02    if a >= 0:
03        if a > 0:
04            print("a 大于 0")
05        else:
06            print("a 等于 0")
```

上面的语句将不输出任何提示信息，这是因为 else 语句属于第 3 行的 if 语句，所以当 a 小于 0 时，else 语句将不执行。而如果将上面的代码修改为以下内容：

```
01    a = -1
02    if a >= 0:
03        if a > 0:
04            print("a 大于 0")
05    else:
06        print("a 小于 0")
```

此时，else 语句和第 2 行的 if 语句配套使用，将输出提示信息 "a 小于 0"。

5.2.3 if…elif…else 语句

网上购物时，通常都有多种付款方式供大家选择，如微信支付、支付宝、云闪付等，这时用户就需要从多个选项中选择一个。在开发程序时，如果遇到多选一的情况，则可以使用 if…elif…else 语句，该语句是一个多分支语句，通常表现为 "如果满足某种条件，就会进行某种处理；否则，如果满足另一种条件，则执行另一种处理……"。if…elif…else 语句的语法格式如下：

```
if 表达式 1:
    语句块 1
elif 表达式 2:
    语句块 2
elif 表达式 3:
    语句块 3
…
else:
    语句块 n
```

使用 if…elif…else 语句时，表达式可以是一个单纯的布尔值或变量，也可以是比较表达式或逻辑表达式，如果表达式为真，执行语句；如果表达式为假，则跳过该语句，进行下一个 elif 的判断；只有在所有表达式都为假的情况下，才会执行 else 中的语句。if…elif…else 语句的流程如图 5.8 所示。

👑 注意:

if 和 elif 都需要判断表达式的真假，而 else 则不需要判断；另外，elif 和 else 都必须与 if 一起使用，不能单独使用。

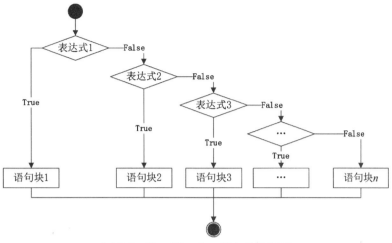

图 5.8　if…elif…else 语句的流程图

[实例 5.3]

（源码位置：资源包 \Code\05\03）

输出玫瑰花语

使用 if…elif…else 多分支语句实现根据用户输入的玫瑰花的朵数输出其代表的含义，代码如下：

```
01  print(" 在古希腊神话中，玫瑰集爱情与美丽于一身，所以人们常用玫瑰来表达爱情。")
02  print(" 但是不同朵数的玫瑰花代表的含义是不同的。\n")
03  # 获取用户输入的朵数，并转换为整型
04  number = int(input(" 输入您想送几朵玫瑰花，小默会告诉您含义："))
05  if number == 1:                      # 判断输入的数是否为 1，代表 1 朵
06      # 如果等于 1 则输出提示信息
07      print("1 朵：你是我的唯一！")
08  elif number == 3:                    # 判断是否为 3 朵
09      print("3 朵：I Love You！")
10  elif number == 10:                   # 判断是否为 10 朵
11      print("10 朵：十全十美！")
12  elif number == 99:                   # 判断是否为 99 朵
13      print("99 朵：天长地久！")
14  elif number == 108:                  # 判断是否为 108 朵
15      print("108 朵：求婚！")
16  else:
17      print(" 小默也不知道了！可以考虑送 1 朵、3 朵、10 朵、99 朵或 108 朵呦！")
```

👑 说明：

第 4 行代码中的 int() 函数用于将用户的输入强制转换成整型。

运行程序，输入一个数值，并按下 <Enter> 键，即可显示相应的提示信息，效果如图 5.9 所示。

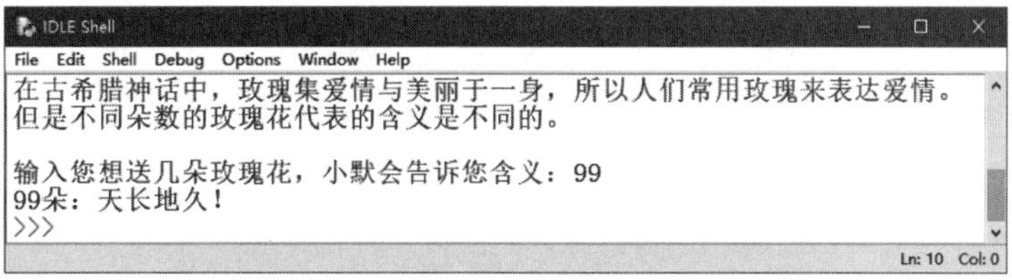

图 5.9　if…elif…else 多分支语句的使用

👑 多学两招：

使用 if 语句时，尽量遵循以下原则：

① 当使用布尔类型的变量作为判断条件时，假设布尔型变量为 flag，较为规范的格式如下：

```
01    if flag:                          # 表示为真
02    if not flag:                      # 表示为假
```

不符合规范的格式如下：

```
01    if flag == True:
02    if flag == False:
```

② 使用"if 1 == a:"这样的书写格式可以防止错写成"if a = 1:"这种形式，从而避免逻辑上的错误。

5.2.4　if 语句的嵌套

前面介绍了 3 种形式的 if 语句，这 3 种形式的分支语句之间都可以互相嵌套。

在最简单的 if 语句中嵌套 if…else 语句，形式如下：

```
if 表达式 1:
    if 表达式 2:
        语句块 1
    else:
        语句块 2
```

在 if…else 语句中嵌套 if…else 语句，形式如下：

```
if 表达式 1:
    if 表达式 2:
        语句块 1
    else:
        语句块 2
else:
    if 表达式 3:
        语句块 3
    else:
        语句块 4
```

👑 说明：

if 语句可以有多种嵌套方式，开发程序时，可以根据自身需要选择合适的嵌套方式，但一定要严格控制好不同级别代码块的缩进量。

 [实例 5.4]　（源码位置：资源包 \Code\05\04）

判断是否为酒后驾车

国家质量监督检验检疫局发布的《车辆驾驶人员血液、呼气酒精含量阈值与检验》中规定：车辆驾驶人员血液中的酒精含量小于 20mg/100mL 不构成饮酒驾驶行为；酒精含量大于或等于 20mg/100mL、小于 80mg/100mL 为饮酒驾车；酒精含量大于或等于 80mg/100mL 为醉酒驾车。现在编写一段 Python 代码，通过使用嵌套的 if 语句实现根据输入的酒精含量值判断是否为酒后驾车的功能，代码如下：

```
01    print("\n 为了您和他人的安全，严禁酒后开车！\n")
02    proof = int(input(" 请输入每 100 毫升血液的酒精含量: "))  # 获取用户输入的酒精含量，并转换为整型
```

```
03    if proof < 20:                              # 酒精含量小于 20 毫克，不构成饮酒驾驶行为
04        print("\n 您还不构成饮酒驾驶行为，可以开车，但要注意安全！")
05    else:                                       # 酒精含量大于或等于 20 毫克，已经构成饮酒驾车行为
06        if proof < 80:                          # 酒精含量小于 80 毫克，达到饮酒驾驶标准
07            print("\n 已经达到酒后驾驶标准，请不要开车！ ")
08        else:                                   # 酒精含量大于或等于 80 毫克，已经达到醉酒驾驶标准
09            print("\n 已经达到醉酒驾驶标准，千万不要开车！ ")
```

在上面的代码中，应用了 if 语句的嵌套，其具体的执行流程如图 5.10 所示。

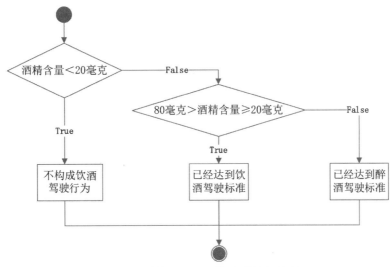

图 5.10　判断是否酒后驾车的执行流程

运行程序，当输入每 100 毫升血液的酒精含量为 6 毫克时，将显示不构成饮酒驾驶行为，效果如图 5.11 所示；当输入酒精含量为 80 毫克时，将显示已经达到醉酒驾驶标准，效果如图 5.12 所示。

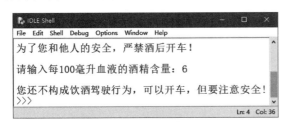

图 5.11　不构成饮酒行为

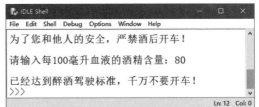

图 5.12　已经达到醉酒驾驶标准

5.3　条件表达式

在程序开发时，经常会根据表达式的结果有条件地进行赋值。例如，要返回两个数中较大的数，可以使用下面的 if 语句：

```
01    a = 25
02    b = 5
03    if a>b:
04        r = a
05    else:
06        r = b
```

针对上面的代码，可以使用条件表达式进行简化，代码如下：

```
01    a = 25
02    b = 5
03    r = a if a > b else b
```

使用条件表达式时，先计算中间的条件（a>b），如果结果为 True，返回 if 语句左边的值，否则返回 else 右边的值。例如上面表达式中 r 的值为 25。

👑 说明：

Python 中提供条件表达式，可以根据表达式的结果进行有条件的赋值。

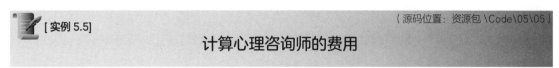

[实例 5.5]   （源码位置：资源包 \Code\05\05 ）

计算心理咨询师的费用

编写一段 Python 程序，帮助一个心理咨询师计算她的收费。她的收费标准是每小时 300 元，最低收费 2 小时。所以需要使用条件表达式确保小时数不低于 2。代码如下：

```
01    print(' 欢迎光临！ ')
02    t = int(input(' 请输入您的咨询时间：'))
03    t =  2 if t < 2 else t  # 条件表达式
04    print(' 您本次咨询费用为：',t * 300)
```

运行程序，输入咨询时间为 1 时，提示咨询费用为 600；当输入咨询时间为 2 时，提示咨询费用为 600，效果如图 5.13 所示。

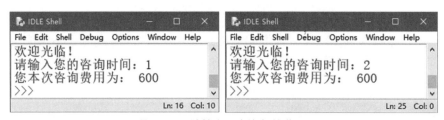

图 5.13　计算心理咨询师的费用

5.4　循环语句

日常生活中很多问题都无法一次解决，如盖楼，所有高楼都是一层一层垒起来的。再或者有些事物必须周而复始地运转才能保证其存在的意义，例如，公交车、地铁等交通工具，必须每天在同样的时间往返于始发站和终点站之间。类似这种反复做同一件事的情况，称为循环。在 Python 中，提供了两个实现循环的语句，分别是 while 语句和 for 语句。下面分别进行介绍。

5.4.1　while 语句

while 循环是通过一个条件来控制是否要继续反复执行循环体中的语句。

语法如下：

```
while 条件表达式：
    循环体
```

👑 说明：

循环体是指一组被重复执行的语句。

当条件表达式的返回值为真时，则执行循环体中的语句，执行完毕后，重新判断条件表达式的返回值，直到表达式返回的结果为假时，退出循环。while 循环语句的执行流程如图 5.14 所示。

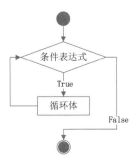

图 5.14　while 循环语句的执行流程图

下面通过前文提到的《射雕英雄传》的实例来演示 while 语句的应用。

[实例 5.6]　　　　　　　　　　　　　　　　　　（源码位置：资源包 \Code\05\06）

助力瑛姑 ①：while 循环版解题法

使用 while 循环语句实现从 1 开始依次尝试符合条件的数，直到找到符合条件的数时，才退出循环。具体的实现方法：首先定义一个用于计数的变量 number 和一个作为循环条件的变量 none（默认值为真），然后编写 while 循环语句，在循环体中，将变量 number 的值加 1，并且判断 number 的值是否符合条件，当符合条件时，将变量 none 设置为假，从而退出循环。具体代码如下：

```
01    print(" 今有物不知其数，三三数之剩二,五五数之剩三,七七数之剩二，问几何？ \n")
02    none = True                                          # 作为循环条件的变量
03    number = 0                                           # 计数的变量
04    while none:
05        number += 1                                      # 计数加 1
06        if number%3 ==2 and number%5 ==3 and number%7 ==2:   # 判断是否符合条件
07            print(" 答曰：这个数是 ",number)               # 输出符合条件的数
08            none = False                                 # 将循环条件的变量赋值为否
```

运行程序，将显示如图 5.15 所示的效果。从图 5.15 中可以看出第一个符合条件的数是23，这就是黄蓉想要的答案。

图 5.15　助力瑛姑 ①：while 循环版解题法

👑 注意：

在使用 while 循环语句时，一定不要忘记添加将循环条件改变为 False 的代码（例如上面实例的最后一行代码），否则将产生死循环。

5.4.2 for 语句

for 循环是一个依次重复执行的循环，通常适用于枚举或遍历序列，以及迭代对象中的元素。

语法如下：

```
for 迭代变量 in 对象：
    循环体
```

其中，迭代变量用于保存读取出的值；对象为要遍历或迭代的对象，该对象可以是任何有序的序列对象，如字符串、列表和元组等；循环体为一组被重复执行的语句。

for 循环语句的执行流程如图 5.16 所示。

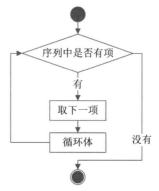

图 5.16　for 循环语句的执行流程图

（1）进行数值循环

在使用 for 循环时，最基本的应用就是进行数值循环。例如，想要实现 1 ～ 100 的累加，可以通过下面的代码实现：

```
01    print("计算 1+2+3+……+100 的结果为：")
02    result = 0                              # 保存累加结果的变量
03    for i in range(101):
04        result += i                         # 实现累加功能
05    print(result)                           # 在循环结束时输出结果
```

在上面的代码中，使用了 range() 函数，该函数是 Python 内置的函数，用于生成一系列连续的整数，多用于 for 循环语句中。其语法格式如下：

```
range(start,end,step)
```

参数说明：

● start：用于指定计数的起始值，可以省略，如果省略则从 0 开始。

● end：用于指定计数的结束值（但不包括该值），如 range(7) 得到的值为 0 ～ 6，不包括 7，不能省略。当 range() 函数中只有一个参数时，即表示指定计数的结束值。

● step：用于指定步长，即两个数之间的间隔，可以省略，如果省略则表示步长为 1。例如，range(1,7) 将得到 1、2、3、4、5、6。

👑 注意：

在使用 range() 函数时，如果只有一个参数，那么表示指定的是 end；如果有两个参数，则表示指定的是 start 和 end；如果 3 个参数都存在时，最后一个参数才表示步长。

例如，使用下面的 for 循环语句，将输出 10 以内的所有奇数：

```
01    for i in range(1,10,2):
02        print(i,end = ' ')
```

得到的结果如下：

```
1 3 5 7 9
```

👑 多学两招：

在 Python 2.x 中，如果想让 print 语句输出的内容在一行上显示，可以在后面加上逗号（例如：print i,）。但是在 Python 3.x 中，使用 print() 函数时，不能直接加逗号，需要加上 ",end = ' 分隔符 '"，并且该分隔符为一个空格，如果在连接输出时不需要用分隔符隔开，也可以不加分隔符。

👑 说明：

在 Python 2.x 中，除提供 range() 函数外，还提供了一个 xrange() 函数，用于解决 range() 函数会不经意间耗掉所有可用内存的问题，而在 Python 3.x 中已经更名为 range() 函数，并且删除了老式 xrange() 函数。

[实例 5.7]

（源码位置：资源包 \Code\05\07）

助力瑛姑 ②：for 循环版解题法

使用 for 循环语句实现从 1 循环到 100（不包含 100），并且记录符合黄蓉要求的数。具体的实现方法：应用 for 循环语句从 1 迭代到 99，在循环体中，判断迭代变量 number 是否符合"三三数之剩二,五五数之剩三,七七数之剩二"的要求，如果符合则应用 print() 函数输出，否则继续循环。具体代码如下：

```
01  print(" 今有物不知其数, 三三数之剩二,五五数之剩三,七七数之剩二, 问几何?  \n")
02  for number in range(100):
03      if number%3 ==2 and number%5 ==3 and number%7 ==2:      # 判断是否符合条件
04          print(" 答曰: 这个数是 ",number)                       # 输出符合条件的数
```

运行程序，将显示如图 5.17 所示的效果。

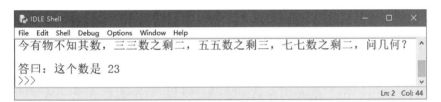

图 5.17　助力瑛姑 ②：for 循环版解题法

👑 常见错误：

for 语句后面未加冒号。例如下面的代码：

```
01  for number in range(100)
02      print(number)
```

运行后，将产生如图 5.18 所示的语法错误。解决的方法是在第一行代码的结尾处添加一个冒号。

（2）遍历字符串

使用 for 循环语句除了可以循环数值，还可以逐个遍历字符串，例如，下面的代码可以将横向显示的字符串转换为纵向显示：

```
01  string = ' 告别平庸 '
02  print(string)                              # 横向显示
03  for ch in string:
04      print(ch)                              # 纵向显示
```

上面代码的运行结果如图 5.19 所示。

```
for number in range(100)
    print(number)
```

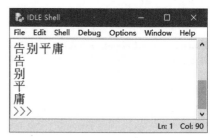

图 5.18　for 循环语句的常见错误　　　　图 5.19　将字符串转换为纵向显示

👑 说明：

for 循环语句还可以用于迭代（遍历）列表、元组、集合和字典等。

5.4.3　循环嵌套

在 Python 中，允许在一个循环体中嵌入另一个循环，这称为循环嵌套。例如，在电影院找座位号，需要知道第几排第几列才能准确找到自己的座位，假如寻找如图 5.20 所示的第二排第三列的座位，首先寻找第二排，然后在第二排中再寻找第三列，这个寻找座位的过程就类似循环嵌套。

图 5.20　寻找座位的过程就类似循环嵌套

在 Python 中，for 循环和 while 循环都可以进行循环嵌套。

例如，在 while 循环中套用 while 循环的格式如下：

```
while 条件表达式1：
    while 条件表达式2：
        循环体 2
    循环体 1
```

在 for 循环中套用 for 循环的格式如下：

```
for 迭代变量1 in 对象1：
    for 迭代变量2 in 对象2：
        循环体 2
    循环体 1
```

在 while 循环中套用 for 循环的格式如下：

```
while 条件表达式 :
    for 迭代变量 in 对象 :
        循环体 2
    循环体 1
```

在 for 循环中套用 while 循环的格式如下：

```
for 迭代变量 in 对象 :
    while 条件表达式 :
        循环体 2
    循环体 1
```

除了上面介绍的 4 种嵌套格式外，还可以实现更多层的嵌套，因为与上面的嵌套方法类似，这里就不再一一列出了。

[实例 5.8]

（源码位置：资源包 \Code\05\08）

打印九九乘法表

使用嵌套的 for 循环打印九九乘法表，代码如下：

```
01    for i in range(1, 10):                        # 输出 9 行
02        for j in range(1, i + 1):                 # 输出与行数相等的列
03            print(str(j) + "×" + str(i) + "=" + str(i * j) + "\t", end='')
04        print('')                                 # 换行
```

代码注解：本实例的代码使用了双层 for 循环（循环流程如图 5.21 所示），第一个循环可以看成是对乘法表行数的控制，同时也是每一个乘法公式的第二个因数；第二个循环控制乘法表的列数，列数的最大值应该等于行数，因此第二个循环的条件应该是在第一个循环的基础上建立的。

程序运行结果如图 5.22 所示。

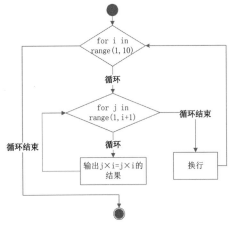

图 5.21 [实例 5.8] 的循环流程

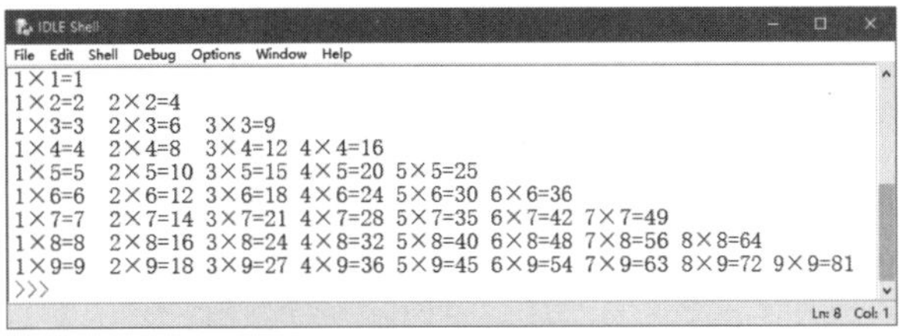

图 5.22 使用循环嵌套打印九九乘法表

5.5 跳转语句

当循环条件一直满足时，程序将会一直执行下去，就像一辆迷路的车，在某个地方不停地转圈。如果希望在中间离开循环，也就是 for 循环结束重复之前或者 while 循环找到结

束条件之前跳出，有两种方法来实现。

　　① 使用 continue 语句直接跳到循环的下一次迭代。

　　② 使用 break 完全中止循环。

5.5.1　break 语句

　　break 语句可以终止当前的循环，包括 while 和 for 在内的所有控制语句。以独自一人沿着操场跑步为例，原计划跑 10 圈，可是在跑到第 2 圈的时候，遇到了自己的女神或者男神，于是果断停下来，终止跑步，这就相当于使用了 break 语句提前终止了循环。break 语句的语法比较简单，只需要在相应的 while 或 for 语句中加入即可。

> 👑 **说明：**
>
> break 语句一般会与 if 语句搭配使用，表示在某种条件下，跳出循环。如果使用嵌套循环，break 语句将跳出最内层的循环。

　　在 while 语句中使用 break 语句的形式如下：

```
while 条件表达式1：
    执行代码
    if 条件表达式2：
        break
```

　　其中，条件表达式 2 用于判断何时调用 break 语句跳出循环。在 while 语句中使用 break 语句的流程如图 5.23 所示。

　　在 for 语句中使用 break 语句的形式如下：

```
for 迭代变量 in 对象：
    if 条件表达式：
        break
```

　　其中，条件表达式用于判断何时调用 break 语句跳出循环。在 for 语句中使用 break 语句的流程如图 5.24 所示。

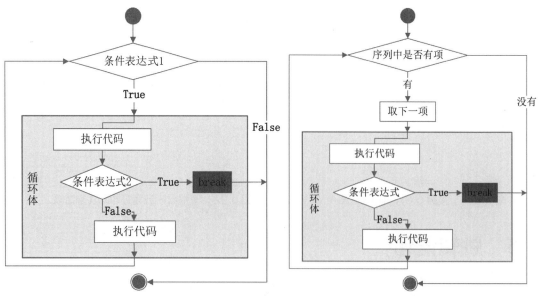

图 5.23　在 while 语句中使用 break 语句的流程图　图 5.24　在 for 语句中使用 break 语句的流程图

在 [实例 5.7] 中，使用 for 循环语句解决了黄蓉难倒瑛姑的数学题。但是，在该实例中，尽管在循环到 23 时已经找到了符合要求的数，但依然要一直循环到 99。下面将 [实例 5.7] 进行改进，实现当找到第一个符合条件的数后，就跳出循环，这样可以提高程序的执行效率。

 [实例 5.9]

（源码位置：资源包 \Code\05\09 ）

助力瑛姑 ③：for 循环改进版解题法

在 [实例 5.7] 的最后一行代码下方再添加一个 break 语句，即可实现找到符合要求的数后直接退出 for 循环。修改后的代码如下：

```
01    print(" 今有物不知其数，三三数之剩二,五五数之剩三,七七数之剩二，问几何？ \n")
02    for number in range(100):
03        if number%3 ==2 and number%5 ==3 and number%7 ==2:      # 判断是否符合条件
04            print(" 答曰：这个数是 ",number)                       # 输出符合条件的数
05            break                                               # 跳出 for 循环
```

如果想要看出 [实例 5.9] 和 [实例 5.7] 的区别，可以在第 2 和 3 行代码之间添加 "print(number)" 语句，输出 number 的值。使用 break 语句的执行效果如图 5.25 所示，未使用 break 语句时的执行效果如图 5.26 所示。

图 5.25　使用 break 语句时的效果

图 5.26　未使用 break 语句时的效果

5.5.2　continue 语句

continue 语句的作用没有 break 语句强大，它只能终止本次循环而提前进入下一次循环中。仍然以独自一人沿着操场跑步为例，原计划跑步 10 圈，当跑到第 2 圈的时候，遇到了自己的女神或者男神也在跑步，于是果断停下来，跑回起点等待，制造一次完美邂逅，然后从第 3 圈开始继续。

continue 语句的语法比较简单，只需要在相应的 while 或 for 语句中加入即可。

👑 说明：

continue 语句一般会与 if 语句搭配使用，表示在某种条件下，跳过当前循环的剩余语句，然后继续进行下一轮循环。如果使用嵌套循环，continue 语句将只跳过最内层循环中的剩余语句。

在 while 语句中使用 continue 语句的形式如下：

```
while 条件表达式 1:
    执行代码
    if 条件表达式 2:
        continue
```

其中，条件表达式 2 用于判断何时调用 continue 语句跳出循环。在 while 语句中使用 continue 语句的流程如图 5.27 所示。

在 for 语句中使用 continue 语句的形式如下：

```
for 迭代变量 in 对象：
    if 条件表达式：
        continue
```

其中，条件表达式用于判断何时调用 continue 语句跳出循环。在 for 语句中使用 continue 语句的流程如图 5.28 所示。

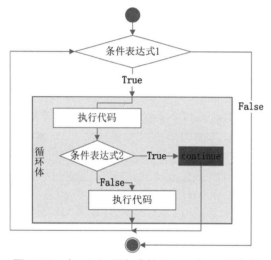

图 5.27　在 while 语句中使用 continue 语句的流程图

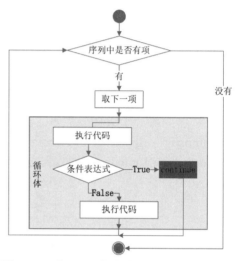

图 5.28　在 for 语句中使用 continue 语句的流程图

[实例 5.10]

（源码位置：资源包 \Code\05\10 ）

逢七拍腿游戏

通过在 for 循环中使用 continue 语句实现计算拍腿次数，即计算 1 ～ 100（不包括 100）中一共有多少个尾数为 7 或 7 的倍数这样的数，代码如下：

```
01    total = 99                         # 记录拍腿次数的变量
02    for number in range(1,100):        # 创建一个从 1 到 100（不包括）的循环
03        if number % 7 ==0:             # 判断是否为 7 的倍数
04            continue                    # 继续下一次循环
05        else:
06            string = str(number)        # 将数值转换为字符串
07            if string.endswith('7'):    # 判断是否以数字 7 结尾
08                continue                # 继续下一次循环
09        total -= 1                      # 可拍腿次数 -1
10    print("从 1 数到 99 共拍腿 ",total," 次。")    # 显示拍腿次数
```

说明：

第 3 行代码实现的是：当所判断的数字是 7 的倍数时，会执行第 4 行的 continue 语句，跳过后面的减 1 操作，直接进入下一次循环；同理，第 7 行代码用于判断是否以数字 7 结尾，如果是，直接进入下一次循环。

程序运行结果如图 5.29 所示。

图 5.29　逢七拍腿游戏的执行结果

5.6　pass 空语句

在 Python 中还有一个 pass 语句，表示空语句。不做任何事情，一般起到占位作用。例如，在应用 for 循环输出 1 ～ 10 中（不包括 10）的偶数时，在不是偶数时，应用 pass 语句占个位置，方便以后对不是偶数的数进行处理。代码如下：

```
01    for i in range(1,10):
02        if i%2 == 0:                      # 判断是否为偶数
03            print(i,end = ' ')
04        else:                              # 不是偶数
05            pass                           # 占位符，不做任何事情
```

程序运行结果如下：

```
2 4 6 8
```

 本章知识思维导图

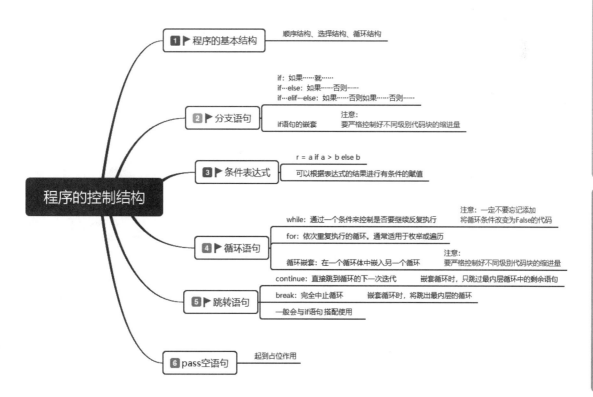

第6章
序列的通用操作

 本章学习目标

- 了解序列
- 熟练掌握索引的应用
- 能够灵活应用切片获取序列中的元素
- 熟练应用序列的加法和乘法
- 掌握如何检查某个元素是否是序列的成员
- 掌握计算序列的长度的函数 len() 的应用
- 学会获取序列的最大值和最小值

6.1　什么是序列

在数学里，序列也称为数列，是指按照一定顺序排列的一列数；而在程序设计中，序列是一种常用的数据存储方式，几乎每一种程序设计语言都提供了类似的数据结构，例如，C语言或 Java 中的数组等。

在 Python 中序列是最基本的数据结构。它是一块用于存放多个值的连续内存空间。在Python 中，序列结构主要有列表、元组和字符串。它们有一些通用的操作方法，如索引、切片、乘法、加法，检查某个元素是否是序列的成员、计算序列的长度、获取最大值和最小值等。

6.2　索引（Indexing）

序列是一块用于存放多个值的连续内存空间，并且按一定顺序排列，每一个值（称为元素）都分配一个数字，称为索引或位置。通过该索引可以取出相应的值。例如，我们可以把一家酒店看作一个序列，那么酒店里的每个房间都可以看作是这个序列的元素，而房间号就相当于索引，可以通过房间号找到对应的房间。

序列中的每一个元素都有一个编号，也称为索引或者下标。这个索引是从 0 开始递增的，即下标为 0 表示第一个元素，下标为 1 表示第 2 个元素，以此类推，如图 6.1 所示。

Python 比较神奇，它的索引可以是负数。这个索引从右向左计数。也就是从最后的一个元素开始计数，即最后一个元素的索引是 -1，倒数第二个元素的索引为 -2，以此类推，如图 6.2 所示。

图 6.1　序列的正数索引　　　　图 6.2　序列的负数索引

👑 注意：

在采用负数作为索引时，是从 -1 开始的，而不是从 0 开始的，即最后一个元素的下标为 -1，这是为了防止与第一个元素重合。

通过索引可以访问序列中的任何元素。例如，定义一个包括 4 个元素的列表，要访问它的第 3 个元素和最后一个元素，可以使用下面的代码：

```
01   verse = [" 春眠不觉晓 ","Python 不得了 "," 夜来爬数据 "," 好评知多少 "]
02   print(verse[2])                          # 输出第 3 个元素
03   print(verse[-1])                         # 输出最后一个元素
```

结果如下：

```
夜来爬数据
好评知多少
```

在 Python 的序列中，索引的应用范围主要有以下 3 处。

① 获取序列中的指定位置的元素。

② 通过切片访问一定范围内的元素时，也需要通过索引指定位置。

③ 获取指定元素的位置时，返回的值就是该元素的索引值。

6.3 切片（Slicing）

切片操作是访问序列中元素的另一种方法，它可以访问一定范围内的元素。通过切片操作可以生成一个新的序列。实现切片操作的语法格式如下：

```
sname[start : end : step]
```

参数说明：

● sname：表示序列的名称。

● start：索引值，表示切片的开始位置（包括该位置），如果不指定，则默认为 0。

● end：索引值，表示切片的截止位置（不包括该位置），如果不指定，则默认为序列的长度。

● step：表示切片的步长，如果省略，则默认为1，当省略该步长时，最后一个冒号也可以省略。

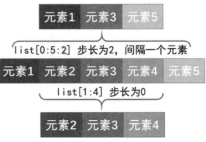

图 6.3 通过切换获取一定范围的元素

👑 说明：

在进行切片操作时，如果指定了步长，那么将按照该步长遍历序列的元素（遍历的元素间有指定间隔），否则将一个一个遍历序列。例如，一个包括 5 个元素的列表 list，分别通过 list[0:5:2] 和 list[1:4] 获取一定范围的元素，结果如图 6.3 所示。

例如，通过切片先获取 NBA 历史上十大巨星列表中的第 2～4 个元素，再获取第 1 个、第 3 个、第 5 个、第 7 个元素，可以使用下面的代码：

```
01   nba = ["迈克尔·乔丹 "," 比尔·拉塞尔 "," 卡里姆·阿布杜尔·贾巴尔 "," 威尔特·张伯伦 ",
02        " 埃尔文·约翰逊 "," 科比·布莱恩特 "," 蒂姆·邓肯 "," 勒布朗·詹姆斯 "," 拉里·伯德 ",
03        " 沙奎尔·奥尼尔 "]
04   print(nba[1:4])                # 1 和 4 表示索引为 1 和 4 的元素，即获取第 2 个到第 4 个元素
05   print(nba[0:7:2])              # 2 表示步长，即获取第 1 个、第 3 个、第 5 个和第 7 个元素
```

运行上面的代码，将输出以下内容：

```
[' 比尔·拉塞尔 ', ' 卡里姆·阿布杜尔·贾巴尔 ', ' 威尔特·张伯伦 ']
[' 迈克尔·乔丹 ', ' 卡里姆·阿布杜尔·贾巴尔 ', ' 埃尔文·约翰逊 ', ' 蒂姆·邓肯 ']
```

👑 说明：

如果想要复制整个序列，可以将 start 和 end 参数都省略，但是中间的冒号需要保留。例如，nba[:] 就表示复制整个名称为 nba 的序列。

 [实例 6.1]　　　　　　　　　　　　　　　　　　　　（源码位置：资源包 \Code\06\01 ）

找出藏头诗的诗头

藏头诗，又名"藏头格"，是杂体诗中的一种，有三种形式。常见的是每句的第一个字连起来读，可以传达作者的某种特有的思想。在《水浒传》中，有一段"吴用智赚玉麒麟"的故事，当时吴用扮成一个算命先生，悄悄来到卢俊义庄上，利用卢俊义正为躲避"血光之灾"的惶恐心理，口占四句卦歌，并让他端书在家宅的墙壁上。这四句卦歌是"芦花丛中一扁舟，俊杰俄从此地游，义士若能知此理，反躬难逃可无忧。"

编写一段 Python 代码，通过切片实现提取这四句卦歌隐藏的诗头，代码如下：

```
01    word = ' 芦花丛中一扁舟，俊杰俄从此地游，义士若能知此理，反躬难逃可无忧。'
02    print(word[::8])
```

运行程序，将显示藏头诗的诗头，效果如图 6.4
所示。

图 6.4　找出藏头诗的诗头

6.4　序列加法（Adding）

在 Python 中，支持将两种相同类型的序列进行
相加操作，即将两个序列进行连接，但不会去除重复的元素，使用加（+）运算符实现。例
如，将两个列表相加，可以使用下面的代码：

```
01    mp1 = [" 华为 "," 小米 ","vivo","OPPO"]
02    mp2 = [" 一加 "," 三星 "," 苹果 "," 荣耀 "]
03    print(mp1+mp2)
```

运行上面的代码，将输出以下内容：

```
[' 华为 ', ' 小米 ', 'vivo', 'OPPO', ' 一加 ', ' 三星 ', ' 苹果 ', ' 荣耀 ']
```

从上面的输出结果可以看出，两个列表被合成一个列表了。

👑 说明：

在进行序列相加时，相同类型的序列是指同为列表、元组、字符串等，序列中的元素类型可以不同。例如，下面
的代码也是正确的：

```
01    num = [1,3,5,7,9]
02    mp = [" 华为 "," 小米 ","vivo","OPPO"]
03    print(num + mp)
```

相加后的结果如下：

```
[1, 3, 5, 7, 9, ' 华为 ', ' 小米 ', 'vivo', 'OPPO']
```

但是不能将列表和元组相加，也不能将列表和字符串相加。例如，下面的代码就是错误的：

```
01    num = [1,3,5,7,9]
02    print(num + " 输出的 10 以内的奇数 ")
```

上面的代码，在运行后将产生如图 6.5 所示的异常信息。

```
Traceback (most recent call last):
  File "C:\python\demo1.py", line 2, in <module>
    print(num + "输出的10以内的奇数")
TypeError: can only concatenate list (not "str") to list
>>>
```

图 6.5　将列表和字符串相加产生的异常信息

6.5　序列乘法（Multiplying）

在 Python 中，使用数字 n 乘以一个序列会生成新的序列。新序列的内容为原来序列中

的元素被重复 *n* 次的结果，相当于复制粘贴多次。例如，下面的代码将实现把一个序列乘以 3 生成一个新的序列并输出，从而达到"重要事情说三遍"的效果。

```
01    phone = [" 华为 P40 pro","Vivo X60"]
02    print(phone * 3)
```

运行上面的代码，将显示以下内容：

```
[' 华为 P40 pro', 'Vivo X60', ' 华为 P40 pro', 'Vivo X60', ' 华为 P40 pro', 'Vivo X60']
```

在进行序列的乘法运算时，还可以实现初始化指定长度列表的功能。例如下面的代码，将创建一个长度为 10 的列表，列表的每个元素都是 None，表示什么都没有。

```
01    emptylist = [None]*10
02    print(emptylist)
```

运行上面的代码，将显示以下内容：

```
[None, None, None, None, None, None, None, None, None, None]
```

字符串也可以进行乘法操作。例如，将字符串"莫轻言放弃！"输出 8 遍，则可以使用下面的代码实现。

```
01    mote = ' 莫轻言放弃！'*8
02    print(mote)
```

运行上面的代码，将显示以下内容：

```
莫轻言放弃！莫轻言放弃！莫轻言放弃！莫轻言放弃！莫轻言放弃！莫轻言放弃！莫轻言放弃！莫轻言放弃！
```

6.6　检查某个元素是否是序列的成员（元素）

在 Python 中，可以使用 in 关键字检查某个元素是否为序列的成员，即检查某个元素是否包含在某个序列中。语法格式如下：

```
value in sequence
```

参数说明：
● value 表示要检查的元素。
● sequence 表示指定的序列。
● 返回值：布尔类型。如果元素在序列中，则返回 True，否则返回 False。

例如，要检查名称为 nba 的序列中，是否包含元素"保罗·加索尔"，可以使用下面的代码：

```
01    nba = [" 德怀特·霍华德 "," 德维恩·韦德 "," 凯里·欧文 "," 保罗·加索尔 "]
02    print(" 保罗·加索尔 " in nba)
```

运行上面的代码，将显示结果 True，表示在序列中存在指定的元素。

另外，在 Python 中，也可以使用 not in 关键字实现检查某个元素是否不包含在指定的序列中。例如下面的代码，将显示结果 False。

```
01    nba = ["德怀特·霍华德","德维恩·韦德","凯里·欧文","保罗·加索尔"]
02    print("保罗·加索尔"  not in nba)
```

in 和 not in 通常应用在条件判断语句或者循环语句中作为条件表达式。例如，上面的两行代码可以修改为：

```
01    nba = ["德怀特·霍华德","德维恩·韦德","凯里·欧文","保罗·加索尔"]
02    if "保罗·加索尔"  not in nba:
03        print("保罗·加索尔不在 nba 列表中！")
04    else:
05        print("保罗·加索尔在 nba 列表中！")
```

运行上面的代码将显示以下结果。

保罗·加索尔在 nba 列表中！

 [实例 6.2]　（源码位置：资源包 \Code\06\02）

验证用户名是否被占用

在进行用户注册时，通常需要保证用户名是唯一的，所以需要验证用户名是否被占用。编写一段 Python 程序，实现将已经注册的用户名保存在列表中，然后判断用户输入的用户名是否在用户名列表中。代码如下：

```
01    usernames = ['qq','wgh','mingri','mr','mrsoft']
02    username = input('请输入要注册的用户名：')
03    if username in usernames:
04        print('抱歉，该用户名已经被占用！')
05    else:
06        print('恭喜，该用户名可以注册！')
```

运行程序，如果输入的用户名在用户名列表中，将显示如图 6.6 所示的效果，否则将显示如图 6.7 所示的效果。

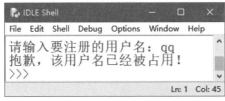
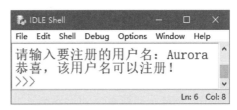

图 6.6　用户名已经在列表中　　　　　图 6.7　用户名没有在列表中

6.7　计算序列的长度、最大值和最小值

在 Python 中，提供了内置函数用于计算序列的长度、最大值和最小值，分别是：使用 len() 函数计算序列的长度，即返回序列包含多少个元素；使用 max() 函数返回序列中的最大元素；使用 min() 函数返回序列中的最小元素。下面分别进行介绍。

6.7.1　计算序列的长度

计算序列的长度可以使用 Python 内置的 len() 函数。该函数用于获取一个可迭代对象

（字符、列表、元组等）的长度或项目个数。其语法格式如下：

```
len(s)
```

参数说明：
- s：要获取其长度或者项目个数的对象，如字符串、元组、列表等。
- 返回值：对象长度或项目个数。

例如，定义两个字符串，一个内容为中文字符串，另一个内容为带空格的英文字符串，然后通过 len() 函数分别获取两个字符串的长度，代码如下：

```
01    # 字符串中每个符号仅占用一个位置，所以该字符串长度为 13
02    str1 = ' 你有多努力，就会有多幸运。'
03    # 在获取字符串长度时，空格也需要占用一个位置，所以该字符串长度为 9
04    str2 = 'I Believe'
05    print('str1 字符串的长度为 :',len(str1))                # 打印 str1 字符串长度
06    print('str2 字符串的长度为 :',len(str2))                # 打印 str2 字符串长度
```

程序运行结果如下：

```
str1 字符串的长度为 : 13
str2 字符串的长度为 : 9
```

再例如，定义一个包括 5 个元素的列表，并通过 len() 函数计算列表的长度，可以使用下面的代码：

```
01    num = [1,3,5,7,9]
02    print(" 序列 num 的长度为 ",len(num))
```

运行上面的代码，将显示以下结果：

```
序列 num 的长度为 5
```

6.7.2 获取序列中的最大值

在 Python 中，可以使用 max() 函数获取序列中值最大的元素。其语法格式如下：

```
max(iterable, default=obj, key=func)
```

参数说明：
- iterable：可迭代对象，如字符串、列表、元组等序列对象。
- default：命名参数，可选，用来指定最大值不存在时返回的默认值。
- key：命名参数，可选，为一个函数，用来指定获取最大值的方法。
- 返回值：返回给定参数的最大值。

使用 max() 函数，如果是数值型参数，则取数值大者；如果是字符型参数，取字母表排序靠后者。当 max() 函数中存在多个相同的最大值时，返回的是最先出现的那个最大值。

👑 注意：

　　用 max() 函数获取元素中的最大值，本质是获取元素的编码值大小，谁的编码值大，谁就最大。如果是数字和英文字母、标点，就看 ASCII 码值大小就可以了。汉字的编码值大于数字、英文字母和英文标点符号，常用数字、字母和标点的 ASCII 码值对照表如图 6.8 所示。

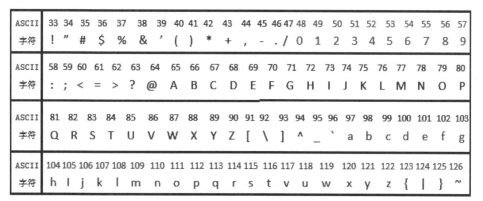

图 6.8　常用字符的 ASCII 码值

👑 说明：

　字符串按位比较，两个字符串第一位字符的 ASCII 码谁大，字符串就大，不再比较后面的；第一位字符相同就比较第二位字符，以此类推。

例如，定义 3 个字符串，第一个为全数字，第二个为数字和符号，第三个为全英文字母，然后应用 max() 函数获取每个字符串中的最大值，代码如下：

```
01    # 数字的 ASCII 码在 49-57 之间，"！'#$%&'（）*+，-./"的 ASCII 码在 33-47 之间
02    num1='123456789'
03    num2='35*120-2020=?'    # * - = ? 的 ASCII 码分别是 42  45  61  63
04    str1 = 'hello'          # hello 的 ASCII 码分别是 104  101  105  105  111
05    print(max(num1))        # 1-9 数字的 ASCII 码是 49-57，9 的 ASCII 码值是 57，所以输出 9
06    print(max(num2))        # ? 的 ASCII 码是 63，其他标点符号和数字的 ASCII 码都小于 63，所以输出 ?
07    print(max(str1))        # o 的 ASCII 码是 111，其他字母的 ASCII 码都小于 111，所以输出 o
```

程序运行结果如下：

```
9
?
o
```

再例如，定义一个包括 5 个元素的列表，并通过 max() 函数计算列表的最大元素，可以使用下面的代码：

```
01    num = [1,3,5,7,9]
02    print(" 序列 ",num," 中的最大值为 ",max(num))
```

运行上面的代码，将显示以下结果：

```
序列 [1,3,5,7,9] 中的最大值为 9
```

👑 说明：

　当 max() 函数只给定一个可迭代对象且可迭代对象为空时，则必须指定命名参数 default，用来指定最大值不存在时，函数返回的默认值。代码如下：

```
01    # 参数是一个空的可迭代对象时，必须指定命名参数 default
02    print(max([],default=101))
```

程序运行结果如下：

```
101
```

6.7.3 获取序列中的最小值

在 Python 中，可以使用 min() 函数获取序列中值最小的元素。其语法格式如下：

```
min(iterable, default=obj, key=func)
```

参数说明：

- iterable：可迭代对象，如字符串、列表、元组等序列对象。
- default：命名参数，可选，用来指定最小值不存在时返回的默认值。
- key：命名参数，可选，为一个函数，用来指定获取最小值的方法。
- 返回值：返回给定参数的最小值。

使用 min() 函数，如果是数值型参数，则取数值小者；如果是字符型参数，取字母表排序靠前者。当 min() 函数中存在多个相同的最小值时，返回的是最先出现的那个最小值。

👑 说明：

min() 函数在参数使用上与 max() 函数基本一致，只是在执行上是与 max() 函数相反的操作。

例如，定义由不同内容组成的字符串，再分别获取各字符串中的最小值，代码如下：

```
01    str1 = '0123456789'                          # 数字字符串
02    str2 = 'abcdABCD'                            # 字母字符串
03    str3 = ' 你好 '                              # 汉字字符串
04    str4 = '!~@#%……&*'                          # 符号字符串
05    print(' 数字 - 字符串最小值为: ',min(str1))
06    print(' 字母 - 字符串最小值为: ',min(str2))
07    print(' 汉字 - 字符串最小值为: ',min(str3))
08    print(' 符号 - 字符串最小值为: ',min(str4))
```

程序运行结果如下：

```
数字 - 字符串最小值为: 0
字母 - 字符串最小值为: A
汉字 - 字符串最小值为: 你
符号 - 字符串最小值为: !
```

再例如，定义一个包括 9 个元素的列表，并通过 min() 函数计算列表的最小元素，可以使用下面的代码：

```
01    num = [1,3,5,7,9]
02    print(" 序列 ",num," 中的最小值为 ",min(num))
```

程序运行结果如下：

```
序列 [1,3,5,7,9] 中的最小值为 1
```

本章知识思维导图

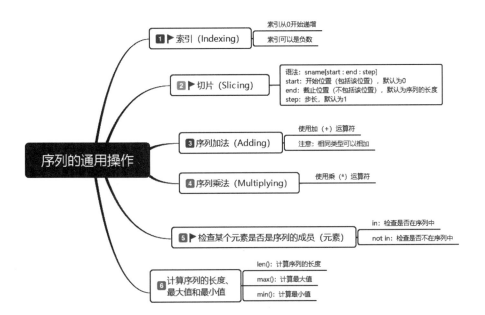

第 7 章

列表 (list)

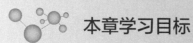

本章学习目标

- 熟练掌握创建和删除列表的方法
- 掌握访问列表元素的方法
- 熟练掌握遍历列表的方法
- 掌握向列表中添加、修改和删除元素的方法
- 掌握对列表进行统计计算的方法
- 熟练掌握对列表排序的方法
- 熟练掌握列表推导式的应用

7.1 列表的创建和删除

在 Python 中，列表是由一系列按特定顺序排列的元素组成的，类似于其他程序语言的数组。它是 Python 中内置的可变序列。在形式上，列表的所有元素都放在一对中括号"[]"中，两个相邻元素间使用逗号","分隔。在内容上，可以将整数、实数、字符串、列表、元组等任何类型的内容放入列表中，并且同一个列表中元素的类型可以不同，因为它们之间没有任何关系。

在 Python 中提供了多种创建列表的方法，下面分别进行介绍。

7.1.1 使用赋值运算符直接创建列表

同其他类型的 Python 变量一样，创建列表时，也可以使用赋值运算符"="直接将一个列表赋值给变量，语法格式如下：

```
listname = [element 1,element 2,element 3,…,element n]
```

其中，listname 表示列表的名称，可以是任何符合 Python 命名规则的标识符；"element 1,element 2, element 3,…,element n"表示列表中的元素，个数没有限制，只要是 Python 支持的数据类型就可以。

例如，下面定义的列表都是合法的：

```
01    num = [1,3,5,7,9]
02    verse = [" 自古逢秋悲寂寥 "," 我言秋日胜春朝 "," 晴空一鹤排云上 "," 便引诗情到碧霄 "]
03    untitle = ['Python',32," 人生苦短，我用Python",[" 网络爬虫 "," 自动化运维 "," 大数据分析 ","Web开发 "]]
04    python = [' 优雅 ',' 明确 ',''' 简单 ''']
05    data = [[' 湖北 ',518],[' 北京 ',111],[' 上海 ',133],[' 广东 ',122]]
```

👑 说明：

在使用列表时，虽然可以将不同类型的数据放入同一个列表中，但是通常情况下不这样做，而是在一个列表中只放入一种类型的数据，这样可以提高程序的可读性。

7.1.2 创建空列表

在 Python 中，也可以创建空列表，例如，要创建一个名称为 emptylist 的空列表，可以使用下面的代码：

```
emptylist = []
```

7.1.3 创建数值列表

在 Python 中，数值列表很常用。例如，在考试系统中记录学生的成绩，或者在游戏中记录每个角色的位置、各个玩家的得分情况等都可应用数值列表。在 Python 中，可以使用 list() 函数直接将 range() 函数循环出来的结果转换为列表。

list() 函数的基本语法如下：

```
list(data)
```

其中，data 表示可以转换为列表的数据，其类型可以是 range 对象、字符串、元组或者其他可迭代类型的数据。

例如，创建一个 11 ～ 20 中所有奇数的列表，可以使用下面的代码：

```
list(range(11, 20, 2))  # range() 方法的第 1 个参数为起始值，第 2 个参数为结束值，第 3 个参数为步长（即间隔数）
```

运行上面的代码后，将得到下面的列表：

```
[11, 13, 15, 17, 19]
```

👑 说明：

使用 list() 函数不仅能通过 range 对象创建列表，还可以通过其他对象创建列表。

再例如，创建一个 20 ～ 1 的倒序列表，可以使用下面的代码：

```
01   # range() 方法的第 1 个参数为起始值，第 2 个参数为结束值，第 3 个参数为步长（值为 -1 表示逐个递减）
02   list(range(20, 0, -1))
```

运行上面的代码后，将得到下面的列表：

```
[20, 19, 18, 17, 16, 15, 14, 13, 12, 11, 10, 9, 8, 7, 6, 5, 4, 3, 2, 1]
```

7.1.4 删除列表

对于已经创建的列表，不再使用时，可以使用 del 语句将其删除。语法格式如下：

```
del listname
```

其中，listname 为要删除列表的名称。

👑 说明：

在实际开发时，del 语句并不常用。因为 Python 自带的垃圾回收机制会自动销毁不用的列表，所以即使我们不手动将其删除，Python 也会自动将其回收。

例如，定义一个名称为 phone 的列表，然后再应用 del 语句将其删除，可以使用下面的代码：

```
01   phone = [" 华为 "," 小米 ","OPPO","vivo"]
02   del phone
```

👑 常见错误：

在删除列表前，一定要保证输入的列表名称是已经存在的，否则将出现如图 7.1 所示的错误。

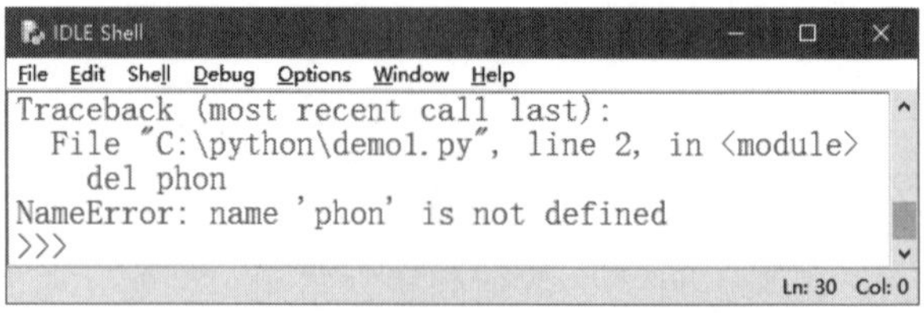

7.2 访问列表元素

在 Python 中，如果想将列表的内容

图 7.1 删除的列表不存在产生的异常信息

输出也比较简单，可以直接使用 print() 函数。例如，创建一个名称为 untitle 的列表，并打印该列表，可以使用下面的代码：

```
01   untitle = ['Python',32," 人生苦短，我用 Python ",[" 网络爬虫 "," 自动化运维 "," 大数据分析 ","Web 开发 "]]
02   print(untitle)
```

执行结果如下：

> ['Python',32," 人生苦短，我用 Python",[" 网络爬虫 "," 自动化运维 "," 大数据分析 ","Web 开发 "]]

从上面的执行结果中可以看出，在输出列表时，是包括左右两侧的中括号的。如果不想要输出全部的元素，也可以通过列表的索引获取指定的元素。例如，要获取 untitle 列表中索引为 2 的元素（即第 3 个元素），可以使用下面的代码：

> print(untitle[2])

执行结果如下：

> 人生苦短，我用 Python

从上面的执行结果中可以看出，在输出单个列表元素时，不包括中括号，如果是字符串，也不包括左右的引号。

 [实例 7.1]

（源码位置：资源包 \Code\07\01 ）

输出励志文字

在 IDLE 中创建一个名称为 tips.py 的文件，然后在该文件中定义一个列表（保存 7 条励志文字），再通过切片获取第 1 条和第 2 条励志文字并输出，代码如下：

```
01  # 定义一个列表
02  mot = [" 坚持下去不是因为我很坚强，而是因为我别无选择。",
03          " 含泪播种的人一定能笑着收获。",
04          " 做对的事情比把事情做对重要。",
05          " 命运给予我们的不是失望之酒，而是机会之杯。",
06          " 不要等到明天，明天太遥远，今天就行动。",
07          " 求知若饥，虚心若愚。",
08          " 成功将属于那些从不说 " 不可能 " 的人。"]
09  print(mot[0:2])                    # 输出第 1 条和第 2 条励志文件
```

运行结果如图 7.2 所示。

图 7.2　输出指定的励志文字

7.3　遍历列表

遍历列表中的所有元素是常用的一种操作，在遍历的过程中可以完成查询、处理等功能。在生活中，如果想要去商场买一件衣服，就需要在商场中逛一遍，看是否有想要的衣服，逛商场的过程就相当于列表的遍历操作。在 Python 中遍历列表的方法有多种，下面介绍两种常用的方法。

7.3.1　直接使用 for 循环实现

直接使用 for 循环遍历列表，只能输出元素的值，语法格式如下：

```
for item in listname:
    # 输出 item
```

其中，item 用于保存获取到的元素值，要输出元素内容时，直接输出该变量即可；listname 为列表名称。

（源码位置：资源包 \Code\07\02）

[实例 7.2]

显示中国十大名胜古迹

在 IDLE 中创建一个名称为 printplace.py 的文件，并且在该文件中先输出标题，然后定义一个保存中国十大名胜古迹的列表，再通过 for 循环遍历该列表，并输出各个名胜古迹的名称，代码如下：

```
01    print(" 中国十大名胜古迹: ")
02    place = ["万里长城 "," 桂林山水 "," 北京故宫 "," 杭州西湖 "," 苏州园林 "," 安徽黄山 "," 长江三峡 ","
台湾日月潭 "," 承德避暑山庄 "," 西安秦始皇陵兵马俑 "]
03    for place in place:
04        print(place)
```

执行上面的代码，将显示如图 7.3 所示的结果。

图 7.3　通过 for 循环遍历列表

7.3.2 使用 for 循环和 enumerate() 函数实现

使用 for 循环和 enumerate() 函数可以实现同时输出索引值和元素内容，语法格式如下：

```
for index,item in enumerate(listname):
    # 输出 index 和 item
```

参数说明：

● index：用于保存元素的索引。

● item：用于保存获取到的元素值，要输出元素内容时，直接输出该变量即可。

● listname 为列表名称。

下面通过一个具体的实例演示使用 for 循环和 enumerate() 函数显示带编号的列表内容。

[实例 7.3]

（源码位置：资源包 \Code\07\03）

带编号显示中国十大名胜古迹

在 IDLE 中创建一个名称为 printplace.py 的文件，并且在该文件中先输出标题，然后定义一个列表（保存名胜古迹名称），再应用 for 循环和 enumerate() 函数遍历列表，并输出索引和名胜古迹名称，代码如下：

```
01    print(" 中国十大名胜古迹: ")
02    place = [" 万里长城 "," 桂林山水 "," 北京故宫 "," 杭州西湖 "," 苏州园林 "," 安徽黄山 "," 长江三峡 ","
台湾日月潭 "," 承德避暑山庄 "," 西安秦始皇陵兵马俑 "]
03    for index,item in enumerate(place):
04        print(index + 1,item)
```

运行结果如图 7.4 所示。

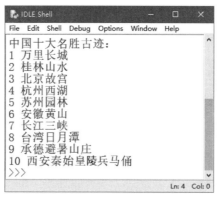

图 7.4　带编号显示中国十大名胜古迹

7.4　添加、修改和删除列表元素

添加、修改和删除列表元素也称为更新列表。在实际开发时，经常需要对列表进行更新。下面介绍如何实现列表元素的添加、修改和删除。

7.4.1　添加元素

使用"+"号可以将两个序列连接，也可以实现为列表添加元素。但是这种方法的执行速度要比直接使用列表对象的 append() 方法慢，所以建议在添加元素时，使用列表对象的 append() 方法实现。列表对象的 append() 方法用于在列表的末尾追加元素，语法格式如下：

```
listname.append(obj)
```

其中，listname 为要添加元素的列表名称，obj 为要添加到列表末尾的对象。

例如，定义一个包括 4 个元素的列表，然后应用 append() 方法向该列表的末尾添加一个元素，可以使用下面的代码：

```
01    phone = [' 摩托罗拉 ',' 诺基亚 ',' 三星 ','OPPO','iPhone']
02    len(phone)                              # 获取列表的长度
03    phone.append(' 华为 ')
04    len(phone)                              # 获取列表的长度
05    print(phone)
```

上面的代码在 IDLE 中的 Shell 窗口中执行的结果如图 7.5 所示。

图 7.5　向列表中添加元素

95

👑 **多学两招：**

列表对象除了提供 append() 方法可以向列表中添加元素，还提供了 insert() 方法也可以向列表中添加元素。该方法用于向列表的指定位置插入元素。但是由于该方法的执行效率没有 append() 方法高，所以不推荐这种方法。

上面介绍的是向列表中添加一个元素，如果想要将一个列表中的全部元素添加到另一个列表中，可以使用列表对象的 extend() 方法实现。extend() 方法的语法如下：

```
listname.extend(seq)
```

其中，listname 为原列表，seq 为要添加的列表。语句执行后，seq 的内容将追加到 listname 的后面。

下面通过一个具体的实例演示将一个列表添加到另一个列表中。

📃 **[实例 7.4]**
（源码位置：资源包 \Code\07\04）

向乒乓球男子单打世界排名榜列表中添加 5 名人员

在 IDLE 中创建一个名称为 ranking.py 的文件，然后在该文件中定义一个保存 2020 年 2 月乒乓球男子单打世界排名榜前 5 名的人员名字的列表，再创建一个保存 2020 年 2 月乒乓球男子单打世界排名榜 6 ~ 10 名的人员名字的列表，再调用列表对象的 extend() 方法追加元素，最后输出追加元素后的列表，代码如下：

```
01    # 2020 年 2 月男子单打世界排名榜前 5 名的人员名字列表
02    oldlist = [" 许昕 "," 樊振东 "," 马龙 "," 林高远 ","HARIMOTO Tokomazu"]
03    newlist = [" 卡尔德拉诺 ","LIN Yun-Ju"," 梁靖崑 ","FALCK Mattias"," 波尔 "]  # 追加人员列表
04    oldlist.extend(newlist)                        # 追加人员
05    print(oldlist)                    # 显示 2020 年 2 月乒乓球男子单打世界排名榜前 10 名列表
```

运行结果如图 7.6 所示。

图 7.6   向乒乓球男子单打世界排名榜列表中添加 5 名人员

7.4.2   修改元素

修改列表中的元素只需要通过索引获取该元素，然后再为其重新赋值即可。例如，定义一个保存 3 个元素的列表，然后修改索引值为 2 的元素，代码如下：

```
01    verse = [" 长亭外 "," 古道边 "," 芳草碧连天 "]
02    print(verse)
03    verse[2] = " 一行白鹭上青天 "                        # 修改列表的第 3 个元素
04    print(verse)
```

上面的代码在 IDLE 中的执行过程如图 7.7 所示。

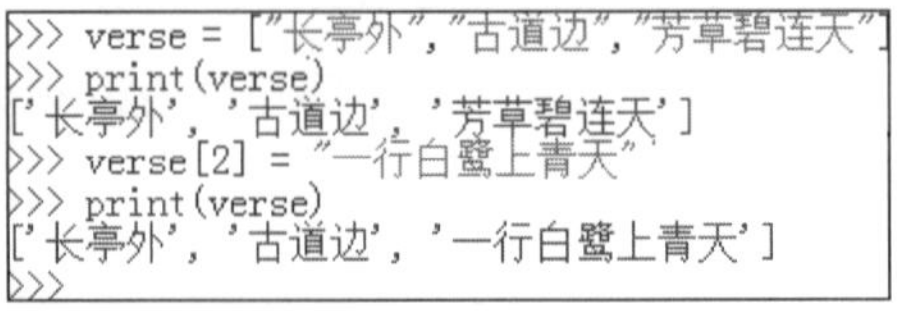

```
>>> verse = [" 长亭外 "," 古道边 "," 芳草碧连天 "]
>>> print(verse)
[' 长亭外 ', ' 古道边 ', ' 芳草碧连天 ']
>>> verse[2] = " 一行白鹭上青天 "
>>> print(verse)
[' 长亭外 ', ' 古道边 ', ' 一行白鹭上青天 ']
>>>
```

7.4.3   删除元素

删除元素主要有两种情况，一种是根据索引删

图 7.7   修改列表的指定元素

除，另一种是根据元素值进行删除。

（1）根据索引删除

删除列表中的指定元素和删除列表类似，也可以使用 del 语句实现。不同的就是在 del 语句后面使用的是列表元素，通过索引指定。例如，定义一个保存 3 个元素的列表，删除最后一个元素，可以使用下面的代码：

```
01    verse = ["长亭外","古道边","芳草碧连天"]
02    del verse[-1]
03    print(verse)
```

上面的代码在 IDLE 中的执行过程如图 7.8 所示。

（2）根据元素值删除

如果想要删除一个不确定其位置的元素（即根据元素值删除），可以使用列表对象的 remove() 方法实现。例如，要删除列表中内容为 "HARIMOTO Tomokazu" 的元素，可以使用下面的代码：

```
01    people = ["许昕","樊振东","马龙","林高远","HARIMOTO Tomokazu"]
02    people.remove("HARIMOTO Tomokazu")
```

使用列表对象的 remove() 方法删除元素时，如果指定的元素不存在，将出现如图 7.9 所示的异常信息。

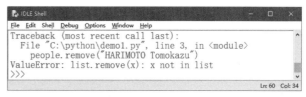

图 7.8　删除列表的指定元素	图 7.9　删除不存在的元素时出现的异常信息

所以在使用 remove() 方法删除元素前，最好先判断该元素是否存在，改进后的代码如下：

```
01    people = ["许昕","樊振东","马龙","林高远","HARIMOTO Tomokazu"]
02    value = "HARIMOTO Tomokazu"                  # 指定要移除的元素
03    if people.count(value)>0:                    # 判断要删除的元素是否存在
04        people.remove(value)                     # 移除指定的元素
05    print(people)
```

👑 说明：

> 列表对象的 count() 方法用于判断指定元素出现的次数，返回结果为 0 时，表示不存在该元素。

执行上面的代码后，将显示以下内容：

```
["许昕","樊振东","马龙","林高远"]
```

7.5　对列表进行统计计算

Python 的列表提供了内置的一些函数来实现统计、计算的功能。下面介绍几种常用的功能。

7.5.1 获取指定元素出现的次数

使用列表对象的count()方法可以获取指定元素在列表中的出现次数。基本语法格式如下:

```
listname.count(obj)
```

参数说明:
- listname：表示列表的名称。
- obj：表示要判断是否存在的对象，这里只能进行精确匹配，即不能匹配元素值的一部分。
- 返回值：元素在列表中出现的次数。值为 0，表示指定元素在列表中不存在。

例如，创建一个列表，内容为听众点播的歌曲列表，然后应用列表对象的 count() 方法判断元素"风筝误"出现的次数，代码如下:

```
01    song = ["可可托海的牧羊人","风筝误","默","半壶纱","风筝误","桥边姑娘","我相信"]
02    num = song.count("风筝误")
03    print(num)
```

上面的代码运行后，结果将显示为 2，表示"风筝误"在 song 列表中出现了 2 次。

7.5.2 获取指定元素首次出现的下标

使用列表对象的 index() 方法可以获取指定元素在列表中首次出现的位置（即索引）。基本语法格式如下:

```
listname.index(obj)
```

参数说明:
- listname：表示列表的名称。
- obj：表示要查找的对象，这里只能进行精确匹配。如果指定的对象不存在时，则抛出如图 7.10 所示的异常。
- 返回值：首次出现的索引值。

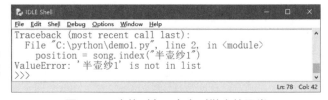

图 7.10　查找对象不存在时抛出的异常

例如，创建一个列表，内容为听众点播的歌曲列表，然后应用列表对象的 index() 方法判断元素"半壶纱"首次出现的位置，代码如下:

```
01    song = ["可可托海的牧羊人","风筝误","默","半壶纱","风筝误","桥边姑娘","我相信"]
02    position = song.index("半壶纱")
03    print(position)
```

上面的代码运行后，将显示 3，表示"半壶纱"在列表 song 中首次出现的索引位置是 3。

如果将上面的代码中的"半壶纱"修改为"风筝误"，则显示"风筝误"在列表中首次出现的索引位置是 1，尽管在索引位置为 4 的位置有一个"风筝误"也不会显示 4。

为了解决由于要查找的对象不存在而抛出图 7.10 所示的异常问题，可以在调用 index() 方法前，先判断是否存在这个对象，这可以使用上面学习的 count() 方法实现。修改后的代码如下:

```
01    song = ["可可托海的牧羊人","风筝误","默","半壶纱","风筝误","桥边姑娘","我相信"]
02    if song.count('半壶纱1') >0:
03        position = song.index("半壶纱1")
04        print(position)
05    else:
06        print('该对象不存在！')
```

7.5.3　统计数值列表的元素和

在 Python 中，提供了 sum() 函数用于求数值列表中各元素的和。语法格式如下：

```
sum(iterable,start)
```

参数说明：

● iterable：表示要求和的列表。

● start：可选参数，表示求和结果要加上的数（即将求和结果加上 start 所指定的数），如果没有指定，默认值为 0。

例如，定义一个保存 10 名学生语文成绩的列表，然后应用 sum() 函数统计列表中元素的和，即统计总成绩，然后输出，代码如下：

```
01    grade = [98,99,97,100,100,96,94,89,95,100]    # 10 名学生的语文成绩列表
02    total = sum(grade)                             # 计算总成绩
03    print(" 语文总成绩为: ",total)
```

上面的代码执行后，将显示下面的结果：

```
语文总成绩为: 968
```

假设上面 10 名学生的数学总成绩为 960 分，那么计算这 10 名学生的数学和语文的总成绩代码如下：

```
01    grade1 = 960                                    # 数学总成绩
02    grade2 = [98,99,97,100,100,96,94,89,95,100]     # 10 名学生的语文成绩列表
03    total = sum(grade2,grade1)                      # 计算数学和语文总成绩
04    print(" 数学和语文总成绩为: ",total)
```

上面的代码执行后，将显示下面的结果：

```
数学和语文总成绩为: 1928
```

7.6　列表排序

在实际开发时，经常需要对列表进行排序。Python 中提供了两种常用的对列表进行排序的方法：使用列表对象的 sort() 方法，使用内置的 sorted() 函数。

7.6.1　使用列表对象的 sort() 方法

列表对象提供了 sort() 方法用于对原列表中的元素进行排序。排序后原列表中的元素顺序将发生改变。列表对象的 sort() 方法的语法格式如下：

```
listname.sort(key=None, reverse=False)
```

参数说明：

● listname：表示要进行排序的列表。

● key：表示指定从每个元素中提取一个用于比较的键（例如，设置 "key=str.lower" 表示在排序时不区分字母大小写）。

● reverse：可选参数，如果将其值指定为 True，则表示降序排列；如果为 False，则

表示升序排列，默认为升序排列。

例如，定义一个保存 10 名学生语文成绩的列表，然后应用 sort() 方法对其进行排序，代码如下：

```
01    grade = [98,99,97,100,100,96,94,89,95,100]        # 10 名学生语文成绩列表
02    print(" 排序前的列表: ",grade)
03    grade.sort()                                       # 进行升序排列
04    print(" 升  序: ",grade)
05    grade.sort(reverse=True)                           # 进行降序排列
06    print(" 降  序: ",grade)
```

执行上面的代码，将显示以下内容：

```
原列表: [98, 99, 97, 100, 100, 96, 94, 89, 95, 100]
升  序: [89, 94, 95, 96, 97, 98, 99, 100, 100, 100]
降  序: [100, 100, 100, 99, 98, 97, 96, 95, 94, 89]
```

使用 sort() 方法进行数值列表的排序比较简单，但是使用 sort() 方法对字符串列表进行排序时，采用的规则是先对大写字母排序，然后再对小写字母排序。如果想要对字符串列表进行排序（不区分大小写时），需要指定其 key 参数。例如，定义一个保存英文字符串的列表，然后应用 sort() 方法对其进行升序排列，可以使用下面的代码：

```
01    char = ['cat','Tom','Angela','pet']
02    char.sort()                                        # 默认区分字母大小写
03    print(" 区分字母大小写: ",char)
04    char.sort(key=str.lower)                           # 不区分字母大小写
05    print(" 不区分字母大小写: ",char)
```

运行上面的代码，将显示以下内容：

```
区分字母大小写: ['Angela', 'Tom', 'cat', 'pet']
不区分字母大小写: ['Angela', 'cat', 'pet', 'Tom']
```

👑 说明：

采用 sort() 方法对列表进行排序时，对中文支持不好。排序的结果与我们常用的音序排序法或者笔画排序法都不一致。如果需要实现对中文内容的列表排序，还需要重新编写相应的方法进行处理，不能直接使用 sort() 方法。

7.6.2　使用内置的 sorted() 函数实现

在 Python 中，提供了一个内置的 sorted() 函数，用于对列表进行排序。使用该函数进行排序后，原列表的元素顺序不变。sorted() 函数的语法格式如下：

```
sorted(iterable, key=None, reverse=False)
```

参数说明：

● iterable：表示要进行排序的列表名称。

● key：表示指定从每个元素中提取一个用于比较的键（例如，设置 "key=str.lower" 表示在排序时不区分字母大小写）。

● reverse：可选参数，如果将其值指定为 True，则表示降序排列；如果为 False，则表示升序排列，默认为升序排列。

例如，定义一个保存 10 名学生语文成绩的列表，然后应用 sorted() 函数对其进行排序，代码如下：

```
01    grade = [98,99,97,100,100,96,94,89,95,100]      # 10 名学生语文成绩列表
02    grade_as = sorted(grade)                        # 进行升序排列
03    print(" 升序: ",grade_as)
04    grade_des = sorted(grade,reverse = True)        # 进行降序排列
05    print(" 降序: ",grade_des)
06    print(" 原列表: ",grade)
```

执行上面的代码，将显示以下内容：

```
升序: [89, 94, 95, 96, 97, 98, 99, 100, 100, 100]
降序: [100, 100, 100, 99, 98, 97, 96, 95, 94, 89]
原列表: [98, 99, 97, 100, 100, 96, 94, 89, 95, 100]
```

👑 说明：

　　列表对象的 sort() 方法和内置 sorted() 函数的作用基本相同；不同点是在使用 sort() 方法时，会改变原列表的元素排列顺序，而使用 sorted() 函数时，会建立一个原列表的副本，该副本为排序后的列表。

7.7　列表推导式

　　使用列表推导式可以快速生成一个列表，或者根据某个列表生成满足指定需求的列表。列表推导式通常有以下几种常用的语法格式。

　　① 生成指定范围的数值列表，语法格式如下：

```
list = [Expression for var in range]
```

参数说明：

- list： 表示生成的列表名称。
- Expression： 表达式，用于计算新列表的元素。
- var： 循环变量。
- range： 采用 range() 函数生成的 range 对象。

　　例如，要生成一个包括 10 个随机数的列表，要求数的范围在 10 ～ 100（包括）之间，代码如下：

```
01    import random              # 导入 random 模块
02    randomnumber = [random.randint(10,100) for i in range(10)]
03    print(" 生成的随机数为: ",randomnumber)
```

👑 说明：

　　在上面的代码中，第一行的 import 语句用于导入模块，这里导入的是内置模块。关于 import 语句的具体用法请参见本书 13.2.2 节。

执行结果如下：

```
生成的随机数为: [22, 81, 70, 73, 76, 51, 32, 71, 87, 75]
```

　　② 根据列表生成指定需求的列表，语法格式如下：

```
newlist = [Expression for var in list]
```

参数说明：

- newlist：表示新生成的列表名称。
- Expression：表达式，用于计算新列表的元素。
- var：变量，值为后面列表的每个元素值。
- list：用于生成新列表的原列表。

例如，定义一个记录商品价格的列表，然后应用列表推导式生成一个将全部商品价格打五折的列表，具体代码如下：

```
01   price = [1280,6180,1988,3199,5998,8688]
02   sale = [int(x*0.5) for x in price]
03   print("原价格: ",price)
04   print("打五折的价格: ",sale)
```

执行结果如下：

```
原价格: [1280, 6180, 1988, 3199, 5998, 8688]
打五折的价格: [640, 3090, 994, 1599, 2999, 4344]
```

③ 从列表中选择符合条件的元素组成新的列表，语法格式如下：

```
newlist = [Expression for var in list if condition]
```

参数说明：

- newlist：表示新生成的列表名称。
- Expression：表达式，用于计算新列表的元素。
- var：变量，值为后面列表的每个元素值。
- list：用于生成新列表的原列表。
- condition：条件表达式，用于指定筛选条件。

例如，定义一个记录商品价格的列表，然后应用列表推导式生成一个商品价格高于5000元的列表，具体代码如下：

```
01   price = [1280,6180,1988,3199,5998,8688]
02   sale = [x for x in price if x>5000]
03   print("原列表: ",price)
04   print("价格高于5000的: ",sale)
```

执行结果如下：

```
原列表: [1280, 6180, 1988, 3199, 5998, 8688]
价格高于5000的: [6180, 5998, 8688]
```

本章知识思维导图

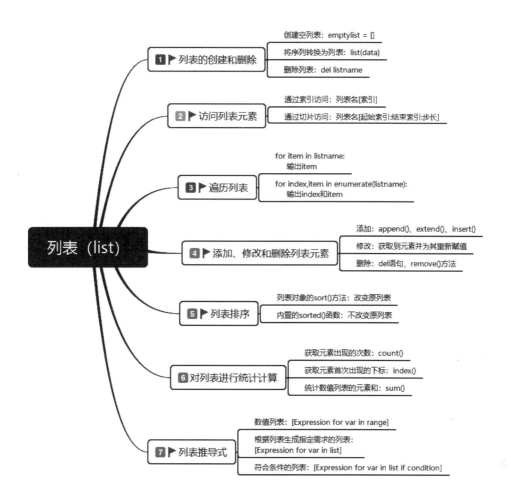

第 8 章

元组（tuple）

扫码领取
- 配套视频
- 配套素材
- 学习指导
- 交流社群

 本章学习目标

- 了解元组
- 熟练掌握创建元组的方法
- 熟练掌握遍历元组的方法
- 掌握删除元组的方法
- 熟练掌握访问和修改元组的方法
- 熟练掌握元组推导式的应用

8.1 什么是元组

元组（tuple）是 Python 中另一个重要的序列结构，与列表类似，也是由一系列按特定顺序排列的元素组成的，但是它是不可变序列。因此，元组也可以称为不可变的列表。在形式上，元组的所有元素都放在一对"()"中，两个相邻元素间使用","分隔。在内容上，可以将整数、实数、字符串、列表、元组等任何类型的内容放入元组中，并且在同一个元组中，元素的类型可以不同，因为它们之间没有任何关系。通常情况下，元组用于保存程序中不可修改的内容。

8.2 元组的创建

在 Python 中提供了多种创建元组的方法，下面分别进行介绍。

8.2.1 使用赋值运算符直接创建元组

同其他类型的 Python 变量一样，创建元组时，也可以使用赋值运算符 "=" 直接将一个元组赋值给变量。语法格式如下：

```
tuplename = (element1,element2,element3,…,elementn)
```

其中，tuplename 表示元组的名称，可以是任何符合 Python 命名规则的标识符；element1、element2、element3、…、elementn 表示元组中的元素，个数没有限制，只要为 Python 支持的数据类型就可以。

> 👑 注意：
> 创建元组的语法与创建列表的语法类似，只是创建列表时使用的是"[]"，而创建元组时使用的是"()"。

例如，下面定义的都是合法的元组：

```
01    num = (1,3,5,7,9)
02    ukguzheng = ("渔舟唱晚","高山流水","出水莲","汉宫秋月")
03    untitle = ('Python',32,("人生苦短","我用Python"),["网络爬虫","自动化运维","大数据分析","Web开发"])
04    python = ('优雅',"明确",''' 简单 ''')
```

在 Python 中，元组使用一对小括号将所有的元素括起来，但是小括号并不是必需的，只要将一组值用逗号分隔开来，Python 就可以视其为元组。例如，下面的代码定义的也是元组：

```
ukguzheng = "渔舟唱晚","高山流水","出水莲","汉宫秋月"
```

在 IDLE 中输出该元组后，将显示以下内容：

```
('渔舟唱晚', '高山流水', '出水莲', '汉宫秋月')
```

如果要创建的元组只包括一个元素，则需要在定义元组时，在元素的后面加一个逗号","。例如，下面的代码定义的就是包括一个元素的元组：

```
verse1 = ("一片冰心在玉壶",)
```

在 IDLE 中输出 verse1，将显示以下内容：

```
(' 一片冰心在玉壶 ',)
```

而下面的代码，则表示定义一个字符串：

```
verse2 = (" 一片冰心在玉壶 ")
```

在 IDLE 中输出 verse2，将显示以下内容：

```
一片冰心在玉壶
```

 说明：

在 Python 中，可以使用 type() 函数测试变量的类型，如下面的代码：

```
01    verse1 = (" 一片冰心在玉壶 ",)
02    print("verse1 的类型为 ",type(verse1))
03    verse2 = (" 一片冰心在玉壶 ")
04    print("verse2 的类型为 ",type(verse2))
```

在 IDLE 中执行上面的代码，将显示以下内容：

```
verse1 的类型为 <class 'tuple'>
verse2 的类型为 <class 'str'>
```

[实例 8.1]　（源码位置：资源包 \Code\08\01 ）

使用元组保存咖啡馆里提供的咖啡名称

在 IDLE 中创建一个名称为 cafe_coffeename.py 的文件，然后在该文件中定义一个包含 6 个元素的元组，内容为伊米咖啡馆里的咖啡名称，并且输出该元组，代码如下：

```
01    coffeename = (' 蓝山 ',' 卡布奇诺 ',' 曼特宁 ',' 摩卡 ',' 麝香猫 ',' 哥伦比亚 ')      # 定义元组
02    print(coffeename)                                                    # 输出元组
```

运行结果如图 8.1 所示。

图 8.1　使用元组保存咖啡馆里提供的咖啡名称

8.2.2　创建空元组

在 Python 中，也可以创建空元组，例如，创建一个名称为 emptytuple 的空元组，可以使用下面的代码：

```
emptytuple = ()
```

空元组可以应用在为函数传递一个空值或者返回空值时。例如，定义一个函数必须传递一个元组类型的值，而我们还不想为它传递一组数据，那么就可以创建一个空元组传递给它。

8.2.3　创建数值元组

在 Python 中，可以使用 tuple() 函数直接将 range() 函数循环出来的结果转换为数值元组。tuple() 函数的基本语法如下：

```
tuple(data)
```

其中，data 表示可以转换为元组的数据，其类型可以是 range 对象、字符串、元组或者其他可迭代类型的数据。

例如，创建一个 1 ~ 20（不包括 20）中所有偶数的元组，可以使用下面的代码：

```
print(tuple(range(2, 20, 2)))
```

运行上面的代码后，将得到下面的元组：

```
(2, 4, 6, 8, 10, 12, 14, 16, 18)
```

👑 说明：

使用 tuple() 函数不仅能通过 range 对象创建元组，还可以通过其他对象创建元组。

8.3　删除元组

对于已经创建的元组，不再使用时，可以使用 del 语句将其删除。语法格式如下：

```
del tuplename
```

其中，tuplename 为要删除元组的名称。

👑 说明：

del 语句在实际开发时并不常用。因为 Python 自带的垃圾回收机制会自动销毁不用的元组，所以即使不手动将其删除，Python 也会自动将其回收。

例如，定义一个名称为 friend 的元组，然后再应用 del 语句将其删除，可以使用下面的代码：

```
01    friend = (' 天净沙秋思 ',' 大鱼 ','Aurora',' 宁静致远 ',' 丁灵儿 ',' 恒则成 ')
02    del friend
```

8.4　访问和修改元组元素

8.4.1　访问元组元素

在 Python 中，如果想将元组的内容输出也比较简单，可以直接使用 print() 函数。例如，要想打印 untitle 元组，可以使用下面的代码：

```
01    untitle = ('Python',32,(" 人生苦短 "," 我用Python"),[" 网络爬虫 "," 自动化运维 "," 大数据分析 ","Web开发"])
02    print(untitle)
```

执行结果如下：

```
('Python', 32, ('人生苦短', '我用Python'), ['网络爬虫', '自动化运维', '大数据分析', 'Web开发'])
```

从上面的执行结果中可以看出，在输出元组时，是包括左右两侧的小括号的。如果不想要输出全部的元素，也可以通过元组的索引获取指定的元素。例如，要获取元组 untitle 中索引为 0 的元素，可以使用下面的代码：

```
print(untitle[0])
```

执行结果如下：

```
Python
```

从上面的执行结果中可以看出，在输出单个元组元素时，不包括小括号，如果是字符串，还不包括左右的引号。

另外，对于元组也可以采用切片方式获取指定的元素。例如，要访问元组 untitle 中前 3 个元素，可以使用下面的代码：

```
print(untitle[:3])
```

执行结果如下：

```
('Python', 32, ('人生苦短', '我用 Python'))
```

同列表一样，元组也可以使用 for 循环进行遍历。下面通过一个具体的实例演示如何通过 for 循环遍历元组。

[实例 8.2] （源码位置：资源包 \Code\08\02 ）

使用 for 循环列出咖啡馆里的咖啡名称

在 IDLE 中创建一个名称为 cafe_coffeename.py 的文件，然后在该文件中，定义一个包含 6 个元素的元组，内容为伊米咖啡馆里的咖啡名称，然后应用 for 循环语句输出每个元组元素的值，即咖啡名称，并且在后面加上"咖啡"二字，代码如下：

```
01   coffeename = ('蓝山','卡布奇诺','曼特宁','摩卡','麝香猫','哥伦比亚')        # 定义元组
02   print("您好, 欢迎光临 ~ 伊米咖啡馆 ~\n\n 我店有: \n")
03   for name in coffeename:                                                # 遍历元组
04       print(name + " 咖啡",end = " ")
```

运行结果如图 8.2 所示。

图 8.2　使用 for 循环列出咖啡馆里的咖啡名称

另外，元组还可以使用 for 循环和 enumerate() 函数结合进行遍历。下面通过一个具体的实例演示如何在 for 循环中通过 enumerate() 函数遍历元组。

说明：

enumerate() 函数用于将一个可遍历的数据对象（如列表或元组）组合为一个索引序列，同时列出数据和数据下标，一般在 for 循环中使用。

[实例 8.3]　　　　　　　　　　　　　（源码位置：资源包 \Code\08\03）
带编号显示咖啡馆里的咖啡名称

创建一个保存伊米咖啡馆里咖啡名称的元组，然后通过 for 语句和 enumerate() 函数遍历该元组，并且输出编号和咖啡的名称，代码如下：

```
01   print(" 欢迎光临，伊米咖啡馆的咖啡有: ")
02   coffeename = (" 蓝山 "," 卡布奇诺 "," 曼特宁 "," 摩卡 "," 麝香猫 "," 哥伦比亚 ")
03   for index,item in enumerate(coffeename):
04       print(index + 1,item)
```

运行结果如图 8.3 所示。

8.4.2　修改元组元素

假设有一个包含 6 个元素的元组，内容为伊米咖啡馆里的咖啡名称，想要修改其中的第 1 个元素的内容为"拿铁"，我们尝试先通过索引获取到该元素，然后对它进行重新赋值，代码如下：

图 8.3　带编号显示咖啡馆里的咖啡名称

```
01   coffeename = (' 蓝山 ',' 卡布奇诺 ',' 曼特宁 ',' 摩卡 ',' 麝香猫 ',' 哥伦比亚 ')      # 定义元组
02   coffeename[0] = ' 拿铁 '                              # 将 " 蓝山 " 替换为 " 拿铁 "
03   print(coffeename)
```

运行结果如图 8.4 所示。

```
Traceback (most recent call last):
  File "C:\python\demo1.py", line 2, in <module>
    coffeename[0] = '拿铁'     # 将"蓝山"替换为"拿铁"
TypeError: 'tuple' object does not support item assignment
>>>
```

图 8.4　替换蓝山咖啡为拿铁咖啡出现异常

从上面的异常信息可以知道：元组是不可变序列，所以我们不能对它的单个元素值进行修改。但是元组也不是完全不能修改。我们可以对元组进行重新赋值。例如，下面的代码是允许的：

```
01   coffeename = (' 蓝山 ',' 卡布奇诺 ',' 曼特宁 ',' 摩卡 ',' 麝香猫 ',' 哥伦比亚 ') # 定义元组
02   coffeename = (' 蓝山 ',' 卡布奇诺 ',' 曼特宁 ',' 摩卡 ',' 拿铁 ',' 哥伦比亚 ') # 对元组进行重新赋值
03   print(" 新元组 ",coffeename)
```

执行结果如下：

新元组 (' 蓝山 ', ' 卡布奇诺 ', ' 曼特宁 ', ' 摩卡 ', ' 拿铁 ', ' 哥伦比亚 ')

从上面的执行结果可以看出，元组 coffeename 的值已经改变。

另外，还可以对元组进行连接组合。例如，可以使用下面的代码实现在已经存在的元组结尾处添加一个新元组。

```
01   coffeename = (' 蓝山 ',' 卡布奇诺 ',' 曼特宁 ',' 摩卡 ')
02   print(" 原元组: ",coffeename)
03   coffeename = coffeename + (' 麝香猫 ',' 哥伦比亚 ')
04   print(" 组合后: ",coffeename)
```

执行结果如下：

```
原元组: (' 蓝山 ', ' 卡布奇诺 ', ' 曼特宁 ', ' 摩卡 ')
组合后: (' 蓝山 ', ' 卡布奇诺 ', ' 曼特宁 ', ' 摩卡 ', ' 麝香猫 ', ' 哥伦比亚 ')
```

👑 注意：

在进行元组连接时，连接的内容必须都是元组，不能将元组和字符串或者列表进行连接。例如，下面的代码运行后，将产生如图 8.5 所示的异常。

```
01   coffeename = (' 蓝山 ',' 卡布奇诺 ',' 曼特宁 ',' 摩卡 ')
02   coffeename = coffeename + [' 麝香猫 ',' 哥伦比亚 ']
```

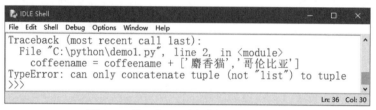

图 8.5　将元组和列表连接产生的异常

👑 常见错误：

在进行元组连接时，如果要连接的元组只有一个元素时，一定不要忘记后面的逗号。例如，使用下面的代码将产生如图 8.6 所示的错误。

```
01   coffeename = (' 蓝山 ',' 卡布奇诺 ',' 曼特宁 ',' 摩卡 ')
02   coffeename = coffeename + (' 麝香猫 ')
```

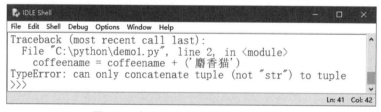

图 8.6　在进行元组连接时产生的异常

8.5　元组推导式

同列表一样，我们也可以使用元组推导式快速生成一个元组。它的表现形式和列表推导式类似，只是将列表推导式中的"[]"修改为"()"。例如，我们可以使用下面的代码生成一个包含 10 个随机数的元组。

```
01   import random                                    # 导入 random 标准库
02   randomnumber = (random.randint(10,100) for i in range(10))
03   print(" 生成的元组为: ",randomnumber)
```

执行结果如下：

> 生成的元组为: <generator object <genexpr> at 0x000001A78ED7C970>

从上面的执行结果中，可以看出使用元组推导式生成的结果并不是一个元组或者列表，而是一个生成器对象，这一点和列表推导式是不同的。要使用该生成器对象可以将其转换为元组或者列表。其中，转换为元组使用 tuple() 函数，而转换为列表则使用 list() 函数。

例如，使用元组推导式生成一个包含 10 个随机数的生成器对象，然后将其转换为元组并输出，可以使用下面的代码：

```
01    import random                                 # 导入 random 标准库
02    randomnumber = (random.randint(10,100) for i in range(10))
03    randomnumber = tuple(randomnumber)            # 转换为元组
04    print(" 转换后: ",randomnumber)
```

执行结果如下：

> 转换后: (89, 70, 22, 62, 43, 27, 84, 74, 85, 99)

要使用通过元组推导器生成的生成器对象，还可以直接通过 for 循环遍历或者直接使用 __next__() 方法进行遍历。

例如，通过生成器推导式生成一个包含 3 个元素的生成器对象 number，然后调用 3 次 __next__() 方法输出每个元素的值，再将生成器对象 number 转换为元组输出，代码如下：

```
01    number = (i for i in range(3))
02    print(number.__next__())                      # 输出第 1 个元素
03    print(number.__next__())                      # 输出第 2 个元素
04    print(number.__next__())                      # 输出第 3 个元素
05    number = tuple(number)                        # 转换为元组
06    print(" 转换后: ",number)
```

上面的代码运行后，将显示以下结果：

```
0
1
2
转换后: ()
```

再如，通过生成器推导式生成一个包括 4 个元素的生成器对象 number，然后应用 for 循环遍历该生成器对象，并输出每一个元素的值，最后再将其转换为元组输出，代码如下：

```
01    number = (i for i in range(4))                # 生成生成器对象
02    for i in number:                              # 遍历生成器对象
03        print(i,end=" ")                          # 输出每个元素的值
04    print(tuple(number))                          # 转换为元组输出
```

执行结果如下：

> 0 1 2 3 ()

从上面的两个示例中可以看出，无论通过哪种方法遍历，如果再想使用该生成器对象，都必须重新创建一个生成器对象，因为遍历后原生成器对象已经不存在了。

（源码位置：资源包\Code\08\04）

[实例8.4]

生成一组100～999之间不重复的随机数

编写一段 Python 代码，通过元组推导式生成一个由 100～999 之间（包括 999）全部数字组成的元组，然后从该元组中，随机抽取 3 个不重复的数，代码如下：

```
01    import random                              # 导入随机数模块
02    tuple1 = (x for x in range(100,1000))      # 使用元组推导式生成100~999的元组
03    tuple2 = random.sample(tuple(tuple1),3)    # 随机取3个不重复元素
04    print('生成3个100~999之间的随机数: ')
05    print(tuple2)                              # 输出生成的随机数列表
```

👑 说明：

在上面的代码中，使用的 sample() 方法为内置模块 random 提供的方法，用于随机地从指定元组中提取出 N 个不同的元素。

运行程序，将显示生成的随机数列表，如图 8.7 所示。

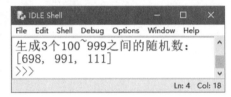

图 8.7　生成一组 100～999 之间的不重复的随机数

本章知识思维导图

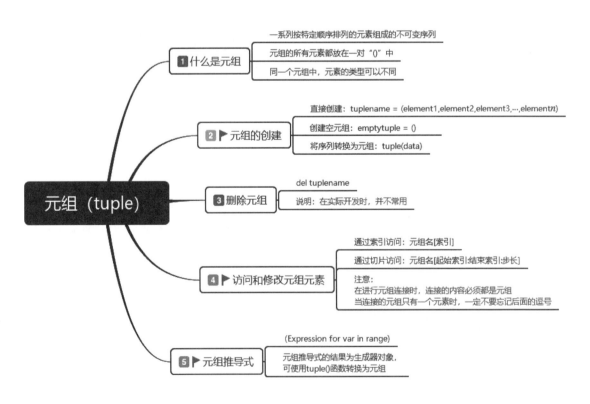

第 9 章

字符串的常用操作

 本章学习目标

- 掌握连接字符串和计算字符串长度的方法
- 熟练掌握截取与分割字符串的方法
- 掌握查找或替换字符串的方法
- 掌握对字母进行大小写转换的方法
- 掌握对去除字符串中的空格和特殊字符的方法
- 熟练掌握字符串的格式化
- 掌握字符串的编码转换

9.1 连接字符串

连接字符串就是将不同的字符串直接或者通过指定的分隔符组合到一起变成一个字符串。在 Python 中，主要有两种方法，即拼接和合并，下面分别进行介绍。

9.1.1 拼接字符串

使用"+"运算符可完成对多个字符串的拼接，"+"运算符可以连接多个字符串并产生一个字符串对象。

例如，定义两个字符串，一个用于保存英文版的名言，另一个用于保存中文版的名言，然后使用"+"运算符连接，代码如下：

```
01    mot_en = 'Remembrance is a form of meeting. Forgetfulness is a form of freedom.'
02    mot_cn = '记忆是一种相遇。遗忘是一种自由。'
03    print(mot_en + '——' + mot_cn)
```

上面代码执行后，将显示以下内容：

```
Remembrance is a form of meeting. Forgetfulness is a form of freedom.——记忆是一种相遇。遗忘是
一种自由。
```

字符串不允许直接与其他类型的数据拼接，例如，使用下面的代码将字符串与数值拼接在一起，将产生如图 9.1 所示的异常。

```
01    str1 = '我今天一共走了'                    # 定义字符串
02    num = 21099                            # 定义一个整数
03    str2 = '步'                            # 定义字符串
04    print(str1 + num + str2)               # 对字符串和整数进行拼接
```

```
Traceback (most recent call last):
  File "E:\program\Python\Code\test.py", line 19, in <module>
    print(str1 + num + str2)
TypeError: must be str, not int
>>>
```

图 9.1 字符串和整数拼接时抛出的异常

解决该问题，可以将整数转换为字符串，然后以拼接字符串的方法输出该内容。将整数转换为字符串，可以使用 str() 函数，修改后的代码如下：

```
01    str1 = '今天我一共走了'                    # 定义字符串
02    num = 21099                            # 定义一个整数
03    str2 = '步'                            # 定义字符串
04    print(str1 + str(num) + str2)          # 对字符串和整数进行拼接
```

上面代码执行后，将显示以下内容：

```
今天我一共走了 21099 步
```

如果想要将一个字符串复制多次可以使用序列乘法实现。例如，将一个字符串"我能行！"复制 3 次并输出，代码如下：

```
print('我能行！'*3)
```

运行结果如下：

我能行！我能行！我能行！

9.1.2　合并字符串

合并字符串与拼接字符串不同，它会将多个字符串采用固定的分隔符连接在一起。例如，字符串"绮梦 * 冷伊一 * 香凝 * 黛兰"，就可以看作是通过分隔符 " * " 将 [' 绮梦 ','冷伊一 ',' 香凝 ',' 黛兰 '] 列表合并为一个字符串的结果。

合并字符串可以使用字符串对象的 join() 方法实现，语法格式如下：

strnew = string.join(iterable)

参数说明：

● strnew：合并后生成的新字符串。

● string：字符串类型，用于指定合并时的分隔符。

● iterable：可迭代对象，该迭代对象中的所有元素（字符串表示）将被合并为一个新的字符串。string 作为边界点分割出来。

 [实例 9.1]　（源码位置：资源包 \Code\09\01 ）

通过好友列表生成全部被 @ 的好友

在 IDLE 中创建一个名称为 atfriend-join.py 的文件，然后在该文件中定义一个列表，保存一些好友名称，然后使用 join() 方法将列表中每个元素用空格 +@ 符号进行连接，再在连接后的字符串前添加一个 @ 符号，最后输出，代码如下：

```
01  list_friend = ['明日科技 ',' 大鱼 ',' 恒则成 ',' 奋斗 ','Aurora']    # 好友列表
02  str_friend = ' @'.join(list_friend)                              # 用空格 +@ 符号进行连接
03  at = '@'+str_friend  # 由于使用 join() 方法时，第一个元素前不加分隔符，所以需要在前面加上 @ 符号
04  print('您要 @ 的好友：',at)
```

运行结果如图 9.2 所示。

图 9.2　输出想要 @ 的好友

9.2　计算字符串的长度

由于不同的字符所占字节数不同，所以要计算字符串的长度，需要先了解各字符所占的字节数。在 Python 中，数字、英文、小数点、下划线和空格占一个字节；一个汉字可能会占 2～4 个字节，占几个字节取决于采用的编码。汉字在 GBK/GB2312 编码中占 2 个字节，在 UTF-8/unicode 编码中一般占用 3 个字节（或 4 个字节）。下面以 Python 默认的 UTF-8 编码为例进行说明，即一个汉字占 3 个字节，如图 9.3 所示。

图 9.3　汉字和英文所占字节个数

在 Python 中，提供了 len() 函数计算字符串的长度，语法格式如下：

```
len(string)
```

其中，string 用于指定要进行长度统计的字符串。例如，定义一个字符串，内容为"人生苦短，我用 Python!"，然后应用 len() 函数计算该字符串的长度，代码如下：

```
01    str1 = '人生苦短，我用 Python!'           # 定义字符串
02    length = len(str1)                      # 计算字符串的长度
03    print(length)
```

上面的代码在执行后，将输出结果"14"。

从上面的结果中可以看出，在默认的情况下，通过 len() 函数计算字符串的长度时，不区分英文、数字和汉字，所有字符都按一个字符计算。

在实际开发时，有时需要获取字符串实际所占的字节数，即如果采用 UTF-8 编码，汉字占 3 个字节，采用 GBK 或者 GB2312 时，汉字占 2 个字节。这时，可以使用 encode() 方法进行编码后再获取。例如，如果要获取采用 UTF-8 编码的字符串的长度，可以使用下面的代码：

```
01    str1 = '人生苦短，我用 Python!'           # 定义字符串
02    length = len(str1.encode())             # 计算 UTF-8 编码的字符串的长度
03    print(length)
```

上面的代码在执行后，将显示"28"。这是因为汉字加中文标点符号共 7 个，占 21 个字节，英文字母和英文的标点符号占 7 个字节，共 28 个字节。

如果要获取采用 GBK 编码的字符串的长度，可以使用下面的代码。

```
01    str1 = '人生苦短，我用 Python!'           # 定义字符串
02    length = len(str1.encode('gbk'))        # 计算 GBK 编码的字符串的长度
03    print(length)
```

上面的代码在执行后，将显示"21"。这是因为汉字加中文标点符号共 7 个，占 14 个字节，英文字母和英文标点符号占 7 个字节，共 21 个字节。

9.3　截取与分割字符串

9.3.1　截取字符串

由于字符串也属于序列，所以要截取字符串，可以采用切片方法实现。通过切片方法截取字符串的语法格式如下：

```
string[start : end : step]
```

参数说明：

● string：要截取的字符串。

● start：要截取的第一个字符的索引（包括该字符），如果不指定，则默认为 0。

● end：要截取的最后一个字符的索引（不包括该字符），如果不指定则默认为字符串的长度。

● step：切片的步长，如果省略，则默认为 1，当省略该步长时，最后一个冒号也可以省略。

👑 说明：

字符串的索引同序列的索引是一样的，也是从 0 开始，并且每个字符占一个位置，如图 9.4 所示。

图 9.4　字符串的索引示意图

例如，定义一个字符串，然后应用切片方法截取不同长度的子字符串并输出，代码如下：

```
01   str1 = '人生苦短，我用 Python!'          # 定义字符串
02   substr1 = str1[1]                        # 截取第 2 个字符
03   substr2 = str1[5:]                       # 从第 6 个字符开始截取
04   substr3 = str1[:5]                       # 从左边开始截取 5 个字符
05   substr4 = str1[2:5]                      # 截取第 3 个到第 5 个字符
06   print(' 原字符串: ',str1)
07   print(substr1 + '\n' + substr2 + '\n' + substr3 + '\n' + substr4)
```

上面的代码执行后，将显示以下内容：

```
原字符串: 人生苦短，我用 Python!
生
我用 Python!
人生苦短，
苦短，
```

👑 注意：

在进行字符串截取时，如果指定的索引不存在，则会抛出如图 9.5 所示的异常。

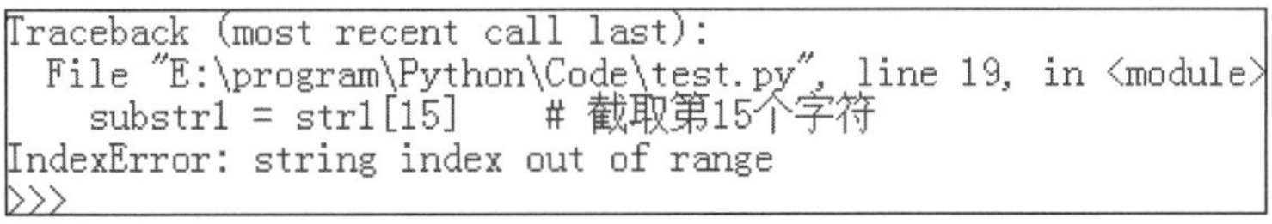

```
Traceback (most recent call last):
  File "E:\program\Python\Code\test.py", line 19, in <module>
    substr1 = str1[15]     # 截取第15个字符
IndexError: string index out of range
>>>
```

图 9.5　指定的索引不存在时抛出的异常

要解决该问题，可以采用 try…except 语句捕获异常。例如，下面的代码在执行后将不抛出异常。

```
01   str1 = '人生苦短，我用 Python!'          # 定义字符串
02   try:
03       substr1 = str1[15]                   # 截取第 15 个字符
04   except IndexError:
05   print(' 指定的索引不存在 ')
```

（源码位置：资源包 \Code\09\02）

[实例 9.2]

截取身份证号码中的出生日期

在 IDLE 中创建一个名称为 idcard.py 的文件，然后在该文件中定义 3 个字符串变量，分别记录两名程序员说的话，再从程序员甲说的身份证号中截取出出生日期，并组合成"YYYY 年 MM 月 DD 日"格式的字符串，最后输出截取到的出生日期和生日，代码如下：

```
01   programer_1 = ' 你知道我的生日吗? '              # 程序员甲问程序员乙的台词
02   print(' 程序员甲说: ',programer_1)             # 输出程序员甲的台词
03   programer_2 = ' 输入你的身份证号码。'             # 程序员乙的台词
04   print(' 程序员乙说: ',programer_2)             # 输出程序员乙的台词
05   idcard = '1234561990006277890'             # 定义保存身份证号码的字符串
06   print(' 程序员甲说: ',idcard)                 # 程序员甲说出身份证号码
07   birthday = idcard[6:10] + ' 年 ' + idcard[10:12] + ' 月 ' + idcard[12:14] + ' 日 '  # 截取生日
08   print(' 程序员乙说: ',' 你是 ' + birthday + ' 出生的, 所以你的生日是 ' + birthday[5:])
```

运行结果如图 9.6 所示。

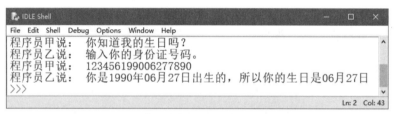

图 9.6　截取身份证号码中的出生日期

👑 多学两招：

如果想要将一个字符串翻转输出，可以使用 oldstr[::-1]。例如下面的代码将实现把 oldstr 字符串翻转输出。

```
01   oldstr = ' 点亮梦想、相信自己、不懈努力, 你一定会遇见更好的自己! '
02   print(oldstr[::-1])                      # 翻转字符串
```

运行结果如下：

! 己自的好更见遇会定一你, 力努懈不、己自信相、想梦亮点

9.3.2　分割字符串

字符串对象的 split() 方法可以实现字符串分割，也就是把一个字符串按照指定的分隔符切分为字符串列表。该列表的元素中不包括分隔符。split() 方法的语法格式如下：

```
str.split(sep, maxsplit)
```

参数说明：

● str：要进行分割的字符串。

● sep：用于指定分隔符，可以包含多个字符，默认为 None，即所有空字符（包括空格、换行 "\n"、制表符 "\t" 等）。

● maxsplit：可选参数，用于指定分割的次数，如果不指定或者为 –1，则分割次数没有限制，否则返回结果列表的元素个数。

● 返回值：分割后的字符串列表。该列表的元素为以每个分隔符为界限进行分割后的字符串（不包括分隔符），当该分隔符前面（或者与前一个分隔符之间）没有内容时，将返回一个空字符串元素。

👑 说明：

在 split() 方法中，如果不指定 sep 参数，那么也不能指定 maxsplit 参数。

例如，定义一个保存明日学院网址的字符串，然后应用 split() 方法根据不同的分隔符进行分割，代码如下：

```
01    str1 = '明 日 学 院 官 网  >>>  www.mingrisoft.com'
02    print('原字符串: ',str1)
03    list1 = str1.split()                              # 采用默认分隔符进行分割
04    list2 = str1.split('>>>')                         # 采用多个字符进行分割
05    list3 = str1.split('.')                           # 采用 . 号进行分割
06    list4 = str1.split(' ',4)                         # 采用空格进行分割，并且只分割前 4 个
07    print(str(list1) + '\n' + str(list2) + '\n' + str(list3) + '\n' + str(list4))
08    list5 = str1.split('>')                           # 采用 > 进行分割
09    print(list5)
```

上面的代码在执行后，将显示以下内容：

```
原字符串: 明 日 学 院 官 网  >>>  www.mingrisoft.com
['明', '日', '学', '院', '官', '网', '>>>', 'www.mingrisoft.com']
['明 日 学 院 官 网 ', ' www.mingrisoft.com']
['明 日 学 院 官 网  >>>  www', 'mingrisoft', 'com']
['明', '日', '学', '院', '官 网  >>>  www.mingrisoft.com']
['明 日 学 院 官 网 ', '', '', ' www.mingrisoft.com']
```

👑 说明：

在使用 split() 方法时，如果不指定参数，默认采用空字符进行分割，这时无论有几个空格或者空字符都将作为一个分隔符进行分割。例如，上面示例中，在"网"和">"之间有两个空格，但是分割结果（第二行内容）中两个空格都被过滤掉了。如果指定一个分隔符，那么当这个分隔符出现多个时，就会每个分割一次，没有得到内容的，将产生一个空元素。例如，上面结果中的最后一行，就出现了两个空元素。

[实例 9.3]　　　　　　　　　　　　　　　　　　　　　　（源码位置：资源包 \Code\09\03）

输出被 @ 的好友名称

在 IDLE 中创建一个名称为 atfriend.py 的文件，然后在该文件中定义一个字符串，内容为"@明日科技 @Aurora @恒则成"，然后使用 split() 方法对该字符串进行分割，从而获取好友名称并输出，代码如下：

```
01    str1 = '@明日科技 @Aurora @恒则成 '
02    list1 = str1.split(' ')                           # 用空格分割字符串
03    print('您@的好友有: ')
04    for item in list1:
05        print(item[1:])                               # 输出每个好友名时，去掉@符号
```

运行结果如图 9.7 所示。

9.4 查找或替换字符串

图 9.7 输出被 @ 的好友名称

在 Python 中，字符串对象提供了很多应用于字符串查找或替换的方法，这里主要介绍以下几种方法。

9.4.1 count() 方法

count() 方法用于检索指定字符串在另一个字符串中出现的次数。如果检索的字符串不存在，则返回 0，否则返回出现的次数。其语法格式如下：

```
str.count(sub, start, end)
```

参数说明：
● str：原字符串。
● sub：要检索的子字符串。
● start：可选参数，表示检索范围的起始位置的索引，如果不指定，则从头开始检索。
● end：可选参数，表示检索范围的结束位置的索引，如果不指定，则一直检索到结尾。

例如，定义一个字符串，然后应用 count() 方法检索该字符串中"@"符号出现的次数，代码如下：

```
01    str1 = '@明日科技 @Aurora @恒则成 @奋斗 '
02    print(' 字符串 "',str1,'" 中包括 ',str1.count('@'),' 个 @ 符号 ')
```

上面的代码执行后，将显示以下结果：

```
字符串 " @明日科技 @Aurora @恒则成 @奋斗 " 中包括 4 个 @ 符号
```

9.4.2 find() 方法

该方法用于检索是否包含指定的子字符串。如果检索的字符串不存在，则返回 −1，否则返回首次出现该子字符串时的索引。其语法格式如下：

```
str.find(sub, start, end)
```

参数说明：
● str：原字符串。
● sub：要检索的子字符串。
● start：可选参数，表示检索范围的起始位置的索引，如果不指定，则从头开始检索。
● end：可选参数，表示检索范围的结束位置的索引，如果不指定，则一直检索到结尾。

例如，定义一个字符串，然后应用 find() 方法检索该字符串中首次出现"@"符号的位置索引，代码如下：

```
01    str1 = '@明日科技 @Aurora @恒则成 @奋斗 '
02    print(' 字符串 "',str1,'" 中 @ 符号首次出现的位置索引为: ',str1.find('@'))
```

上面的代码执行后，将显示以下结果：

```
字符串 " @明日科技 @Aurora @恒则成 @奋斗 " 中 @ 符号首次出现的位置索引为: 0
```

👑 说明：

如果只是想要判断指定的字符串是否存在，可以使用 in 关键字实现。例如，上面的字符串 str1 中是否存在 @ 符号，可以使用 print('@' in str1)，如果存在就返回 True，否则返回 False。另外，也可以根据 find() 方法的返回值是否大于 -1 来确定指定的字符串是否存在。

如果输入的子字符串在原字符串中不存在，将返回 -1。例如下面的代码：

```
01    str1 = '@明日科技 @Aurora @恒则成 @奋斗 '
02    print('字符串"',str1,'"中 * 符号首次出现的位置索引为: ',str1.find('*'))
```

上面的代码执行后，将显示以下结果：

字符串 " @明日科技 @Aurora @恒则成 @ 奋斗 " 中 * 符号首次出现的位置索引为: -1

👑 说明：

Python 的字符串对象还提供了 rfind() 方法，其作用与 find() 方法类似，只是从字符串右边开始查找。

9.4.3 index() 方法

index() 方法同 find() 方法类似，也是用于检索是否包含指定的子字符串。只不过如果使用 index() 方法，当指定的字符串不存在时会抛出异常。其语法格式如下：

str.index(sub, start, end)

参数说明：

● str：原字符串。

● sub：要检索的子字符串。

● start：可选参数，表示检索范围的起始位置的索引，如果不指定，则从头开始检索。

● end：可选参数，表示检索范围的结束位置的索引，如果不指定，则一直检索到结尾。

例如，定义一个字符串，然后应用 index() 方法检索该字符串中首次出现 "@" 符号的位置索引，代码如下：

```
01    str1 = '@明日科技 @Aurora @恒则成 @奋斗 '
02    print('字符串"',str1,'"中 @ 符号首次出现的位置索引为: ',str1.index('@'))
```

上面的代码执行后，将显示以下结果：

字符串 " @明日科技 @Aurora @恒则成 @ 奋斗 " 中 @ 符号首次出现的位置索引为: 0

如果输入的子字符串在原字符串中不存在，将会产生异常，例如下面的代码：

```
01    str1 = '@明日科技 @Aurora @恒则成 @奋斗 '
02    print('字符串"',str1,'"中 * 符号首次出现的位置索引为: ',str1.index('*'))
```

上面的代码执行后，将显示如图 9.8 所示的异常。

```
Traceback (most recent call last):
  File "E:\program\Python\Code\test.py", line 7, in <module>
    print('字符串"',str1,'"中*符号首次出现位置索引为: ',str1.index('*'))
ValueError: substring not found
>>>
```

图 9.8　index 检索不存在元素时出现的异常

👑 说明：

Python 的字符串对象还提供了 rindex() 方法，其作用与 index() 方法类似，只是从右边开始查找。

9.4.4　startswith() 方法

startswith() 方法用于检索字符串是否以指定子字符串开头。如果是则返回 True，否则返回 False。该方法语法格式如下：

```
str.startswith(prefix, start, end)
```

参数说明：

- str：原字符串。
- prefix：要检索的子字符串。
- start：可选参数，表示检索范围的起始位置的索引，如果不指定，则从头开始检索。
- end：可选参数，表示检索范围的结束位置的索引，如果不指定，则一直检索到结尾。

例如，定义一个字符串，然后应用 startswith() 方法检索该字符串是否以 "@" 符号开头，代码如下：

```
01   str1 = '@明日科技 @Aurora @恒则成 @奋斗 '
02   print(' 判断字符串 "',str1,'" 是否以@符号开头，结果为：',str1.startswith('@'))
```

上面的代码执行后，将显示以下结果：

```
判断字符串 " @明日科技 @Aurora @恒则成 @奋斗 " 是否以@符号开头，结果为：True
```

9.4.5　endswith() 方法

endswith() 方法用于检索字符串是否以指定子字符串结尾。如果是则返回 True，否则返回 False。该方法语法格式如下：

```
str.endswith(suffix, start, end)
```

参数说明：

- str：原字符串。
- suffix：要检索的子字符串。
- start：可选参数，表示检索范围的起始位置的索引，如果不指定，则从头开始检索。
- end：可选参数，表示检索范围的结束位置的索引，如果不指定，则一直检索到结尾。

例如，定义一个字符串，然后应用 endswith() 方法检索该字符串是否以 ".com" 结尾，代码如下：

```
01   str1 = ' http://www.mingrisoft.com'
02   print(' 判断字符串 "',str1,'" 是否以 .com 结尾，结果为：',str1.endswith('.com'))
```

上面的代码执行后，将显示以下结果：

```
判断字符串 " http://www.mingrisoft.com " 是否以 .com 结尾，结果为：True
```

9.4.6　replace() 方法

replace() 方法用于将一个字符串的子字符串替换为另一个字符串，并且返回被替换后的字符串。如果未找到要替换的字符串，则返回原字符串。其语法格式如下：

```
str.replace(old, new, count)
```

参数说明：

● old：要替换的字符串。

● new：替换后的字符串。

● count：可选参数，表示替换次数，如果不指定，则全部替换。

例如，定义一个字符串，然后应用 replace() 方法替换一次出现的文字"自己"，代码如下：

```
mot = ' 失败和成功之间的距离有多远？它们之间其实只相差了一个词的距离，那就是胆怯。点亮梦想、相信自己、
不懈努力，你一定会遇见更好的自己！ '
print(' 原字符串: \n',mot)
print(' 替换后: \n',mot.replace(' 自己 ','Yourself',1))
```

上面的代码执行后，将显示如图 9.9 所示的结果。

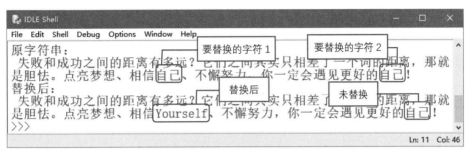

图 9.9　替换字符串

9.5　字母的大小写转换

在 Python 中，字符串对象提供了 lower() 方法和 upper() 方法进行字母的大小写转换，即可用于将大写字母转换为小写字母或者将小写字母转换为大写字母，如图 9.10 所示。

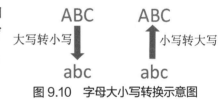

图 9.10　字母大小写转换示意图

9.5.1　大写字母转换为小写字母

使用 lower() 方法可以将字符串中的大写字母转换为小写字母。如果字符串中没有需要被转换的字符，则将原字符串返回；否则将返回一个新的字符串，将原字符串中每个需要进行小写转换的字符都转换成等价的小写字符。字符长度与原字符长度相同。lower() 方法的语法格式如下：

```
str.lower()
```

其中，str 为要进行转换的字符串。

例如，使用 lower() 方法后，下面定义的字符串将全部显示为小写字母。

```
01    str1 = 'WWW.Mingrisoft.com'
02    print(' 原字符串: ',str1)
03    print(' 新字符串: ',str1.lower())          # 全部转换为小写字母输出
```

运行结果如下：

```
原字符串: WWW.Mingrisoft.com
新字符串: www.mingrisoft.com
```

9.5.2 小写字母转换为大写字母

使用 upper() 方法可以将字符串中的小写字母转换为大写字母。如果字符串中没有需要被转换的字符，则将原字符串返回；否则返回一个新字符串，将原字符串中每个需要进行大写转换的字符都转换成等价的大写字符。新字符长度与原字符长度相同。upper() 方法的语法格式如下：

```
str.upper()
```

其中，str 为要进行转换的字符串。

例如，使用 upper() 方法后，下面定义的字符串将全部显示为大写字母。

```
01   str1 = 'WWW.Mingrisoft.com'
02   print('原字符串: ',str1)
03   print('新字符串: ',str1.upper())          # 全部转换为大写字母输出
```

运行结果如下：

```
原字符串: WWW.Mingrisoft.com
新字符串: WWW.MINGRISOFT.COM
```

9.6　去除字符串中的空格和特殊字符

用户在输入数据时，可能会无意中输入多余的空格，或在一些情况下，字符串前后不允许出现空格和特殊字符，此时就需要去除字符串中的空格和特殊字符。例如，图 9.11 中"HELLO"这个字符串前后都有一个空格，可以使用 Python 中提供的

图 9.11　前后包含空格的字符串

strip() 方法去除字符串左右两边的空格和特殊字符，也可以使用 lstrip() 方法去除字符串左边的空格和特殊字符，使用 rstrip() 方法去除字符串右边的空格和特殊字符。

👑 说明：

这里的特殊字符是指制表符 \t、回车符 \r、换行符 \n 等。

9.6.1　strip() 方法

strip() 方法用于去掉字符串左、右两侧的空格和特殊字符，语法格式如下：

```
str.strip([chars])
```

参数说明：

● str：要去除空格的字符串。

● chars：可选参数，用于指定要去的字符，可以指定多个。如果设置 chars 为"@."，则去除左、右两侧包括的"@"或"."。如果不指定 chars 参数，默认将去除空格、制表符"\t"、回车符"\r"、换行符"\n"等。

例如，先定义一个字符串，首尾包括空格、制表符、换行符和回车符等，然后去除空格和这些特殊字符；再定义一个字符串，首尾包括"@"或"."字符，最后去掉"@"和"."，

代码如下：

```
01   str1 = ' http://www.mingrisoft.com  \t\n\r'
02   print(' 原字符串 str1: ' + str1 + '。')
03   print(' 字符串: ' + str1.strip() + '。')          # 去除字符串首尾的空格和特殊字符
04   str2 = '@明日科技 .@.'
05   print(' 原字符串 str2: ' + str2 + '。')
06   print(' 字符串: ' + str2.strip('@.') + '。')       # 去除字符串首尾的 "@""."
```

上面的代码运行后，将显示如图 9.12 所示的结果。

```
原字符串str1:  http://www.mingrisoft.com。
字符串: http://www.mingrisoft.com。
原字符串str2：@明日科技.@.。
字符串：明日科技。
>>>
```

图 9.12　strip() 方法示例

9.6.2　lstrip() 方法

lstrip() 方法用于去掉字符串左侧的空格和特殊字符，语法格式如下：

```
str.lstrip([chars])
```

参数说明：

● str：要去除空格的字符串。

● chars：可选参数，用于指定要去除的字符，可以指定多个，如果设置 chars 为"@."，则去除左侧包括的"@"或"."。如果不指定 chars 参数，默认将去除空格、制表符"\t"、回车符"\r"、换行符"\n"等。

例如，先定义一个字符串，左侧包括一个制表符和一个空格，然后去除空格和制表符；再定义一个字符串，左侧包括一个 @ 符号，最后去掉 @ 符号，代码如下：

```
01   str1 = '\t http://www.mingrisoft.com'
02   print(' 原字符串 str1: ' + str1 + '。')
03   print(' 字符串: ' + str1.lstrip() + '。')          # 去除字符串左侧的空格和制表符
04   str2 = '@明日科技 '
05   print(' 原字符串 str2: ' + str2 + '。')
06   print(' 字符串: ' + str2.lstrip('@') + '。')        # 去除字符串左侧的 @
```

上面的代码运行后，将显示如图 9.13 所示的结果。

```
原字符串str1:     http://www.mingrisoft.com。
字符串: http://www.mingrisoft.com。
原字符串str2：@明日科技。
字符串：明日科技。
>>>
```

图 9.13　lstrip() 方法示例

9.6.3　rstrip() 方法

rstrip() 方法用于去掉字符串右侧的空格和特殊字符，语法格式如下：

```
str.rstrip([chars])
```

参数说明：

● str：要去除空格的字符串。

● chars：可选参数，用于指定要去除的字符，可以指定多个，如果设置 chars 为"@."，则去除右侧包括的"@"或"."。如果不指定 chars 参数，默认将去除空格、制表符"\t"、回车符"\r"、换行符"\n"等。

例如，先定义一个字符串，右侧包括一个制表符和一个空格，然后去除空格和制表符；再定义一个字符串，右侧包括一个"，"，最后去掉"，"，代码如下：

```
01    str1 = ' http://www.mingrisoft.com\t '
02    print('原字符串 str1: ' + str1 + '。')
03    print('字符串: ' + str1.rstrip() + '。')              # 去除字符串右侧的空格和制表符
04    str2 = '明日科技,'
05    print('原字符串 str2: ' + str2 + '。')
06    print('字符串: ' + str2.rstrip(',') + '。')           # 去除字符串右侧的逗号
```

上面的代码运行后，将显示如图 9.14 所示的结果。

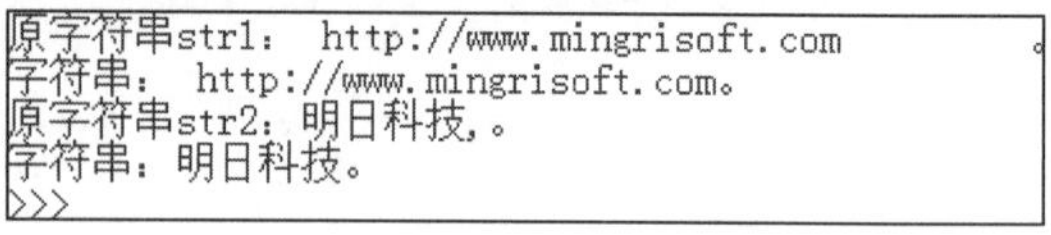

```
原字符串str1:  http://www.mingrisoft.com
字符串: http://www.mingrisoft.com。
原字符串str2: 明日科技,。
字符串: 明日科技。
>>>
```

图 9.14　rstrip() 方法示例

9.7　格式化字符串

格式化字符串是指先制定一个模板，在这个模板中预留几个空位，然后再根据需要填上相应的内容。这些空位需要通过指定的符号（也称为占位符）标记，而这些符号还不会显示出来。在 Python 中，格式化字符串有以下两种方法。

9.7.1　使用 "%" 操作符

在 Python 中，要实现格式化字符串，可以使用 "%" 操作符，语法格式如下：

```
'%[-][+][0][m][.n] 格式化字符 '%exp
```

参数说明：

● - : 可选参数，用于指定左对齐，正数前方无符号，负数前面加负号。

● + : 可选参数，用于指定右对齐，正数前方加正号，负数前方加负号。

● 0: 可选参数，表示右对齐，正数前方无符号，负数前方加负号，用 0 填充空白处（一般与 m 参数一起使用）。

● m: 可选参数，表示占有宽度。

● .n: 可选参数，表示小数点后保留的位数。

● 格式化字符: 用于指定类型，其值如表 9.1 所示。

表 9.1　常用的格式化字符

格式化字符	说明	格式化字符	说明
%s	字符串（采用 str() 显示）	%r	字符串（采用 repr() 显示）
%c	单个字符	%o	八进制整数
%d 或者 %i	十进制整数	%e	指数（基底写为 e）
%x	十六进制整数	%E	指数（基底写为 E）
%f 或者 %F	浮点数	%%	字符 %

● exp: 要转换的项。如果要指定的项有多个，需要通过元组的形式进行指定，但不能使用列表。

例如，格式化输出一个保存公司信息的字符串，代码如下：

```
01    template = ' 编号:%09d\t 公司名称: %s \t 官网: http://www.%s.com'    # 定义模板
02    context1 = (7,' 百度 ','baidu')                                   # 定义要转换的内容 1
03    context2 = (8,' 明日学院 ','mingrisoft')                           # 定义要转换的内容 2
04    print(template%context1)                                         # 格式化输出
05    print(template%context2)                                         # 格式化输出
```

上面的代码运行后将显示如图9.15所示的效果，即按照指定模板格式输出两条公司信息。

```
编号：000000007 公司名称： 百度      官网： http://www.baidu.com
编号：000000008 公司名称： 明日学院   官网： http://www.mingrisoft.com
>>>
```

图 9.15　格式化输出公司信息

📖 说明：

　由于使用 % 操作符是早期 Python 中提供的方法，自从 Python 2.6 版本开始，字符串对象提供了 format() 方法对字符串进行格式化。现在一些 Python 社区也推荐使用这种方法，所以建议大家重点学习 format() 方法的使用。

9.7.2　使用字符串对象的 format() 方法

字符串对象提供了 format() 方法用于进行字符串格式化，语法格式如下：

```
str.format(*args,**kwargs)
```

参数说明：

● str：以大括号 {} 括起来的替换域，用于指定字符串的控制格式（即模板）。每个替换域可以包含一个位置参数的数字索引，或者一个关键字参数的名称。

● args：用于指定要转换的项，也就是为替换域指定具体值。如果替换域中使用位置参数，则通过位置参数指定，如果使用关键字参数，则通过关键字参数指定。

字符串对象提供了 format() 方法的完整语法格式与显示格式的对应关系，如图 9.16 所示。

{[index][:	[[fill] align] [sign] [#] [0] [width][,][.precision][type]]}.format(*args,**kwargs)									
index	:	fill	align	sign	#	0	width	,	.precision	type	format	*args, **kwargs
索引位置 索引关键字		空白处填充的字符	对齐方式 <左对齐 >右对齐 ^居中对齐 =数字填充	数字是否有正负号 +正号 -负号	加#自动显示 0b、0o、0x	如果width没指定fill，加0实现填充0	定义最小宽度	千位分隔符，每三个数加','	精度，小数保留位数；字符串截取	输出类型 默认为 s s:字符 d:整数 f:浮点数 ……		*args: 位置参数 **kwargs:关键字参数
参数索引	替换域（即模板）说明										参数值

图 9.16　完整语法格式与显示格式的对应关系

下面重点介绍创建模板。在创建模板时，需要使用"{}"和"："指定占位符，语法格式如下：

```
{[index][:[[fill]align][sign][#][width][.precision][type]]}
```

参数说明：

● index：可选参数，用于指定要设置格式的对象在参数列表中的索引位置，索引值从 0 开始。如果省略，则根据值的先后顺序自动分配。

● fill：可选参数，用于指定空白处填充的字符。

● align：可选参数，用于指定对齐方式（值为"<"时表示内容左对齐；值为">"时表示内容右对齐；值为"="时表示数字填充，只对数字类型有效，即将数字放在填充字符的最右侧，如果是负数，则负号放置在填充内容的左侧，正数不显示符号；值为"^"时表示内容居中），需要配合 width 一起使用。

● sign：可选参数，用于指定有无符号数（值为"+"表示正数加正号，负数加负号；

值为"–"表示正数不变，负数加负号；值为空格表示正数加空格，负数加负号）。

● #：可选参数，对于二进制数、八进制数和十六进制数，如果加上 #，表示会显示 0b/0o/0x 前缀，否则不显示前缀。

● width：可选参数，用于指定所占宽度。

● .precision：可选参数，用于指定保留的小数位数。

● type：可选参数，用于指定类型。

format() 方法中常用的格式化字符如表 9.2 所示。

表9.2　format() 方法中常用的格式化字符

格式化字符	说明	格式化字符	说明
s	对字符串类型格式化	b	将十进制整数自动转换成二进制表示再格式化
d	十进制整数	o	将十进制整数自动转换成八进制表示再格式化
c	将十进制整数自动转换成对应的Unicode字符	x或者X	将十进制整数自动转换成十六进制表示再格式化
e或者E	转换为科学计数法表示再格式化	f或者F	转换为浮点数（默认小数点后保留6位）再格式化
g或者G	自动在e和f（E和F）中切换	%	显示百分比（默认显示小数点后6位）

👑 说明：

当一个模板中出现多个占位符时，指定索引位置的规范需统一，即全部采用手动指定或者全部采用自动指定。例如，定义"我是数值：{:d}，我是字符串：{1:s}"模板是错误的，会抛出如图 9.17 所示的异常。

```
Traceback (most recent call last):
  File "E:\program\Python\Code\test.py", line 17, in <module>
    print(template.format(7,'明日学院'))
ValueError: cannot switch from automatic field numbering to manual field specification
>>>
```

图 9.17　字段规范不统一抛出的异常

例如，定义一个保存公司信息的字符串模板，然后应用该模板输出不同公司的信息，代码如下：

```
01    template = ' 编号：{:0>9s}\t 公司名称：{:s} \t 官网：http://www.{:s}.com'    # 定义模板
02    context1 = template.format('7','百度','baidu')                        # 转换内容 1
03    context2 = template.format('8','明日学院','mingrisoft')                # 转换内容 2
04    print(context1)    # 输出格式化后的字符串
05    print(context2)    # 输出格式化后的字符串
```

上面的代码运行后将显示如图 9.18 所示的效果，即按照指定模板格式输出两条公司信息。

```
编号：000000007 公司名称：百度      官网：http://www.baidu.com
编号：000000008 公司名称：明日学院    官网：http://www.mingrisoft.com
>>>
```

图 9.18　格式化输出公司信息

在使用 format() 方法时，如果不指定参数索引，则默认采用位置索引，也可以指定为关键字索引。将上面的代码修改为采用关键字索引，仍然可以得到图 9.18 所示的效果，代码如下：

```
01    # 定义模板
02    template = ' 编号：{id:0>9s}\t 公司名称：{name:s} \t 官网：http://www.{url:s}.com'
03    context1 = template.format(id='7',url='baidu',name='百度')              # 转换内容 1
04    context2 = template.format(id='8',url='mingrisoft',name='明日学院')     # 转换内容 2
05    print(context1)                                    # 输出格式化后的字符串
06    print(context2)                                    # 输出格式化后的字符串
```

在实际开发中，数值类型有多种显示方式，比如货币形式、百分比形式等，使用 format() 方法可以将数值格式化为不同的形式。下面通过一个具体的实例进行说明。

[实例 9.4]
（源码位置：资源包 \Code\09\04 ）
格式化不同的数值类型数据（ format() 方法版 ）

在 IDLE 中创建一个名称为 formatnum.py 的文件，然后在该文件中将不同类型的数据进行格式化并输出，代码如下：

```
01    import math                                          # 导入 Python 的数学模块
02    # 以货币形式显示
03    print('1314+3950 的结果是（以货币形式显示）：￥{:,.2f} 元 '.format(1314+3950))
04    print('{0:.1f} 用科学计数法表示：{0:E}'.format(120000.1))        # 用科学计数法表示
05    print('π 取 4 位小数：{:.4f}'.format(math.pi))                  # 输出小数点后 4 位
06    print('{0:d} 的十六进制结果是：{0:#x}'.format(100))             # 输出十六进制数
07    # 输出百分比，并且不带小数
08    print(' 天才是由 {:.0%} 的灵感，加上 {:.0%} 的汗水 。'.format(0.01,0.99))
```

运行实例，将显示如图 9.19 所示的结果。

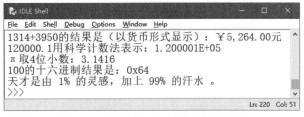

图 9.19　格式化不同的数值类型数据

9.7.3　使用 f-string

f-string 是 Python 3.6 推出的格式化字符串字面值，用于格式化字符串。该方法简洁、易读、不易出错，而且速度更快。因此，推荐使用 f-string 进行字符串格式化。其使用方法为在字符串前加前缀 f 或 F，再通过 {expression} 表达式，把 Python 表达式的值添加到字符串内，从而实现格式化字符串。其中，expression 可以是字符串类型，也可以是整型、浮点型或者复杂类型等，在运行时会自动求值并转换成字符串形式。在使用 f-string 时，主要有两方面的应用，一方面是拼接字符串，另一方面是格式化填充。下面分别进行介绍。

（1）拼接字符串

使用 f-string 实现拼接字符串比较简单。首先定义一些要进行拼接的变量，变量的类型可以字符串类型、整型、浮点型、列表、元组等。然后根据需要将所定义的变量填入 f-string 的 {expression} 表达式中。

例如，定义两个变量 name 和 url，使用 f-string 将其拼接在一起输出（中间使用一个制表位（\t）分隔），代码如下：

```
01    name = ' 吉林省明日科技有限公司 '
02    url = 'www.mingrisoft.com'
03    print(f'{name}\t{url}')
```

程序运行后，将显示如图 9.20 所示的效果。

图 9.20　使用 f-string 拼接两个字符串变量

👑 **多学两招：**

使用 f-string 时，在 {expression} 表达式中，也可以填入计算表达式，例如，要输出 10 个空格，可以使用 {" "*10}。

（2）格式化填充

使用 f-string 可以使用格式说明符实现格式化填充。使用格式说明符进行格式化填充的语法格式如下：

```
f'var:fill align sign # width , .precision type'
```

参数说明：

● var：必选项，用于指定要显示的变量。

● :：必选项，用于表示后面将指定格式说明符。

● fill：可选项，用于指定空白处填充的字符。通常与 width 一起使用，实现格式化为指定长度，不足位数使用 fill 指定的字符填充。

● align：可选项，用于指定对齐方式（值为 "<" 时表示内容左对齐；值为 ">" 时表示内容右对齐；值为 "=" 时表示数字填充，只对数字类型有效，即将数字放在填充字符的最右侧，如果是负数，则负号放置在填充内容的左侧，正数不显示符号；值为 "^" 时表示居中对齐），需要配合 width 一起使用。

● sign：可选项，用于指定有无符号数（值为 "+" 表示正数加正号，负数加负号；值为 "-" 表示正数不变，负数加负号；值为空格表示正数加空格，负数加负号）。

● #：可选项，对于二进制数、八进制数和十六进制数，如果加上 #，表示会显示 0b/0o/0x 前缀，否则不显示前缀。

● width：可选参数，用于指定所占宽度。

● .precision：可选参数，用于指定保留的小数位数。

● type：可选参数，用于指定类型，常用的类型请参见表 9.2。

例如，定义 3 个变量，然后应用 f-string 实现不同形式的格式化填充，代码如下：

```
01   pi = 3.14159
02   a = 9
03   b = -6
04   print(f'π值: {pi:.2f}')                    # 格式为保留两位小数的浮点数
05   print(f'{b:0=9}')                          # 数字填充，负号放在最左侧，使用 0 填充
06   print(f'{a:*>6}')                          # 内容右对齐，使用 * 填充
```

程序运行结果如下。

```
π值: 3.14
-00000006
*****9
```

（源码位置：资源包 \Code\09\05 ）

[实例 9.5]

格式化不同的数值类型数据（f-string 版）

在 IDLE 中创建一个名称为 formatnum.py 的文件，然后在该文件中将不同类型的数据进行格式化并输出，代码如下：

```
01   import math                              # 导入 Python 的数学模块
02   # 以货币形式显示
03   print(f'1314+3950 的结果是（以货币形式显示）：￥{1314+3950:,.2f} 元 ')
04   x = 120000.1
05   y = 100
06   print(f'{x:.1f} 用科学计数法表示：{x:E}')          # 用科学计数法表示
07   print(f'π 取 4 位小数: {math.pi:.4f}')           # 输出小数点后 4 位
08   print(f'{y:d} 的十六进制结果是: {y:#x}')          # 输出十六进制数
09   z1 = 0.01
10   z2 = 0.99
11   # 输出百分比，并且不带小数
12   print(f' 天才是由 {z1:.0%} 的灵感，加上 {z2:.0%} 的汗水 。')
```

运行实例，将显示如图 9.21 所示的结果。

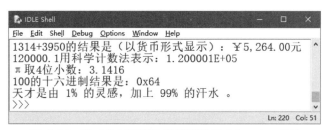

图 9.21　格式化不同的数值类型数据（f-string 版）

📝　注意：

① 在 f-string 中，如果想要在大括号外输出大括号 "{}"，需要使用 "{{}}" 代替。

② 大括号内使用的引号不能和大括号外的引号定界符的引号冲突，需根据情况灵活切换。另外，大括号外的引号还可以使用 \ 转义，但大括号内不能使用 \ 转义。如果大括号内需要使用反斜杠转义的值，则需创建临时变量。例如，下面将输出字符串中 "|" 替换为 "\t" 的代码。

```
01   name = ' 吉林省 | 明日科技 | 有限公司 '
02   print(f'{name.replace("|","\t")}\t{url}')
```

运行后将显示如图 9.22 所示错误，需要将其修改为以下代码方可解决。

```
01   name = ' 吉林省 | 明日科技 | 有限公司 '.replace('|','\t')
02   url = 'www.mingrisoft.com'
03   print(f'{name}\t{url}')
```

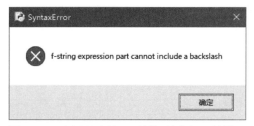

图 9.22　大括号内使用反斜杠转义提示的错误

9.8 字符串编码转换

最早的字符串编码是美国标准信息交换码，即 ASCII 码。它仅对 10 个数字、26 个大写英文字母、26 个小写英文字母及一些其他符号进行了编码。ASCII 码最多只能表示 256 个符号，每个字符占一个字节。随着信息技术的发展，各国的文字都需要进行编码，于是出现了 GBK、GB2312、UTF-8 编码等。其中 GBK 和 GB2312 是我国制定的中文编码标准，使用 1 个字节表示英文字母，2 个字节表示中文字符。而 UTF-8 是国际通用的编码，对全世界所有国家需要用到的字符都进行了编码。UTF-8 采用 1 个字节表示英文字符、3 个字节表示中文字符。在 Python 3.X 中，默认采用的编码格式为 UTF-8，采用这种编码有效地解决了中文乱码的问题。

在 Python 中，有两种常用的字符串类型，分别为 str 和 bytes。其中，str 表示 Unicode 字符（ASCII 或者其他）；bytes 表示二进制数据（包括编码的文本）。这两种类型的字符串不能拼接在一起使用。通常情况下，str 在内存中以 Unicode 表示，一个字符对应若干个字节。但是如果在网络上传输或者保存到磁盘上，就需要把 str 转换为字节类型，即 bytes 类型。

> 👑 说明：
>
> bytes 类型的数据是带有 b 前缀的字符串（用单引号或双引号表示），例如，b'\xd2\xb0' 和 b'mr' 都是 bytes 类型的数据。

str 类型和 bytes 类型之间可以通过 encode() 和 decode() 方法进行转换，这两种方法的过程是互逆的。

9.8.1 使用 encode() 方法编码

encode() 方法为 str 对象的方法，用于将字符串转换为二进制数据（即 bytes），也称为"编码"，其语法格式如下：

```
str.encode([encoding="utf-8"][,errors="strict"])
```

参数说明：

● str：表示要进行转换的字符串。

● encoding="utf-8"：可选参数，用于指定进行转码时采用的字符编码，默认为 UTF-8，如果想使用简体中文，也可以设置为 gb2312。当只有这一个参数时，也可以省略前面的"encoding="，直接写编码。

● errors="strict"：可选参数，用于指定错误处理方式，其可选择值可以是 strict（遇到非法字符就抛出异常）、ignore（忽略非法字符）、replace（用"?"替换非法字符）或 xmlcharrefreplace（使用 XML 的字符引用）等，默认值为 strict。

> 👑 说明：
>
> 在使用 encode() 方法时，不会修改原字符串，如果需要修改原字符串，需要对其进行重新赋值。

例如，定义一个名称为 verse 的字符串，内容为"直挂云帆济沧海"，然后使用 encode() 方法将其采用 GBK 编码转换为二进制数，并输出原字符串和转换后的内容，代码如下：

```
01  verse = '直挂云帆济沧海'
02  byte = verse.encode('GBK')              # 采用 GBK 编码转换为二进制数据，不处理异常
03  print('原字符串：',verse)                 # 输出原字符串（没有改变）
04  print('转换后：',byte)                    # 输出转换后的二进制数据
```

上面的代码执行后，将显示以下内容：

```
原字符串：直挂云帆济沧海
转换后：b'\xd6\xb1\xb9\xd2\xd4\xc6\xb7\xab\xbc\xc3\xb2\xd7\xba\xa3'
```

如果采用 UTF-8 编码，转换后的二进制数据为：

```
b'\xe7\x9b\xb4\xe6\x8c\x82\xe4\xba\x91\xe5\xb8\x86\xe6\xb5\x8e\xe6\xb2\xa7\xe6\xb5\xb7'
```

9.8.2 使用 decode() 方法解码

decode() 方法为 bytes 对象的方法，用于将二进制数据转换为字符串，即将使用 encode() 方法转换的结果再转换为字符串，也称为"解码"。语法格式如下：

```
bytes.decode([encoding="utf-8"][,errors="strict"])
```

参数说明：

● bytes：表示要进行转换的二进制数据，通常是 encode() 方法转换的结果。

● encoding="utf-8"：可选参数，用于指定进行解码时采用的字符编码，默认为 UTF-8，如果想使用简体中文，也可以设置为 gb2312。当只有这一个参数时，也可以省略前面的 "encoding="，直接写编码。

> 👑 注意：
> 在设置解码采用的字符编码时，需要与编码时采用的字符编码一致。

● errors="strict"：可选参数，用于指定错误处理方式，其可选择值可以是 strict（遇到非法字符就抛出异常）、ignore（忽略非法字符）、replace（用 "?" 替换非法字符）或 xmlcharrefreplace（使用 XML 的字符引用）等，默认值为 strict。

> 👑 说明：
> 在使用 decode() 方法时，不会修改原字符串，如果需要修改原字符串，需要对其进行重新赋值。

例如，将 9.8.1 小节中的示例编码后会得到二进制数据（保存在变量 byte 中），要进行解码可以使用下面的代码：

```
print('解码后：',byte.decode("GBK"))   # 对二进制数据进行解码
```

上面的代码执行后，将显示以下内容：

```
解码后：直挂云帆济沧海
```

本章知识思维导图

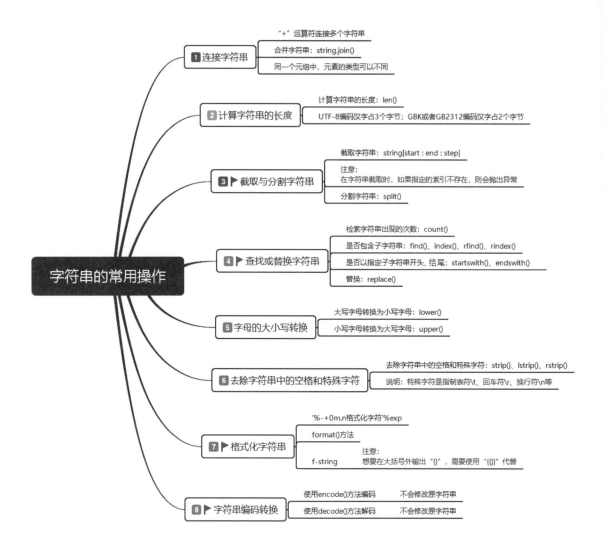

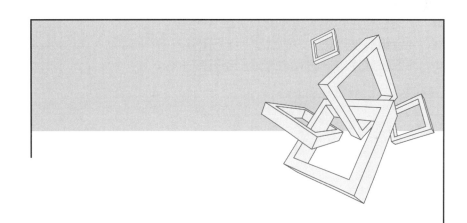

Python

从零开始学　Python

第2篇
进阶篇

第 10 章
正则表达式操作

扫码领取
► 配套视频
► 配套素材
► 学习指导
► 交流社群

 本章学习目标

- 掌握如何创建模式字符串
- 熟练掌握使用 re 模块实现正则表达式操作的方法
- 熟练掌握 Python 支持的正则表达式的语法
- 灵活应用正则表达式匹配字符串
- 熟练掌握使用正则表达式替换字符串
- 熟练掌握使用正则表达式分割字符串

10.1　在 Python 中使用正则表达式

正则表达式是处理字符串的强大工具，拥有自己独特的语法和处理引擎。它并不是 Python 的一部分，在多数语言中都可用。例如，在 Windows 的资源管理器中，在右上角的搜索栏中，输入"*.txt"，并按下 <Enter> 键，所有".txt"文件将会被列出来，如图 10.1 所示。这里的"*.txt"即可理解为一个简单的正则表达式。

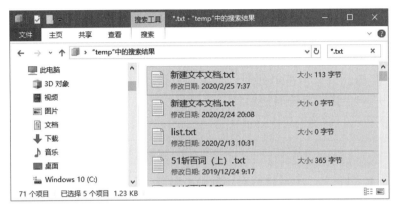

图 10.1　Windows 的资源管理器

在 Python 中，使用正则表达式的一般步骤为：

① 根据正则表达式的语法创建正则表达式字符串，即模式字符串。

② 将正则表达式字符串编译为 re.Pattern（模式）实例。

③ 使用 Pattern 实例或者 re 模块的方法（如果使用该方法步骤②可以省略）处理文本并获得匹配结果。匹配结果为一个 Match（匹配）对象。

④ 通过 Match 对象提供的相应的属性和方法获得信息。

10.1.1　创建模式字符串

在 Python 中使用正则表达式时，是将其作为模式字符串使用的。例如，将匹配一个大写字母的正则表达式表示为模式字符串，可以使用引号将其括起来，如下面的代码：

```
'[A-Z]'
```

👑 说明：

在创建模式字符串时，可以使用单引号、双引号或者三引号，但推荐使用单引号，不建议使用三引号。

而如果将匹配以字母 s 开头的单词的正则表达式转换为模式字符串，则不能直接在其两侧添加引号定界符，例如，下面的代码是不正确的。

```
'\bs\w*\b
```

而是需要将其中的"\"进行转义，转换后的结果为：

```
'\\bs\\w*\\b'
```

由于模式字符串中可能包括大量的特殊字符和反斜杠，所以需要写为原生字符串，即在模式字符串前加 r 或 R。例如，上面的模式字符串采用原生字符串表示就是：

```
r'\bs\w*\b'
```

👑 说明：

在编写模式字符串时，并不是所有的反斜杠都需要进行转换，例如，正则表达式"^\d{8}$"中的反斜杠就不需要转义，因为其中的 \d 并没有特殊意义。不过，为了编写方便，本书中所写正则表达式都采用原生字符串表示。

10.1.2　使用 re 模块实现正则表达式操作

Python 提供了 re 模块，用于实现正则表达式的操作。在实现时，可以先使用 re 模块的 compile() 方法将模式字符串转换为 Pattern 对象，再使用该对象提供的方法例如 search()、match()、findall() 等，进行字符串处理；也可以直接使用 re 模块提供的方法例如 search()、match()、findall() 等，进行字符串处理。

re 模块在使用时，需要先应用 import 语句引入，具体代码如下：

```
import re
```

如果在使用 re 模块时，未将其引入，将抛出如图 10.2 所示的异常。

```
Traceback (most recent call last):
  File "E:\program\Python\Code\test.py", line 22, in <module>
    pattern =re.compile(pattern)
NameError: name 're' is not defined
>>>
```

图 10.2　未引入 re 模块异常

下面先介绍使用 re 模块的 compile() 方法将正则表达式字符串（也称模式字符串）转换为 Pattern 对象。compile() 方法的语法格式如下：

```
re.compile(strPattern, flags)
```

参数说明如下：

● strPattern：表示模式字符串，由要匹配的正则表达式转换而来。

● flags：可选参数，表示标志位，用于控制匹配方式，如是否区分字母大小写。常用的标志如表 10.1 所示。

表 10.1　常用标志

标志	说明
A 或 ASCII	对于 \w、\W、\b、\B、\d、\D、\s 和 \S 只进行 ASCII 匹配（仅适用于 Python 3.x）
I 或 IGNORECASE	执行不区分字母大小写的匹配
M 或 MULTILINE	将 ^ 和 $ 用于包括整个字符串的开始和结尾的每一行（默认情况下，仅适用于整个字符串的开始和结尾处）
S 或 DOTALL	使用（.）字符匹配所有字符，包括换行符
X 或 VERBOSE	忽略模式字符串中未转义的空格和注释

● 返回值：Pattern 对象。该对象提供了 search()、match()、findall()、finditer() 等方法用于匹配字符串。

[实例 10.1]

（源码位置：资源包 \Code\10\01 ）

匹配一个大写字母

创建一个 Python 文件，并且在该文件中，创建一个 Pattern 对象，用于匹配一个大写字母，并且调用 search() 方法匹配字符串，代码如下：

```python
01  import re
02  # 将正则表达式编译成 Pattern 对象
03  pattern = re.compile(r'[A-Z]')                  # 区分字母大小写
04  match = pattern.match('stay hungry, stay foolish')
05  if match:
06      # 调用 Match 对象的 group() 方法获得一个或多个分组截获的字符串
07      print(match.group())
08  else:
09      print(' 没有匹配成功! ')
```

运行上面的代码，结果如下：

没有匹配成功!

如果想要匹配一个字母，不区分字母大小写，代码如下：

```python
01  import re
02  # 将正则表达式编译成 Pattern 对象
03  pattern = re.compile(r'[A-Z]' ,re.I)            # 不区分字母大小写
04  match = pattern.search('stay hungry, stay foolish')
05  if match:
06      # 调用 Match 对象的 group() 方法获得一个或多个分组截获的字符串
07      print(match.group())
08  else:
09      print(' 没有匹配成功! ')
```

运行上面的代码，结果如下：

s

10.2 Python 支持的正则表达式语法

正则表达式可以包含普通或者特殊字符。绝大部分普通字符，如 'A'、'a' 或者 '0'，都是最简单的正则表达式，它们就匹配自身。而对于特殊字符，它们有不同的意义，下面分别进行介绍。

10.2.1 字符和字符集

在正则表达式中提供了一些字符或者字符集，用于匹配单个字符或者多个字符，常用的字符和字符集如表 10.2 所示。

表 10.2　常用字符和字符集

字符字符集	说明	举例
.	匹配除换行符（\n）以外的任意字符	. 可以匹配 "mr\nM\tR" 中的字符 m、r、M、\t、R
[...]	字符集。其中的字符可以逐个列出，也可以列出范围	[mr] : 匹配 "mrsoft" 中的 m、r [a-f] : 匹配 "abcdefg" 中的 a、b、c、d、e、f

续表

字符字符集	说明	举例
[^…]	将^放在字符集的开始位置，表示排除字符集中所列字符	[^mr]：匹配"mrsoft"中的s、o、f、t [^a-f]：匹配"abcdefg"中的g
^	匹配字符串的开头。在多行模式中，匹配每一行的开头	^w：匹配"what is this?world"的what中的w，而不能匹配world中的w
$	匹配字符串末尾。在多行模式中匹配每一行的末尾	e$：匹配"Business before pleasure"的pleasure中的e，而不能匹配before中的e
\w	匹配字母、数字、下划线或汉字	\w可以匹配"中m7r\n"中的"中、m、7、r"，但不能匹配\n
\W	匹配除字母、数字、下划线或汉字以外的字符	\W可以匹配"中m7r\n"中的\n，但不能匹配"中、m、7、r"
\s	匹配单个的空白符（包括\t和\n）	\s可以匹配"mr\tMR"中的\t
\S	除单个空白符（包括\t和\n）以外的所有字符	\S可以匹配"mr\tMR"中的m、r、M、R
\b	匹配单词的开始或结束，单词的分界符通常是空格、标点符号或者换行	\bw：匹配"what is this?world"字符串中what和world中的w s\b：匹配"what is this?world"字符串中is和this中的s
\B	与\b相反，在内容左侧时表示匹配单词的结束，在内容右侧时表示匹配单词的开始，单词的分界符通常是空格、标点符号或者换行	\Bs：匹配"what is this?world"字符串中is和this中的s w\B：匹配"what is this?world"字符串中what和world中的w
\d	匹配数字0～9，相当于[0-9]	\d可以与"m7ri"中的字符7匹配
\D	匹配非数字（包括空格、\n、\t、\r等）	\D匹配"mr\t001"中的m、r、\t

[实例10.2]

（源码位置：资源包 \Code\10\02）

匹配字符串中的第一个数字

创建一个 Python 文件，并且在该文件中应用正则表达式匹配字符串中的第一个数字，代码如下：

```
01  import re
02  # 将正则表达式编译成 Pattern 对象
03  pattern = re.compile(r'\d')
04  search = pattern.search(' 寻找 007')
05  if search:
06      # 调用 Match 对象的 group() 方法获得一个或多个分组截获的字符串
07      print(search.group())
08  else:
09      print(' 没有匹配成功！')
```

运行结果如下：

```
0
```

👑 说明：

在 [...] 中如果要使用 -、^，则需要在前面加上转义字符，如 [\^] 则匹配 ^。如果不加上转义字符，则抛出如图 10.3 所示的异常。

图 10.3　使用不转义字符 ^ 抛出的异常

👑 技巧：

要想匹配给定字符串中任意一个汉字，可以使用 [\u4e00-\u9fa5]。

10.2.2　限定符

使用 \d 可以匹配一个数字。那么如果想匹配特定数量的数字，该如何表示呢？正则表达式为我们提供了限定符（指定数量的字符）来实现该功能。如匹配 8 位 QQ 号，可用如下正则表达式：

```
^\d{8}$
```

常用的限定符如表 10.3 所示。

表 10.3　常用限定符

限定符	说明	举例
?	匹配前面的字符零次或一次	colou?r，该表达式可以匹配 colour 和 color
+	匹配前面的字符一次或多次	go+gle，该表达式可以匹配的范围从 google 到 goo…gle
*	匹配前面的字符零次或多次	go*gle，该表达式可以匹配的范围从 ggle 到 go…gle
{n}	匹配前面的字符 n 次	go{2}gle，该表达式只匹配 google
{n,}	匹配前面的字符最少 n 次	go{2,}gle，该表达式可以匹配的范围从 google 到 goo…gle
{n,m}	匹配前面的字符最少 n 次，最多 m 次	employe{0,2}，该表达式可以匹配 employ、employe 和 employee 这 3 种情况

👑 说明：

在 Python 里，限定符默认采用贪婪模式，即总是尝试匹配尽可能多的字符；如果在限定符后面直接加上一个问号？就变成非贪婪模式。非贪婪模式总是尝试匹配尽可能少的字符。例如：正则表达式 "bo{0,2}" 如果查找 "book"，将找到 "boo"；而如果使用非贪婪的限定词 "bo{0,2}?"，将找到 "b"。

✒ [实例 10.3]　　　　　　　　　　　　　　　　　　　（源码位置：资源包 \Code\10\03）

匹配字符串中的 3 个数字

创建一个 Python 文件，并且在该文件中应用正则表达式匹配字符串中的 3 个数字，代码如下：

141

```
01    import re
02    # 将正则表达式编译成 Pattern 对象
03    pattern = re.compile(r'\d{3}')
04    search = pattern.search(' 寻找 007')
05    if search:
06        # 调用 Match 对象的 group() 方法获得一个或多个分组截获的字符串
07        print(search.group())
08    else:
09        print(' 没有匹配成功! ')
```

运行结果如下:

```
007
```

10.2.3　选择与分组

试想一下，如何匹配身份证号码？首先需要了解一下身份证号码的规则。身份证号码长度为 15 位或者 18 位。如果为 15 位时，则全为数字；如果为 18 位时，前 17 位为数字，最后一位是校验位，可能为数字或字符 X。

在上面的描述中，包含着条件选择的逻辑，这就需要使用选择字符 | 和分组符号来实现。Python 中常用的选择与分组符号如表 10.4 所示。

表 10.4　常用的选择与分组符号

符号	说明	举例
|	"或"操作，表示左右表达式任选一个。总是先匹配左表达式，如果成功，就不再匹配右表达式	黑客|Trojan：将匹配字符串"看黑客方面的图书，研究 Trojan"中的黑客和 Trojan
(...)	分组，被小括号括起来的表达式将被作为一个分组，如果表达式中使用 |，则只在该组中有效	(\.[0-9]{1,3}){3}：将匹配 127.0.0.1 中的 .0.0.1。在使用 re.findall() 方法匹配时，结果为 .1
(?:...)	(...) 的不分组版本，用在使用 | 或者后接限定符时	(?:\.[0-9]{1,3}){3}：将匹配 127.0.0.1 中的 .0.0.1。在使用 re.findall() 方法匹配时，结果为 .0.0.1
(?=...)	之后的字符串内容需要匹配表达式才算匹配成功	Q(?=\d)：匹配"3Q 和 Q3"中的 Q3 中的 Q
(?<=...)	之前的字符串内容需要匹配表达式才算匹配成功	(?<=\d)Q：匹配"3Q 和 Q3"中的 3Q 中的 Q
(?!...)	之后的字符串内容需要不匹配表达式才算匹配成功	Q(?!\d)：匹配"3Q 和 Q3"中的"3Q 和"中的 Q
(?<!...)	之前的字符串内容需要不匹配表达式才算匹配成功	(?<!\d)Q：匹配"3Q 和 Q3"中的"和 Q3"中的 Q

👑　注意:

在使用 | 进行或操作时，| 左右两侧不允许有空格。

例如，匹配身份证的表达式可以写成如下方式:

```
(^\d{15}$)|(^\d{18}$)|(^\d{17})(\d|X|x)$
```

该表达式的意思是匹配 15 位数字，或者 18 位数字，或者 17 位数字和最后一位。最后一位可以是数字或者是 X 或者是 x。

👑　说明:

当使用 re.findall() 方法匹配带限定符的分组内容时，匹配的结果中只包括限定符所指定的最后一次匹配的结果。例如，匹配 4 位 IP 地址中的除第一位外的 3 位，代码如下:

```
01    import re
02    pattern = re.compile(r'(\.[0-9]{1,3}){3}')
03    search = pattern.findall(' 我的 IP 地址是 127.0.0.1。')
04    print(search)
```

运行结果如下：

```
['.1']
```

并不是想要的 .0.0.1。这是因为 re.findall() 方法返回的匹配结果为重复 3 次中最后一次匹配的内容，即第 3 次匹配的内容。如果想得到 .0.0.1，那么可以使用 (?:...)，代码如下：

```
01    import re
02    pattern = re.compile(r'(?:\.[0-9]{1,3}){3}')
03    search = pattern.findall(' 我的 IP 地址是 127.0.0.1。')
04    print(search)
```

运行结果如下：

```
['.0.0.1']
```

10.3 使用正则表达式操作字符串

使用正则表达式可以对字符串进行匹配、替换、分割等操作，下面分别进行介绍。

10.3.1 匹配字符串

匹配字符串可以使用 Pattern 对象或者 re 模块提供的 match()、search()、findall() 和 finditer() 等方法。下面以 re 模块提供的方法为例分别进行介绍。

（1）使用 match() 方法进行匹配

match() 方法用于从字符串的开始处进行匹配，如果在起始位置匹配成功，则返回 Match 对象，否则返回 None。其语法格式如下：

```
re.match(pattern, string, flags)
```

参数说明如下：

● pattern：表示模式字符串，由要匹配的正则表达式转换而来。

● string：表示要匹配的字符串。

● flags：可选参数，表示标志位，用于控制匹配方式，如是否区分字母大小写。常用的标志如表 10.1 所示。

例如，匹配字符串是否以"mr_"开头，不区分字母大小写，代码如下：

```
01    import re
02    pattern = r'mr_\w+'                              # 匹配以 mr_ 开头的模式字符串
03    string = 'MR_star mr_star'                       # 要匹配的字符串
04    match = re.match(pattern,string,re.I)            # 匹配字符串，不区分大小写
05    print(match)                                     # 输出匹配结果
06    string = ' 项目名称 MR_STAR mr_star'              # 
07    match = re.match(pattern,string,re.I)            # 匹配字符串，不区分大小写
08    print(match)                                     # 输出匹配结果
```

执行结果如下。

```
<_sre.SRE_Match object; span=(0, 7), match='MR_STAR'>
None
```

从上面的执行结果中可以看出，字符串"MR_STAR"是以"mr_"开头，所以返回一个 Match 对象，而字符串"项目名称 MR_STAR"，则不是以"mr_"开头，所以返回"None"。这是因为 match() 方法从字符串的开始位置开始匹配，当第一个字母不符合条件时，则不再进行匹配，直接返回 None。

Match 对象中包含了匹配值的位置和匹配数据。其中，要获取匹配值的起始位置可以使用 Match 对象的 start() 方法；要获取匹配值的结束位置可以使用 end() 方法；通过 span() 方法可以返回匹配位置的元组；通过 string 属性可以获取要匹配的字符串。例如下面的代码：

```
01   import re
02   pattern = r'mr_\w+'                         # 匹配以 mr_ 开头的模式字符串
03   string = 'MR_STAR mr_star'                  # 要匹配的字符串
04   match = re.match(pattern,string,re.I)       # 匹配字符串，不区分大小写
05   print('匹配值的起始位置: ',match.start())
06   print('匹配值的结束位置: ',match.end())
07   print('匹配位置的元组: ',match.span())
08   print('要匹配的字符串: ',match.string)
09   print('匹配数据: ',match.group())
```

执行结果如下。

```
匹配值的起始位置: 0
匹配值的结束位置: 7
匹配位置的元组: (0, 7)
要匹配字符串: MR_STAR mr_star
匹配数据: MR_STAR
```

（2）使用 search() 方法进行匹配

search() 方法用于在整个字符串中搜索第一个匹配的值，如果在起始位置匹配成功，则返回 Match 对象，否则返回 None。其语法格式如下：

```
re.search(pattern, string, flags)
```

参数说明如下：

● pattern：表示模式字符串，由要匹配的正则表达式转换而来。

● string：表示要匹配的字符串。

● flags：可选参数，表示标志位，用于控制匹配方式，如是否区分字母大小写。常用的标志如表 10.1 所示。

● 返回值：如果匹配成功，则返回一个 Match 对象，否则返回 None。

例如，搜索第一个以"mr_"开头的字符串，不区分字母大小写，代码如下：

```
01   import re
02   pattern = r'mr_\w+'                              # 匹配以 mr_ 开头的模式字符串
03   string = 'MR_STAR mr_star'                       # 要匹配的字符串
04   match = re.search(pattern,string,re.I)           # 搜索字符串，不区分大小写
05   print(match)                                     # 输出匹配结果
06   string = '项目名称 MR_STAR mr_star'
07   match = re.search(pattern,string,re.I)           # 搜索字符串，不区分大小写
08   print(match)                                     # 输出匹配结果
```

执行结果如下。

```
<_sre.SRE_Match object; span=(0, 7), match='MR_STAR'>
<_sre.SRE_Match object; span=(4, 11), match='MR_STAR'>
```

（3）使用 findall() 方法进行匹配

findall() 方法用于在整个字符串中搜索所有符合正则表达式的字符串，并以列表的形式返回（列表的每一个元素是一个分组的结果；如果不包括或者只包括一个分组，则每个元素都是匹配的字符串；如果包括多个分组，则每个元素都是一个元组；空匹配也会包含在结果里）。如果匹配成功，则返回包含匹配结果的列表，否则返回空列表。其语法格式如下：

```
re.findall(pattern, string, flags)
```

参数说明如下：

● pattern：表示模式字符串，由要匹配的正则表达式转换而来。

● string：表示要匹配的字符串。

● flags：可选参数，表示标志位，用于控制匹配方式，如是否区分字母大小写。常用的标志如表 10.1 所示。

例如，搜索以"mr_"开头的字符串，代码如下：

```
01   import re
02   pattern = r'mr_\w+'                       # 匹配以 mr_ 开头的模式字符串
03   string = 'MR_STAR mr_star'                # 要匹配的字符串
04   match = re.findall(pattern,string,re.I)   # 搜索字符串，不区分大小写
05   print(match)                              # 输出匹配结果
06   string = ' 项目名称 MR_STAR mr_star'
07   match = re.findall(pattern,string)        # 搜索字符串，区分大小写
08   print(match)                              # 输出匹配结果
```

执行结果如下。

```
['MR_STAR', 'mr_star']
['mr_star']
```

 [实例 10.4]

（源码位置：资源包 \Code\10\04）

findall() 方法多分组匹配示例

在 findall() 方法中，如果模式字符串中包括多个分组时，则返回结果为元组列表。例如，匹配至少 3 位的数字或者首字符大写的单词，代码如下：

```
01   import re                                 # 导入 Python 的 re 模块
02   pattern = re.compile(r'(\d{3,})|([A-Z][a-z]*)')
03   search = pattern.findall(' 我是 007 号程序员，我喜欢看黑客方面的图书，想研究一下 Trojan。加油！ 007')
04   print(search)
```

运行结果如下：

```
[('007', ''), ('', 'Trojan'), ('007', '')]
```

从上面的结果中可以看出，返回的列表的每一个元素都是一个元组。当第一个分组匹

配成功时，元组的第一个元素为匹配的结果，第二个元素为空；当第二个分组匹配成功时，元组的第一个元素为空，第二个元素为匹配的结果。以此类推，有几个分组元组就有几个元素。如果只想得到符合条件的元素，可以使用下面的代码。

```
01    import re                              # 导入 Python 的 re 模块
02    pattern = re.compile(r'(\d{3,})|([A-Z][a-z]*)')
03    search = pattern.findall(' 我是 007 号程序员，我喜欢看黑客方面的图书，想研究一下 Trojan。加油！ 007')
04    for item in search:                     # 遍历列表
05        for s in item:                      # 遍历元组
06            if s !='':                       # 如果不为空时输出
07                print(s)
```

运行结果如下：

```
007
Trojan
007
```

👑 说明：

使用 findall() 方法时，如果指定的模式字符串中包括带限定符的分组时，匹配的结果中只包括限定符所指定的最后一次匹配的结果。

（4）使用 finditer() 方法进行匹配

finditer() 方法用于在整个字符串中搜索所有符合正则表达式的字符串，并以迭代器（iterator）形式返回（该迭代器为 Match 对象）。其语法格式如下：

```
re.findall(pattern, string, flags)
```

参数说明如下：

● pattern：表示模式字符串，由要匹配的正则表达式转换而来。

● string：表示要匹配的字符串。

● flags：可选参数，表示标志位，用于控制匹配方式，如是否区分字母大小写。常用的标志如表 10.1 所示。

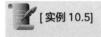 **[实例 10.5]**

（源码位置：资源包 \Code\10\05 ）

finditer() 方法多分组匹配示例

将 [实例 10.4] 的代码中的 findall() 方法修改为 finditer() 方法，代码如下：

```
01    import re                              # 导入 Python 的 re 模块
02    pattern = re.compile(r'(\d{3,})|([A-Z][a-z]*)')
03    search = pattern.finditer(' 我是 007 号程序员，我喜欢看黑客方面的图书，想研究一下 Trojan。加油！ 007')
04    print(search)
```

运行结果如下：

```
<callable_iterator object at 0x000001DDB48C0730>
```

从上面的结果中，可以看出 finditer() 方法的返回值为迭代对象。该迭代对象为 Match 对象，可以通过 for 语句遍历该对象，将上面代码的最后一行代码修改为以下内容：

```
01   for item in search:
02       print(item.group())
```

运行结果如下：

```
007
Trojan
007
```

👑 说明：

findall() 方法和 finditer() 方法除了在匹配结果的类型上不同外，在涉及带限定符的分组时，匹配的结果也不同。使用 findall() 方法时，匹配结果中只包括限定符所指定的最后一次匹配的结果。例如，10.2.3 小节中匹配 4 位 IP 地址中的除第一位外的 3 位代码中将 findall() 方法修改为 finditer() 方法，将直接得到想要的结果 ".0.0.1"。代码如下：

```
01   import re                              # 导入 Python 的 re 模块
02   pattern = re.compile(r'(\.[0-9]{1,3}){3}')
03   search = pattern.finditer(' 我的 IP 地址是 127.0.0.1。')
04   for item in search:
05       print(item.group())
```

运行结果如下：

```
.0.0.1
```

10.3.2 替换字符串

sub() 方法用于实现字符串替换。其语法格式如下：

```
re.sub(pattern, repl, string, count, flags)
```

参数说明如下：

● pattern：表示模式字符串，由要匹配的正则表达式转换而来。
● repl：表示替换的字符串。
● string：表示要被查找替换的原始字符串。
● count：可选参数，表示模式匹配后替换的最大次数，默认值为 0，表示替换所有的匹配。
● flags：可选参数，表示标志位，用于控制匹配方式，如是否区分字母大小写。常用的标志如表 10.1 所示。

例如，隐藏中奖信息中的手机号码，代码如下：

```
01   import re
02   pattern = r'1[34578]\d{9}'                   # 定义要替换的模式字符串
03   string = ' 中奖号码为: 84978981 联系电话为: 13611111111'
04   result = re.sub(pattern,'1XXXXXXXXXX',string)    # 替换字符串
05   print(result)
```

执行结果如下。

```
中奖号码为: 84978981 联系电话为: 1XXXXXXXXXX
```

[实例 10.6]
（源码位置：资源包 \Code\10\06）

替换出现的违禁词

在电商平台中，商品评价将直接影响着用户的购买欲望。对于出现的差评，好的解决

方法就是及时给予回复。为了规范回复内容，在京东平台中，会自动检查是否出现违禁词（如天猫、当当、唯一、神效）。编写一段 Python 代码，实现替换一段文字中出现的违禁词，代码如下：

```
01    import re                                    # 导入 Python 的 re 模块
02    pattern = r'天猫|当当|唯一|神效'              # 模式字符串
03    about = '质量上乘，价格实惠，比天猫、当当还便宜。'
04    print('\n 原内容: ',about)
05    sub = re.sub(pattern, '@_@', about)           # 进行模式替换
06    print(' 替换后: ',sub)
```

实例运行效果如图 10.4 所示。

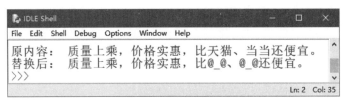

图 10.4　替换出现的违禁词

10.3.3　分割字符串

split() 方法用于实现根据正则表达式分割字符串，并以列表的形式返回。其作用与 9.3.2 节介绍的字符串对象的 split() 方法类似，所不同的就是分隔符由模式字符串指定。其语法格式如下：

```
re.split(pattern, string, maxsplit, flags)
```

参数说明如下：
- pattern：表示模式字符串，由要匹配的正则表达式转换而来。
- string：表示要匹配的字符串。
- maxsplit：可选参数，表示最大的拆分次数。
- flags：可选参数，表示标志位，用于控制匹配方式，如是否区分字母大小写。常用的标志如表 10.1 所示。

例如，从给定的 URL 地址中提取出请求地址和各个参数，代码如下：

```
01    import re
02    pattern = r'[?|&]'                           # 定义分隔符
03    url = 'http://www.mingrisoft.com/login.jsp?username="mr"&pwd="mrsoft"'
04    result = re.split(pattern,url)               # 分割字符串
05    print(result)
```

执行结果如下。

```
['http://www.mingrisoft.com/login.jsp', 'username="mr"', 'pwd="mrsoft"']
```

本章知识思维导图

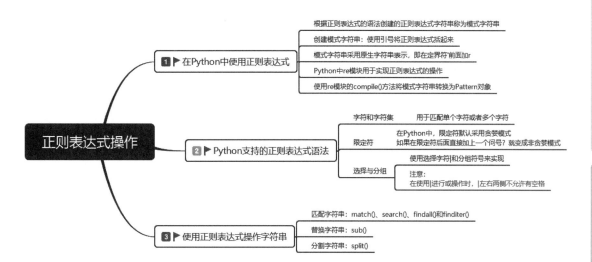

第 11 章
字典与集合

扫码领取
➤ 配套视频
➤ 配套素材
➤ 学习指导
➤ 交流社群

 本章学习目标

- 熟练掌握如何创建字典
- 掌握删除字典的方法
- 熟练掌握访问和遍历字典的方法
- 熟练掌握如何添加、修改和删除字典元素
- 灵活应用字典推导式
- 掌握如何创建集合
- 熟练掌握向集合中添加及删除元素的方法
- 熟练掌握集合的交集、并集和差集运算

11.1　字典（dictionary）

在 Python 中，除了前面章节中介绍的序列数据结构外，还包括字典和集合两种不重复且无序的数据结构，也称为"非序列数据结构"。字典和列表类似，也是可变序列，不过与列表不同，它是无序的可变序列，保存的内容是以"键 - 值对"的形式存放的。这类似于新华字典，它可以把拼音和汉字关联起来，通过音节表可以快速找到想要的汉字。其中，音节表相当于键（key），而对应的汉字相当于值（value）。键是唯一的，而值可以有多个。字典在定义一个包含多个命名字段的对象时很有用。

📖 说明：

Python 中的字典相当于 Java 或者 C++ 中的 Map 对象。

字典的主要特征如下。

① 通过键而不是通过索引来读取。

字典有时也被称为关联数组或者散列表（hash）。它是通过键将一系列的值联系起来的，这样就可以通过键从字典中获取指定项，但不能通过索引来获取。

② 字典是任意对象的无序集合。

字典是无序的，各项是从左到右随机排序的，即保存在字典中的项没有特定的顺序，这样可以提高查找效率。

③ 字典是可变的，并且可以任意嵌套。

字典可以在原处增长或者缩短（无需生成一份拷贝），并且它支持任意深度的嵌套（即它的值可以是列表或者其他的字典）。

④ 字典中的键必须唯一。

不允许同一个键出现两次，如果出现两次，则后一个值会被记住。

⑤ 字典中的键必须不可变。

字典中的键是不可变的，所以可以使用数字、字符串或者元组，但不能使用列表。

11.1.1　创建字典

定义字典时，每个元素都包含两个部分："键"和"值"。以水果名称和价钱的字典为例，键为水果名称，值为水果价格，如图 11.1 所示。

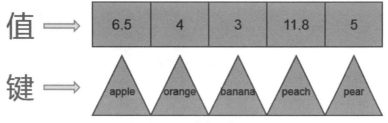

图 11.1　字典示意图

创建字典时，在"键"和"值"之间使用冒号分隔，相邻两个元素使用逗号分隔，所有元素放在一个大括号"{}"中。语法格式如下：

```
dictionary = {'key1':'value1', 'key2':'value2', …, 'keyn':'valuen',}
```

参数说明：

● dictionary：表示字典名称。

● key1、key2、…、key*n*：表示元素的键，必须是唯一的，并且不可变，可以是字符串、数字或者元组。

● value1、value2、…、value*n*：表示元素的值，可以是任何数据类型，不是必须唯一。例如，创建一个保存通讯录信息的字典，可以使用下面的代码。

```
01    dictionary = {'mr':'84978982','qq':'84978981','Aurora':'0431-84978981'}
02    print(dictionary)
```

执行结果如下。

```
{'mr': '84978982', 'qq': '84978981', 'Aurora': '0431-84978981'}
```

同列表和元组一样，也可以创建空字典。在 Python 中，可以使用下面两种方法创建空字典。

```
dictionary = {}
或者
dictionary = dict()
```

Python 的 dict() 方法除了可以创建一个空字典外，还可以通过已有数据快速创建字典。主要表现为以下两种形式。

（1）通过映射函数创建字典

通过映射函数创建字典，语法如下：

```
dictionary = dict(zip(list1,list2))
```

参数说明：

● dictionary：表示字典名称。

● zip() 函数：用于将多个列表或元组对应位置的元素组合为元组，并返回包含这些内容的 zip 对象。如果想得到元组，可以将 zip 对象使用 tuple() 函数转换这个元组；如果想得到列表，则可以使用 list() 函数将其转换为列表。

● list1：一个列表，用于指定要生成字典的键。

● list2：一个列表，用于指定要生成字典的值。如果 list1 和 list2 的长度不同，则与最短的列表长度相同。

[实例 11.1]　　　　　　　　　　　　　　　　　　　　　　（源码位置：资源包 \Code\11\01 ）

创建星座字典

定义两个包括 5 个元素的列表（分别保存姓名和星座），再应用 dict() 函数和 zip() 函数将前两个列表转换为对应的字典，并且输出该字典，代码如下：

```
01    name = ['绮梦','伊一','香凝','黛清','禹西']              # 作为键的列表
02    sign = ['水瓶座','狮子座','双鱼座','双子座','巨蟹座']        # 作为值的列表
03    dictionary = dict(zip(name,sign))                       # 转换为字典
04    print(dictionary)                                       # 输出转换后字典
```

运行实例后，将显示如图 11.2 所示的结果。

图 11.2　创建星座字典

（2）通过给定的关键字参数创建字典

通过给定的关键字参数创建字典，语法如下：

```
dictionary = dict(key1=value1,key2=value2,…,keyn=valuen)
```

参数说明：

● dictionary：表示字典名称。

● key1、key2、…、keyn：表示参数名，必须是唯一的，并且符合 Python 标识符的命名规则。该参数将被转换为字典的键。

● value1、value2、…、valuen：表示参数值，可以是任何数据类型，不必唯一，该参数将被转换为字典的值。

例如，将 [实例 11.1] 中的名字和星座以关键字参数的形式创建一个字典，可以使用下面的代码。

```
01   dictionary =dict( 绮梦 = ' 水瓶座 ',伊一 = ' 狮子座 ',香凝 = ' 双鱼座 ',黛清 = ' 双子座 ',禹西
= ' 巨蟹座 ')
02   print(dictionary)
```

在 Python 中，还可以使用 dict 对象的 fromkeys() 方法创建值为空的字典，语法如下：

```
dictionary = dict.fromkeys(list1)
```

参数说明：

● dictionary：表示字典名称。

● list1：作为字典的键的列表。

例如，创建一个只包括名字的字典，可以使用下面的代码。

```
01   name_list = [' 绮梦 ',' 伊一 ',' 香凝 ',' 黛清 ',' 禹西 ']          # 作为键的列表
02   dictionary = dict.fromkeys(name_list)
03   print(dictionary)
```

执行结果如下。

```
{' 绮梦 ': None, ' 伊一 ': None, ' 香凝 ': None, ' 黛清 ': None, ' 禹西 ': None}
```

另外，还可以通过已经存在的元组和列表创建字典。例如，创建一个保存名字的元组和保存星座的列表，通过它们创建一个字典，可以使用下面的代码。

```
01   name_tuple = (' 绮梦 ',' 伊一 ', ' 香凝 ', ' 黛清 ', ' 禹西 ')          # 作为键的元组
02   sign = [' 水瓶座 ',' 狮子座 ',' 双鱼座 ',' 双子座 ',' 巨蟹座 ']          # 作为值的列表
03   dict1 = {name_tuple:sign}                                      # 创建字典
04   print(dict1)
```

执行结果如下。

```
{(' 绮梦 ', ' 伊一 ', ' 香凝 ', ' 黛清 ', ' 禹西 '): [' 水瓶座 ', ' 狮子座 ', ' 双鱼座 ', ' 双子座 ', ' 巨蟹座 ']}
```

第2篇

进阶篇

153

如果将作为键的元组修改为列表，再创建一个字典，代码如下：

```
01    name_list = ['绮梦','伊一', '香凝', '黛清', '禹西']          # 作为键的列表
02    sign = ['水瓶座','狮子座','双鱼座','双子座','巨蟹座']        # 作为值的列表
03    dict1 = {name_list:sign}                                    # 创建字典
04    print(dict1)
```

执行结果如图 11.3 所示。

```
Traceback (most recent call last):
  File "E:\program\Python\Code\test.py", line 16, in <module>
    dict1 = {name_list:sign}        # 创建字典
TypeError: unhashable type: 'list'
>>>
```

图 11.3　将列表作为字典的键产生的异常

11.1.2　删除字典

同列表和元组一样，不再需要的字典也可以使用 del 命令删除。例如，通过下面的代码即可将已经定义的字典删除。

```
del dictionary
```

另外，如果只是想删除字典的全部元素，可以使用字典对象的 clear() 方法。执行 clear() 方法后，原字典将变为空字典。例如，下面的代码将清除字典的全部元素。

```
dictionary.clear()
```

除了上面介绍的方法可以删除字典元素，还可以使用字典对象的 pop() 删除并返回指定"键"的元素，以及使用字典对象的 popitem() 方法删除并返回字典中的一个元素。

11.1.3　访问字典

在 Python 中，如果想将字典的内容输出也比较简单，可以直接使用 print() 函数。例如，想要打印保存星座信息的 dictionary 字典，则可以使用下面的代码：

```
01    dictionary = {'绮梦': '水瓶座', '伊一': '狮子座', '香凝': '双鱼座', '黛清': '双子座',
'禹西': '巨蟹座'}
02    print(dictionary)
```

执行结果如下：

```
{'绮梦': '水瓶座', '伊一': '狮子座', '香凝': '双鱼座', '黛清': '双子座', '禹西': '巨蟹座'}
```

但是，在使用字典时，很少直接输出它的内容。一般需要根据指定的键得到相应的结果。在 Python 中，访问字典的元素可以通过下标的方式实现，与列表和元组不同，这里的下标不是索引号，而是键。例如，想要获取"绮梦"的星座，可以使用下面的代码：

```
print(dictionary['绮梦'])
```

执行结果如下：

```
水瓶座
```

在使用该方法获取指定键的值时，如果指定的键不存在，将抛出如图 11.4 所示的异常。

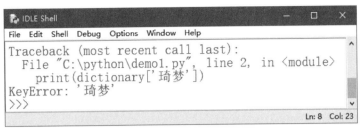

图 11.4　获取指定键不存在时抛出异常

而在实际开发中，很可能我们不知道当前存在什么键，所以需要避免该异常的产生。具体的解决方法是使用 if 语句对不存在的情况进行处理，即给一个默认值。例如，可以将上面的代码修改为以下内容：

```
print(" 琦梦的星座是: ",dictionary[' 琦梦 '] if ' 琦梦 ' in dictionary else ' 没有找到 ')
```

当"琦梦"不存在时，将显示以下内容：

```
琦梦的星座是: 没有找到
```

另外，Python 中推荐的方法是使用字典对象的 get() 方法获取指定键的值。其语法格式如下：

```
dictionary.get(key,[default])
```

其中，dictionary 为字典对象，即要从中获取值的字典；key 为指定的键；default 为可选项，用于指定当指定的"键"不存在时，返回一个默认值，如果省略，则返回 None。

例如，通过 get() 方法获取"绮梦"的星座，可以使用下面的代码：

```
print(" 绮梦的星座是: ",dictionary.get(' 绮梦 '))
```

执行结果如下：

```
绮梦的星座是: 水瓶座
```

📖 说明:

　　为了解决在获取指定键的值时，因不存在该键而抛出异常，可以为 get() 方法设置默认值，这样当指定的键不存在时，得到结果就是指定的默认值。例如，将上面的代码修改为以下内容。

```
print(" 琦梦的星座是: ",dictionary.get(' 琦梦 ',' 没有找到 '))
```

将得到以下结果：

```
琦梦的星座是: 没有找到
```

11.1.4　遍历字典

字典是以"键‐值对"的形式存储数据的，所以就可能需要获取到这些"键‐值对"。Python 提供了遍历字典的方法，通过遍历可以获取字典中的全部"键‐值对"。

使用字典对象的 items() 方法可以获取字典的"键‐值对"列表。其语法格式如下：

```
dictionary.items()
```

其中，dictionary 为字典对象；返回值为可遍历的"键 - 值对"的元组列表。想要获取到具体的"键 - 值对"，可以通过 for 循环遍历该元组列表。

例如，定义一个字典，然后通过 items() 方法获取"键 - 值对"的元组列表，并输出全部"键 - 值对"，代码如下：

```
01    dictionary = {'qq':'84978981','明日科技':'84978982','无语':'0431-84978981'}
02    for item in dictionary.items():
03        print(item)
```

执行结果如下：

```
('qq', '84978981')
('明日科技 ', '84978982')
('无语 ', '0431-84978981')
```

上面的示例得到的是元组中的各个元素，如果想要获取到具体的每个键和值，可以使用下面的代码进行遍历。

```
01    dictionary = {'qq':'4006751066','明日科技':'0431-84978982','无语':'0431-84978981'}
02    for key,value in dictionary.items():
03        print(key,"的联系电话是 ",value)
```

执行结果如下：

```
qq  的联系电话是  4006751066
明日科技  的联系电话是  0431-84978982
无语  的联系电话是  0431-84978981
```

👑 说明：

在 Python 中，字典对象还提供了 values() 和 keys() 方法，用于返回字典的"值"和"键"列表，它们的使用方法同 items() 方法类似，也需要通过 for 循环遍历该字典列表，获取对应的值和键。

11.1.5 添加、修改和删除字典元素

由于字典是可变序列，所以可以随时在其中添加"键 - 值对"，这和列表类似。向字典中添加元素的语法格式如下：

```
dictionary[key] = value
```

参数说明：

● dictionary：表示字典名称。

● key：表示要添加元素的键，必须是唯一的，并且不可变，可以是字符串、数字或者元组。

● value：表示元素的值，可以是任何数据类型，不是必须唯一。

例如，在保存 4 位美女星座信息的字典中添加一个元素，并显示添加后的字典，代码如下：

```
01    dictionary =dict((('绮梦','水瓶座'),('伊一','狮子座'), ('香凝','双鱼座'), ('黛清','双子座')))
02    dictionary["碧琦"] = "巨蟹座"    # 添加一个元素
03    print(dictionary)
```

执行结果如下：

{'绮梦':'水瓶座','伊一':'狮子座','香凝':'双鱼座','黛清':'双子座','碧琦':'巨蟹座'}

从上面的结果中，可以看出又添加了一个键为"碧琦"的元素。

由于在字典中，"键"必须是唯一的，所以如果新添加元素的"键"与已经存在的"键"重复，那么将使用新的"值"替换原来该"键"的值，这也相当于修改字典的元素。例如，再添加一个"键"为"香凝"的元素，这次设置她为"天蝎座"。可以使用下面的代码：

```
01  dictionary =dict((('绮梦','水瓶座'),('伊一','狮子座'),('香凝','双鱼座'),('黛清','双子座')))
02  dictionary["香凝"] = "天蝎座"   # 添加一个元素，当元素存在时，则相当于修改功能
03  print(dictionary)
```

执行结果如下。

{'绮梦':'水瓶座','伊一':'狮子座','香凝':'天蝎座','黛清':'双子座'}

从上面的结果可以看出，并没有添加一个新的"键"——"香凝"，而是直接对"香凝"进行了修改。

当字典中的某一个元素不需要时，可以使用 del 命令将其删除。例如，要删除字典 dictionary 的键为"香凝"的元素，可以使用下面的代码。

```
01  dictionary =dict((('绮梦','水瓶座'),('伊一','狮子座'),('香凝','双鱼座'),('黛清','双子座')))
02  del dictionary["香凝"]      # 删除一个元素
03  print(dictionary)
```

执行结果如下。

{'绮梦':'水瓶座','伊一':'狮子座','黛清':'双子座'}

从上面的执行结果中可以看出，在字典 dictionary 中只剩下 3 个元素了。

👑 注意：

当删除一个不存在的键时，将抛出如图 11.5 所示的异常。

```
Traceback (most recent call last):
  File "E:\program\Python\Code\test.py", line 7, in <module>
    del dictionary["香凝1"]    # 删除一个元素
KeyError: '香凝1'
>>>
```

图 11.5　删除一个不存在的键时将抛出的异常

因此，需要将上面的代码修改为以下内容，从而防止删除不存在的元素时抛出异常。

```
04  dictionary =dict((('绮梦','水瓶座'),('伊一','狮子座'),('香凝','双鱼座'),('黛清','双子座')))
05  if "香凝1" in dictionary:                   # 如果存在
06      del dictionary["香凝1"]               # 删除一个元素
07  print(dictionary)
```

11.1.6　字典推导式

使用字典推导式可以快速生成一个字典，它的表现形式和列表推导式类似。字典推导式的语法如下：

```
{key: value for key in iterator}
```

参数说明：

● key：表示生成的字典的键。

● value：生成字典的值的表达式。

● iterator：生成字典的键的迭代器或者元素值唯一的序列对象。

例如，我们可以使用下面的代码生成一个包含 4 个随机数的字典，其中字典的键使用数字表示。

```
01    import random                                   # 导入 random 标准库
02    randomdict = {i:random.randint(10,100) for i in range(1,5)}
03    print(" 生成的字典为：",randomdict)
```

执行结果如下：

```
生成的字典为： {1: 40, 2: 82, 3: 88, 4: 93}
```

另外，使用字典推导式也可根据列表生成字典。例如，可以将 [实例 11.1] 修改为通过字典推导式生成字典。

 [实例 11.2]　　　　　　　　　　　　　　　　　（源码位置：资源包 \Code\11\02 ）

应用字典推导式创建星座字典

定义两个包括 5 个元素的列表，再应用 dict() 函数和 zip() 函数将前两个列表转换为对应的字典，并且输出该字典，代码如下：

```
01    name = [' 绮梦 ',' 伊一 ',' 香凝 ',' 黛清 ',' 禹西 ']      # 作为键的列表
02    sign = [' 水瓶 ',' 狮子 ',' 双鱼 ',' 双子 ',' 巨蟹 ']      # 作为值的列表
03    dictionary = {i:j+' 座' for i,j in zip(name,sign)}      # 使用列表推导式生成字典
04    print(dictionary)                                      # 输出转换后字典
```

运行实例后，将显示如图 11.6 所示的结果。

图 11.6　采用字典推导式创建星座字典

11.2　集合（set）

Python 中的集合同数学中的集合概念类似，也是用于保存不重复元素的。它有可变集合（set）和不可变集合（frozenset）两种，本节所要介绍的是前者集合，而后者在本书中不做介绍。在形式上，集合的所有元素都放在一对大括号"{}"中，两个相邻元素间使用逗号","分隔。集合最好的应用就是去重，因为集合中的每个元素都是唯一的。

👑 说明：

在数学中，集合的定义是把一些能够确定的不同的对象看成一个整体，而这个整体就是由这些对象的全体构成的集合。集合通常用大括号"{}"或者大写的拉丁字母表示。

集合最常用的操作就是创建集合以及集合的添加、删除、交集、并集和差集等运算，下面分别进行介绍。

11.2.1　创建集合

在 Python 中提供了两种创建集合的方法，一种是直接使用 {} 创建；另一种是通过 set() 函数将列表、元组等可迭代对象转换为集合。推荐使用第二种方法。下面分别进行介绍。

（1）直接使用 {} 创建

在 Python 中，创建 set 集合也可以像列表、元组和字典一样，直接将集合赋值给变量从而实现创建集合，即直接使用大括号"{}"创建。语法格式如下：

```
setname = {element 1,element 2,element 3,…,element n}
```

其中，setname 表示集合的名称，可以是任何符合 Python 命名规则的标识符；elemnet 1、elemnet 2、elemnet 3、…、elemnet n 表示集合中的元素，个数没有限制，只要是 Python 支持的数据类型就可以。

👑 注意：
　在创建集合时，如果输入了重复的元素，Python 会自动只保留一个。

例如，下面的每一行代码都可以创建一个集合。

```
01    set1 = {'水瓶座','狮子座','双鱼座','双子座'}
02    set2 = {3,1,4,1,5,9,2,6}
03    set3 = {'Python', 32, ('人生苦短', '我用 Python')}
```

上面的代码将创建以下集合。

```
{'水瓶座', '双子座', '双鱼座', '狮子座'}
{1, 2, 3, 4, 5, 6, 9}
{'Python', ('人生苦短', '我用 Python'), 32}
```

👑 说明：
　由于 Python 中的 set 集合是无序的，所以每次输出时元素的排列顺序可能与上面的不同，不必在意。

 [实例 11.3]

（源码位置：资源包 \Code\11\03）

创建保存学生选课信息的集合

定义两个包括 4 个元素的集合，分别保存选择 Python 语言的学生名字和选择 Java 语言的学生名字，再输出这两个集合，代码如下：

```
01    python = {'绮梦','伊一','香凝','梓轩'}          # 保存选择 Python 语言的学生名字
02    c = {'伊一','零语','梓轩','圣博'}               # 保存选择 C 语言的学生名字
03    print('选择 Python 语言的学生有: ',python,'\n')  # 输出选择 Python 语言的学生名字
04    print('选择 C 语言的学生有: ',c)                 # 输出选择 C 语言的学生名字
```

运行实例后，将显示如图 11.7 所示的结果。

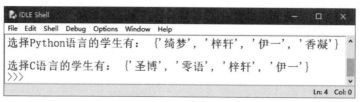

图 11.7　创建集合

（2）使用 set() 函数创建

在 Python 中，可以使用 set() 函数将列表、元组等其他可迭代对象转换为集合。set() 函数的语法格式如下：

```
setname = set(iteration)
```

参数说明：

● setname：表示集合名称。

● iteration：表示要转换为集合的可迭代对象，可以是列表、元组、range 对象等，也可以是字符串。如果是字符串，返回的集合将是包含全部不重复字符的集合。

例如，下面的每一行代码都可以创建一个集合。

```
01    set1 = set(" 求知若饥  虚心若愚 ")
02    set2 = set([1.414,1.732,2,2.236])
03    set3 = set(('人生苦短 ', ' 我用 Python'))
```

上面的代码将创建以下集合。

```
{' 若 ', ' 求 ', ' 心 ', ' 知 ', ' 愚 ', ' ', ' 饥 ', ' 虚 '}
{1.414, 2, 2.236, 1.732}
{' 我用 Python', ' 人生苦短 '}
```

从上面创建的集合结果中可以看出，在创建集合时，如果出现了重复元素，那么将只保留一个，如在第一个集合中的"若"只保留了一个。

👑 注意：

在创建空集合时，只能使用 set() 实现，而不能使用一对大括号"{}"实现，这是因为在 Python 中，直接使用一对大括号"{}"表示创建一个空字典。

下面将 [实例 11.3] 修改为使用 set() 函数创建保存学生选课信息的集合。修改后的代码如下：

```
01    python = set(['绮梦 ','伊一 ','香凝 ','梓轩 '])     # 保存选择 Python 语言的学生名字
02    print('选择 Python 语言的学生有: ',python,'\n')     # 输出选择 Python 语言的学生名字
03    c = set(['伊一 ',' 零语 ',' 梓轩 ',' 圣博 '])         # 保存选择 C 语言的学生名字
04    print('选择 C 语言的学生有: ',c)                    # 输出选择 C 语言的学生名字
```

执行结果如图 11.7 所示。

👑 说明：

在 Python 中，创建集合时推荐采用 set() 函数实现。

11.2.2　向集合中添加元素

集合是可变序列，所以在创建集合后，还可以对其添加元素。向集合中添加元素可以

使用 add() 方法实现。它的语法格式如下：

```
setname.add(element)
```

其中，setname 表示要添加元素的集合；element 表示要添加的元素内容。这里只能使用字符串、数字及布尔类型的 True 或者 False 等，不能使用列表、元组等可迭代对象。

例如，定义一个保存明日科技"零基础学"系列图书名字的集合，然后向该集合中添加一本刚刚上市的图书的名字，代码如下：

```
01    mr = set(['Python 从入门到实践 ','Python 网络爬虫从入门到实践 ','Python 数据分析从入门到实践 ','Python+Kivy(App 开发 ) 从入门到实践 ','Python GUI 设计 PyQt5 从入门到实践 '])
02    mr.add('Python UI 设计 tkinter 从入门到实践 ')    # 添加一个元素
03    print(mr)
```

上面的代码运行后，将输出以下集合。

```
{'Python 从入门到实践 ', 'Python UI 设计 tkinter 从入门到实践 ', 'Python 网络爬虫从入门到实践 ', 'Python 数据分析从入门到实践 ', 'Python+Kivy(App 开发 ) 从入门到实践 ', 'Python GUI 设计 PyQt5 从入门到实践 '}
```

11.2.3　集合中删除元素

在 Python 中，可以使用 del 命令删除整个集合，也可以使用集合的 pop() 方法或者 remove() 方法删除一个元素，或者使用集合对象的 clear() 方法清空集合，即删除集合中的全部元素，使其变为空集合。

例如，下面的代码将分别实现从集合中删除指定元素、删除一个元素和清空集合。

```
01    mr = set(['Python 从入门到实践 ','Python 网络爬虫从入门到实践 ','Python 数据分析从入门到实践 ','Python+Kivy(App 开发 ) 从入门到实践 ','Python GUI 设计 PyQt5 从入门到实践 ','Python UI 设计 tkinter 从入门到实践 '])
02    mr.remove('Python UI 设计 tkinter 从入门到实践 ')        # 移除指定元素
03    print(' 使用 remove() 方法移除指定元素后: ',mr)
04    mr.pop()                                              # 删除一个元素
05    print(' 使用 pop() 方法移除一个元素后: ',mr)
06    mr.clear()                                            # 清空集合
07    print(' 使用 clear() 方法清空集合后: ',mr)
```

上面的代码运行后，将输出以下内容。

```
使用 remove() 方法移除指定元素后: {'Python+Kivy(App 开发 ) 从入门到实践 ', 'Python 数据分析从入门到实践 ', 'Python 网络爬虫从入门到实践 ', 'Python 从入门到实践 ', 'Python GUI 设计 PyQt5 从入门到实践 '}
使用 pop() 方法移除一个元素后: {'Python 数据分析从入门到实践 ', 'Python 网络爬虫从入门到实践 ', 'Python 从入门到实践 ', 'Python GUI 设计 PyQt5 从入门到实践 '}
使用 clear() 方法清空集合后: set()
```

👑　注意：

使用集合的 remove() 方法时，如果指定的内容不存在，将抛出如图 11.8 所示的异常。所以在移除指定元素前，最好先判断其是否存在。要判断指定的内容是否存在，可以使用 in 关键字实现。例如，使用 "Python 从入门到实践 ' in mr" 可以判断在 mr 集合中是否存在 "Python 从入门到实践 "。

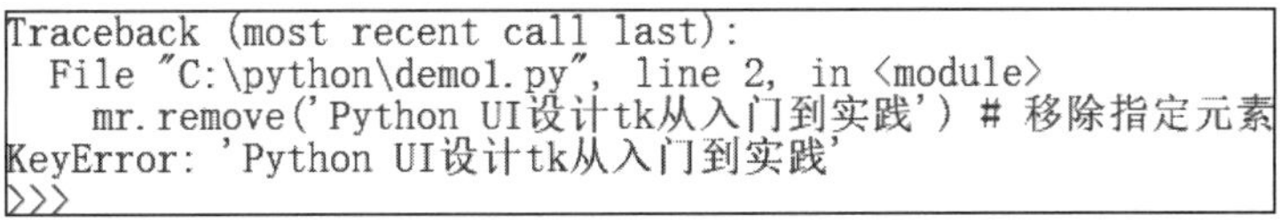

```
Traceback (most recent call last):
  File "C:\python\demo1.py", line 2, in <module>
    mr.remove('Python UI设计tk从入门到实践') # 移除指定元素
KeyError: 'Python UI设计tk从入门到实践'
>>>
```

图 11.8　从集合中移除的元素不存在时抛出异常

[实例 11.4]

（源码位置：资源包 \Code\11\04）

学生更改所选课程

定义一个包括 4 个元素的集合，并且应用 add() 函数向该集合中添加一个元素，再定义一个包括 4 个元素的集合，并且应用 remove() 方法从该集合中删除指定的元素，最后输出这两个集合，代码如下：

```python
01  python = set(['绮梦','伊一','香凝','梓轩'])      # 保存选择 Python 语言的学生名字
02  python.add('零语')                          # 添加一个元素
03  c = set(['伊一','零语','梓轩','圣博'])         # 保存选择 C 语言的学生名字
04  c.remove('零语')                            # 删除指定元素
05  print('选择 Python 语言的学生有: ',python,'\n')  # 输出选择 Python 语言的学生名字
06  print('选择 C 语言的学生有: ',c)              # 输出选择 C 语言的学生名字
```

运行实例后，将显示如图 11.9 所示的结果。

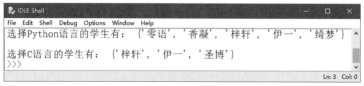

图 11.9　向集合中添加和删除元素

11.2.4　集合的交集、并集和差集运算

集合最常用的操作就是进行交集、并集和差集运算。进行交集运算时使用 "&" 符号；进行并集运算时使用 "｜" 符号；进行差集运算时使用 "-" 符号。下面通过一个具体的实例演示如何对集合进行交集、并集和差集运算。

[实例 11.5]

（源码位置：资源包 \Code\11\05）

对社团集合进行交集、并集和差集运算

定义两个包括 4 个元素的集合，再根据需要对两个集合进行交集、并集和差集运算，并输出运算结果，代码如下：

```python
01  badminton = set(['绮梦','冷伊','香凝','梓轩'])    # 保存羽毛球社团的学生名字
02  pingpong = set(['冷伊','零语','梓轩','圣一'])     # 保存乒乓球社团的学生名字
03  print('羽毛球社团的学生有: ',badminton )         # 输出羽毛球社团的学生名字
04  print('乒乓球社团的学生有: ',pingpong)           # 输出乒乓球社团的学生名字
05  print('交集运算: ',badminton  & pingpong)       # 输出既在羽毛球社团又在乒乓球社团的学生名字
06  print('并集运算: ',badminton  | pingpong)       # 输出社团中全部学生名字
07  print('差集运算: ',badminton  - pingpong)       # 输出在羽毛球社团但没有在乒乓球社团的学生名字
```

运行实例后，将显示如图 11.10 所示的结果。

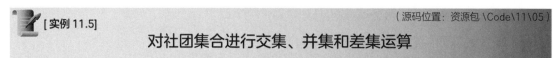

图 11.10　对社团集合进行交集、并集和差集运算

本章知识思维导图

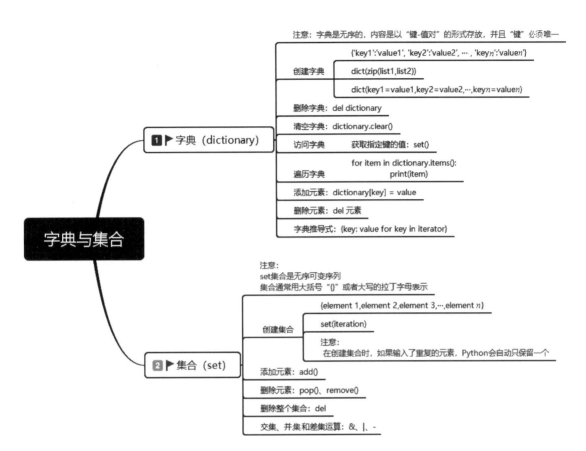

第 12 章

函数

扫码领取
➤ 配套视频
➤ 配套素材
➤ 学习指导
➤ 交流社群

 本章学习目标

- 熟练掌握创建并调用函数的方法
- 灵活应用 pass 语句
- 了解形式参数和实际参数
- 熟练掌握位置参数的应用
- 熟练掌握关键字参数的应用
- 掌握如何为参数设置默认值
- 会用可变参数
- 熟练掌握如何为函数设置返回值
- 熟练掌握局部变量和全局变量
- 灵活运用匿名函数

12.1 自定义函数

函数，简单地理解就是可以完成某项工作的代码块，有点类似积木块，可以反复地使用。在 Python 中，函数的应用非常广泛。在前面我们已经多次接触过函数，例如，用于输出的 print() 函数、用于输入的 input() 函数，以及用于生成一系列整数的 range() 函数。这些都是 Python 内置的标准函数，可以直接使用。在 Python 中，除了可以直接使用标准函数外，还支持自定义函数，即通过将一段有规律的、重复的代码定义为函数，来达到一次编写多次调用的目的。使用函数可以提高代码的重复利用率。

12.1.1 创建函数

创建函数也称为定义函数，可以理解为创建一个具有某种用途的工具。使用 def 语句实现，具体的语法格式如下：

```
def functionname(parameterlist):
    '''comments'''
    functionbody
```

参数说明：
● functionname：函数名称，在调用函数时使用。
● parameterlist：可选参数，用于指定向函数中传递的参数。如果有多个参数，各参数间使用逗号 "," 分隔；如果不指定，则表示该函数没有参数，在调用时，也不指定参数。

👑 注意：
　即使函数没有参数，也必须保留一对小括号 "()"，否则将显示如图 12.1 所示的错误提示对话框。

图 12.1　语法错误对话框

● '''comments'''：可选参数，表示为函数指定注释，也称为 Docstrings（文档字符串），其内容通常是说明该函数的功能、要传递的参数的作用等，可以为用户提供友好提示和帮助。

👑 说明：
　在定义函数时，如果指定了 '''comments''' 参数，那么在调用函数时，可以通过 "函数名.__doc__" 获取或者通过 help(函数名)，如图 12.2 所示。

● functionbody：可选参数，用于指定函数体，即该函数被调用后，要执行的功能代码。如果函数有返回值，可以使用 return 语句返回。

👑 注意：
　① 函数体 "functionbody" 和注释 "'''comments'''" 相对于 def 关键字必须保持一定的缩进。
　② 如果定义的函数暂时什么也不做，那么需要使用 pass 语句作为占位符，或者添加 Docstrings，但不能直接添加单行注释。

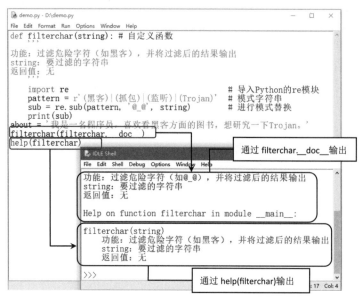

图 12.2　调用函数时显示帮助信息

[实例 12.1]　　（源码位置：资源包 \Code\12\01 ）

定义过滤危险字符的函数

定义一个过滤危险字符的函数 filterchar()，该函数包括一个参数，用于指定要进行过滤的字符串，并输出过滤后的字符串，代码如下：

```
01  def filterchar(string):                    # 自定义函数
02      '''
03  功能：过滤危险字符（如黑客），并将过滤后的结果输出
04  string：要过滤的字符串
05  返回值：无
06      '''
07      import re                               # 导入 Python 的 re 模块
08      pattern = r'( 黑客 )|( 抓包 )|( 监听 )|(Trojan)'    # 模式字符串
09      sub = re.sub(pattern, '@_@', string)    # 进行模式替换
10      print(sub)
```

运行上面的代码，将不显示任何内容，也不会抛出异常，因为 filterchar() 函数还没有被调用。

12.1.2　调用函数

调用函数也就是执行函数。如果把创建的函数理解为创建一个具有某种用途的工具，那么调用函数就相当于使用该工具。如果定义一个函数，但不调用，那么这个函数中的代码就不会运行。调用函数的基本语法格式如下：

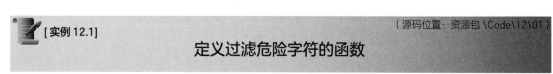

```
functionname(parametersvalue)
```

参数说明：

● functionname：函数名称，要调用的函数名称，必须是已经创建好的。

● parametersvalue：可选参数，用于指定各个参数的值。如果需要传递多个参数值，

则各参数值间使用逗号","分隔；如果该函数没有参数，则直接写一对小括号即可。

例如，调用在 12.1.1 节创建的 filterchar() 函数，可以使用下面的代码。

```
01    about = ' 我是一名程序员，喜欢看黑客方面的图书，想研究一下 Trojan。'
02    filterchar(about)
```

调用 filterchar() 函数后，将显示如图 12.3 所示的结果。

图 12.3　调用 filterchar() 函数的结果

12.1.3　pass 语句

在 Python 中提供了一个 pass 语句，表示空语句。它不做任何事情，一般起到占位作用。例如，在应用 for 循环输出 1 ～ 10 中（不包括 10）的偶数时，在不是偶数时，应用 pass 语句占个位置，方便以后对不是偶数的数进行处理。代码如下：

```
01    for i in range(1,10):
02        if i%2 == 0:                          # 判断是否为偶数
03            print(i,end = ' ')
04        else:                                 # 不是偶数
05            pass                              # 占位符，不做任何事情
```

程序运行结果如下：

```
2 4 6 8
```

12.2　传递参数

在调用函数时，大多数情况下，主调函数和被调用函数之间有数据传递关系，这就是有参数的函数形式。函数参数的作用是传递数据给函数使用，函数利用接收的数据进行具体的操作。

函数参数在定义函数时放在函数名称的后面的一对小括号中，如图 12.4 所示。

图 12.4　函数参数

12.2.1　形式参数和实际参数

在使用函数时，经常会用到形式参数和实际参数。两者都叫作参数，二者之间的区别将先通过形式参数与实际参数的作用来进行讲解，再通过一个比喻和实例进行深入理解。

（1）通过作用理解

形式参数和实际参数在作用上的区别如下。

● 形式参数：在定义函数时，函数名后面括号中的参数为"形式参数"。

● 实际参数：在调用一个函数时，函数名后面括号中的参数为"实际参数"。也就是将函数的调用者提供给函数的参数称为实际参数。通过图 12.5 可以更好地理解。

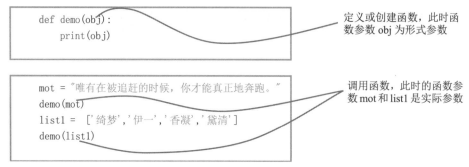

```
def demo(obj):
    print(obj)
```
定义或创建函数，此时函数参数 obj 为形式参数

```
mot = "唯有在被追赶的时候，你才能真正地奔跑。"
demo(mot)
list1 = ['绮梦','伊一','香凝','黛清']
demo(list1)
```
调用函数，此时的函数参数 mot 和 list1 是实际参数

图 12.5　形式参数与实际参数

根据实际参数的类型不同，可以分为将实际参数的值传递给形式参数和将实际参数的引用传递给形式参数两种情况。当实际参数为不可变对象时，进行的是值传递；当实际参数为可变对象时，进行的是引用传递。实际上，值传递和引用传递的基本区别就是，进行值传递后，改变形式参数的值，实际参数的值不变；而进行引用传递后，改变形式参数的值，实际参数的值也一同改变。

例如，定义一个名称为 demo 的函数，然后为 demo() 函数传递一个字符串类型的变量作为参数（代表值传递），并在函数调用前后分别输出该字符串变量，再为 demo() 函数传递一个列表类型的变量作为参数（代表引用传递），并在函数调用前后分别输出该列表。代码如下：

```
01  # 定义函数
02  def demo(obj):
03      print(" 原值: ",obj)
04      obj += obj
05  # 调用函数
06  print("========= 值传递 ========")
07  mot = " 唯有在被追赶的时候，你才能真正地奔跑。"
08  print(" 函数调用前: ",mot)
09  demo(mot)                                    # 采用不可变对象——字符串
10  print(" 函数调用后: ",mot)
11  print("========= 引用传递 ========")
12  list1 = [' 绮梦 ',' 伊一 ',' 香凝 ',' 黛清 ']
13  print(" 函数调用前: ",list1)
14  demo(list1)                                  # 采用可变对象——列表
15  print(" 函数调用后: ",list1)
```

上面代码的执行结果如下：

```
========= 值传递 ========
函数调用前: 唯有在被追赶的时候，你才能真正地奔跑。
原值: 唯有在被追赶的时候，你才能真正地奔跑。
函数调用后: 唯有在被追赶的时候，你才能真正地奔跑。
========= 引用传递 ========
函数调用前: [' 绮梦 ', ' 伊一 ', ' 香凝 ', ' 黛清 ']
原值: [' 绮梦 ', ' 伊一 ', ' 香凝 ', ' 黛清 ']
函数调用后: [' 绮梦 ', ' 伊一 ', ' 香凝 ', ' 黛清 ', ' 绮梦 ', ' 伊一 ', ' 香凝 ', ' 黛清 ']
```

从上面的执行结果中可以看出，在进行值传递时，改变形式参数的值后，实际参数的值不改变；在进行引用传递时，改变形式参数的值后，实际参数的值也发生改变。

（2）通过一个比喻来理解形式参数和实际参数

函数定义时参数列表中的参数就是形式中参数，而函数调用时传递进来的参数就是实际参数，就像剧本选角一样，剧本中的角色相当于形式参数，而演角色的演员就相当于实际参数。

第 5 章的 [实例 5.1] 实现了根据身高和体重计算 BMI 指数，但是这段代码只能计算一个固定的身高和体重（可以理解为一个人的），如果想要计算另一个人的身高和体重对应的 BMI 指数，那么还需要把这段代码重新写一遍。如果把这段代码定义为一个函数，那么就可以计算多个人的 BMI 指数了。

[实例 12.2]　（源码位置：资源包 \Code\12\02 ）

编写函数实现根据身高、体重计算 BMI 指数

定义一个名称为 fun_bmi 的函数，该函数包括 3 个参数，分别用于指定姓名、身高和体重，再根据公式：BMI= 体重 /（身高 × 身高）计算 BMI 指数，并输出结果，最后在函数体外调用两次 fun_bmi() 函数，代码如下：

```
01  def fun_bmi(person,height,weight):
02      ''' 功能：根据身高和体重计算 BMI 指数
03          person：姓名
04          height：身高，单位：m
05          weight：体重，单位：kg
06      '''
07      print(person + " 的身高：" + str(height) + "m \t 体重：" + str(weight) + "kg")
08      bmi=weight/(height*height)              # 用于计算 BMI 指数，公式为：BMI= 体重 / 身高的平方
09      print(person + " 的 BMI 指数为："+str(bmi)) # 输出 BMI 指数
10      # 判断身材是否标准
11      if bmi<18.5:
12          print(" 您的体重过轻 ~@_@~\n")
13      if bmi>=18.5 and bmi<24.9:
14          print(" 正常范围，注意保持 (-_-)\n")
15      if bmi>=24.9 and bmi<29.9:
16          print(" 您的体重过重 ~@_@~\n")
17      if bmi>=29.9:
18          print(" 肥胖 ^@_@^\n")
19  # ****************************** 调用函数 ****************************** #
20  fun_bmi(" 路人甲 ",1.80,60)                    # 计算路人甲的 BMI 指数
21  fun_bmi(" 路人乙 ",1.65,49)                    # 计算路人乙的 BMI 指数
```

运行结果如图 12.6 所示。

从该实例代码和运行结果可以看出：

① 定义一个根据身高、体重计算 BMI 指数的函数 fun_bmi()，在定义函数时指定的变量 person、height 和 weight 称为形式参数。

② 在函数 fun_bmi() 中根据形式参数的值计算 BMI 指数，并输出相应的信息。

③ 在调用 fun_bmi() 函数时，指定的 "路人甲"、1.80 和 60 等都是实际参数，在函数执行时，

图 12.6　根据身高、体重计算 BMI 指数

这些值将被传递给对应的形式参数。

12.2.2 位置参数

位置参数也称必备参数,必须按照正确的顺序传到函数中,即调用时的数量和位置必须和定义时一样。下面分别进行介绍。

(1)数量必须与定义时一致

在调用函数时,指定的实际参数的数量必须与形式参数的数量一致,否则将抛出 TypeError 异常,提示缺少必要的位置参数。

例如,调用 [实例 12.2] 中编写的根据身高、体重计算 BMI 指数的函数 fun_bmi(person, height,weight),将参数少传一个,即只传递两个参数,代码如下:

```
fun_bmi(" 路人甲 ",1.80)                        # 计算路人甲的 BMI 指数
```

函数调用后,将显示如图 12.7 所示的异常信息。

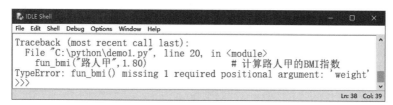

图 12.7　缺少必要的参数抛出的异常

从图 12.7 所示的异常信息中可以看出,抛出的异常类型为 TypeError,具体的意思是 "fun_bmi() 方法缺少一个必要的位置参数 weight"。

(2)位置必须与定义时一致

在调用函数时,指定的实际参数的位置必须与形式参数的位置一致,否则将产生以下两种结果。

① 抛出 TypeError 异常。

抛出异常的情况主要是因为实际参数的类型与形式参数的类型不一致,并且在函数中,这两种类型还不能正常转换。

例如,调用 [实例 12.2] 中编写的 fun_bmi(person,height,weight) 函数,将第 1 个参数和第 2 个参数位置调换,代码如下:

```
fun_bmi(60, " 路人甲 ",1.80)                    # 计算路人甲的 BMI 指数
```

函数调用后,将显示如图 12.8 所示的异常信息。主要是因为传递的整型数值不能与字符串进行连接操作。

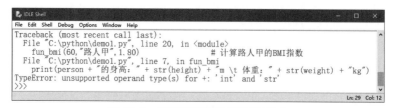

图 12.8　提示不支持的操作数类型

② 产生的结果与预期不符。

在调用函数时，如果指定的实际参数与形式参数的位置不一致，但是它们的数据类型一致，那么就不会抛出异常，而是产生结果与预期不符的问题。

例如，调用 [实例 12.2] 中编写的 fun_bmi(person,height,weight) 函数，将第 2 个参数和第 3 个参数位置调换，代码如下：

```
fun_bmi(" 路人甲 ",60,1.80)                                    # 计算路人甲的 BMI 指数
```

函数调用后，将显示如图 12.9 所示的结果。从结果中可以看出，虽然没有抛出异常，但是得到的结果与预期不一致。

图 12.9　结果与预期不符

👑 说明：

由于调用函数时，传递的实际参数的位置与形式参数的位置不一致时，并不会总是抛出异常，所以在调用函数时一定要确定好位置，否则产生 bug，还不容易被发现。

12.2.3　关键字参数

关键字参数是指使用形式参数的名字来确定输入的参数值。通过该方式指定实际参数时，不再需要与形式参数的位置完全一致，只要将参数名写正确即可，这样可以避免用户需要牢记参数位置的麻烦，使得函数的调用和参数传递更加灵活方便。

例如，调用 [实例 12.2] 中编写的 fun_bmi(person,height,weight) 函数，通过关键字参数指定各个实际参数，代码如下：

```
fun_bmi( height = 1.80, weight = 60, person = " 路人甲 ")        # 计算路人甲的 BMI 指数
```

函数调用后，将显示以下结果。

```
路人甲的身高: 1.80m   体重: 60kg
路人甲的 BMI 指数为: 18.51851851851852
正常范围，注意保持 (-_-)
```

从上面的结果中可以看出，虽然在指定实际参数时，顺序与定义函数时不一致，但是运行结果与预期是一致的。

12.2.4　为参数设置默认值

在前面章节的学习中，我们经常看到"可选参数"，也就是可以为其设置值，也可以不为其设置值。那么，我们在调用函数时，如果没有指定某个参数将抛出异常，这是为什么呢？实际上，这是因为在定义函数时，直接为形式参数设置了默认值。这样，当没有传入参数时，则直接使用定义函数时设置的默认值。定义带有默认值参数的函数的语法格式如下：

```
def functionname(…,[parameter1 = defaultvalue1]):
    [functionbody]
```

参数说明：

● functionname：函数名称，在调用函数时使用。

● parameter1 = defaultvalue1：可选参数，用于指定向函数中传递的参数，并且为该参

数设置默认值为 defaultvalue1。

● functionbody：可选参数，用于指定函数体，即该函数被调用后，要执行的功能代码。

👑 **注意：**

在定义函数时，指定默认的形式参数必须在所有参数的最后，否则将产生语法错误。

例如，修改 [实例 12.2] 中定义的根据身高、体重计算 BMI 指数的函数 fun_bmi()，为其第一个参数指定默认值，修改后的代码如下：

```
01  def fun_bmi(height,weight, person = " 路人 "):
02      ''' 功能: 根据身高和体重计算 BMI 指数
03          person : 姓名
04          height : 身高, 单位: m
05          weight : 体重, 单位: kg
06      '''
07      print(person + " 的身高: " + str(height) + "m \t 体重: " + str(weight) + "kg")
08      bmi=weight/(height*height)                # 用于计算 BMI 指数, 公式为 " 体重 / (身高 × 身高) "
09      print(person + " 的 BMI 指数为: "+str(bmi)) # 输出 BMI 指数
10      # 判断身材是否标准
11      if bmi<18.5:
12          print(" 您的体重过轻  ~@_@~\n")
13      if bmi>=18.5 and bmi<24.9:
14          print(" 正常范围, 注意保持 (-_-)\n")
15      if bmi>=24.9 and bmi<29.9:
16          print(" 您的体重过重  ~@_@~\n")
17      if bmi>=29.9:
18          print(" 肥胖  ^@_@^\n")
```

然后调用该函数，不指定第一个参数，代码如下：

```
fun_bmi(1.73,60)                                 # 计算 BMI 指数
```

执行结果如下：

```
路人的身高: 1.73m   体重: 60kg
路人的 BMI 指数为: 20.04744562130375
正常范围, 注意保持 (-_-)
```

👑 **多学两招：**

在 Python 中，可以使用 " 函数名 .__defaults__" 查看函数的默认值参数的当前值，其结果是一个元组。例如，显示上面定义的 fun_bmi() 函数的默认值参数的当前值，可以使用 "fun_bmi.__defaults__"，结果为 "(' 路人 ',)"。

另外，使用可变对象作为函数参数的默认值时，多次调用可能会导致意料之外的情况。例如，编写一个名称为 demo() 的函数，并为其设置一个带默认值的参数，代码如下：

```
01  def demo(obj=[]):                            # 定义函数并为参数 obj 指定默认值
02      print("obj 的值: ",obj)
03      obj.append(1)
```

调用 demo() 函数，代码如下：

```
demo()                                           # 调用函数
```

将显示以下结果。

```
obj 的值: []
```

连续两次调用 demo() 函数，并且都不指定实际参数，代码如下：

```
01    demo()                                          # 调用函数
02    demo()                                          # 调用函数
```

将显示以下结果。

```
obj 的值: []
obj 的值: [1]
```

从上面的结果看，这显然不是我们想要的结果。为了防止出现这种情况，最好使用 None 作为可变对象的默认值，这时还需要加上必要的检查代码。修改后的代码如下：

```
01    def demo(obj=None):
02        if obj==None:
03            obj = []
04        print("obj 的值: ",obj)
05        obj.append(1)
```

将显示以下运行结果。

```
obj 的值: []
obj 的值: []
```

> 说明:
> 定义函数时，为形式参数设置默认值要牢记一点：默认参数必须指向不可变对象。

12.2.5 可变参数

在 Python 中，还可以定义可变参数。可变参数也称不定长参数，即传入函数中的实际参数可以是任意个。

定义可变参数时，主要有两种形式，一种是 *parameter，另一种是 **parameter。下面分别进行介绍。

（1）*parameter

这种形式表示接收任意多个实际参数并将其放到一个元组中。例如，定义一个函数，让其可以接收任意多个实际参数，代码如下：

```
01    def printcoffee(*coffeename):                   # 定义输出我喜欢的咖啡名称的函数
02        print('\n 我喜欢的咖啡有: ')
03        for item in coffeename:
04            print(item)                             # 输出咖啡名称
```

调用 3 次上面的函数，分别指定不同个实际参数，代码如下：

```
01    printcoffee(' 蓝山 ')
02    printcoffee(' 蓝山 ', ' 卡布奇诺 ', ' 土耳其 ', ' 巴西 ', ' 哥伦比亚 ')
03    printcoffee(' 蓝山 ', ' 卡布奇诺 ', ' 曼特宁 ', ' 摩卡 ')
```

执行结果如图 12.10 所示。

图 12.10 让函数具有可变参数

如果想要使用一个已经存在的列表作为函数的可变参数，可以在列表的名称前加"*"。例如下面的代码。

```
01    param = ['蓝山', '卡布奇诺', '土耳其']        # 定义一个列表
02    printcoffee(*param)                          # 通过列表指定函数的可变参数
```

通过上面的代码调用 printcoffee() 函数后，将显示以下运行结果。

```
我喜欢的咖啡有:
蓝山
卡布奇诺
土耳其
```

（2）**parameter

这种形式表示接收任意多个类似关键字参数一样显式赋值的实际参数，并将其放到一个字典中。例如，定义一个函数，让其可以接收任意多个显式赋值的实际参数，代码如下:

```
01    def printsign(**sign):                       # 定义输出姓名和星座的函数
02        print()                                  # 输出一个空行
03        for key, value in sign.items():          # 遍历字典
04            print("[" + key + "] 的星座是: " + value)   # 输出组合后的信息
```

调用两次 printsign() 函数，代码如下:

```
01    printsign(绮梦='水瓶座', 伊一='狮子座')
02    printsign(香凝='双鱼座', 黛清='双子座', 伊一='狮子座')
```

执行结果如下:

```
[ 绮梦 ] 的星座是: 水瓶座
[ 伊一 ] 的星座是: 狮子座

[ 香凝 ] 的星座是: 双鱼座
[ 黛清 ] 的星座是: 双子座
[ 伊一 ] 的星座是: 狮子座
```

如果想要使用一个已经存在的字典作为函数的可变参数，可以在字典的名称前加"**"。例如下面的代码:

```
01    dict1 = {' 绮梦 ': ' 水瓶座 ', ' 伊一 ': ' 狮子座 ',' 香凝 ':' 双鱼座 '}        # 定义一个字典
02    printsign(**dict1)                              # 通过字典指定函数的可变参数
```

通过上面的代码调用 printsign() 函数后，将显示以下运行结果。

```
[ 绮梦 ] 的星座是：水瓶座
[ 伊一 ] 的星座是：狮子座
[ 香凝 ] 的星座是：双鱼座
```

12.3 函数的返回值

到目前为止，我们创建的函数都只是为我们做一些事，做完了就结束。但实际上，有时还需要对事情的结果进行获取。这就可以为函数设置返回值，从而将函数的处理结果返回给调用它的程序。

在 Python 中，可以在函数体内使用 return 语句为函数指定返回值。该返回值可以是任意类型，并且无论 return 语句出现在函数的什么位置，只要得到执行，就会直接结束函数的执行。

return 语句的语法格式如下：

```
return value
```

参数说明如下：

● value：可选参数，用于指定要返回的值，可以返回一个值，也可返回多个值。

为函数指定返回值后，在调用函数时，可以把它赋给一个变量（如 result），用于保存函数的返回结果。如果返回一个值，那么 result 中保存的就是返回的一个值，该值可以为任意类型；如果返回多个值，那么 result 中保存的是一个元组。

👑 说明：

当函数中没有 return 语句时，或者省略了 return 语句的参数时，将返回 None，即返回空值。

[实例 12.3]

（源码位置：资源包 \Code\12\03 ）

编写计算矩形面积的函数

编写一个名称为 fun_area 的函数，用于计算矩形的面积，该函数包括两个参数，分别为矩形的长和宽，返回值为计算得到的矩形面积。代码如下：

```
01    # 计算矩形面积的函数
02    def fun_area(width,height):
03        if str(width).isdigit() and str(height).isdigit():      # 验证数据是否合法
04            area = width*height                              # 计算矩形面积
05        else:
06            area = 0
07        return area                                          # 返回矩形的面积
08    w = 16                                                   # 长
09    h = 10                                                   # 宽
10    area = fun_area(w,h)                                     # 调用函数
11    print(area)
```

运行结果如下：

第 2 篇 进阶篇

12.4 变量的作用域

变量的作用域是指程序代码能够访问该变量的区域，如果超出该区域，再访问时就会出现错误。在程序中，一般会根据变量的"有效范围"将变量分为"局部变量"和"全局变量"。

12.4.1 局部变量

局部变量是指在函数内部定义并使用的变量，只在函数内部有效，即函数内部的名字只在函数运行时才会创建，在函数运行之前或者运行完毕之后，所有的名字就都不存在了。所以，如果在函数外部使用函数内部定义的变量，就会抛出 NameError 异常。

例如，定义一个名称为 f_demo 的函数，在该函数内部定义一个变量 message（局部变量），并为其赋值，然后输出该变量，最后在函数体外部再次输出 message 变量，代码如下：

```
01  def f_demo():
02      message = ' 成功的唯一秘诀——坚持最后一分钟。'
03      print(' 局部变量 message =',message)          # 输出局部变量的值
04  f_demo()                                          # 调用函数
05  print(' 局部变量 message =',message)              # 在函数体外输出局部变量的值
```

运行上面的代码将显示如图 12.11 所示的异常，原因是在函数体外部调用了局部变量。

图 12.11　要访问的变量不存在

12.4.2 全局变量

与局部变量对应，全局变量是能够作用于函数内外的变量。全局变量主要有以下两种情况。

① 如果一个变量在函数外定义，那么不仅可以在函数外访问到，在函数内也可以访问到。在函数体以外定义的变量是全局变量。

例如，定义一个全局变量 message，然后再定义一个函数，在该函数内输出全局变量 message 的值，代码如下：

```
01  message = ' 成功的唯一秘诀——坚持最后一分钟。'          # 全局变量
02  def f_demo():
03      print(' 函数体内: 全局变量 message =',message)    # 在函数体内输出全局变量的值
04  f_demo()                                             # 调用函数
05  print(' 函数体外: 全局变量 message =',message)        # 在函数体外输出全局变量的值
```

运行上面的代码，将显示以下内容:

函数体内: 全局变量 message = 成功的唯一秘诀——坚持最后一分钟。
函数体外: 全局变量 message = 成功的唯一秘诀——坚持最后一分钟。

👑 说明:

当局部变量与全局变量重名时，对函数体的变量进行赋值后，不影响函数体外的变量。

② 在函数体内定义，并且使用 global 关键字修饰后，该变量也就变为全局变量。在函数体外也可以访问到该变量，并且在函数体内还可以对其进行修改。

例如，定义两个同名的全局变量和局部变量，并输出它们的值，代码如下:

```
01  message = '成功的唯一秘诀——坚持最后一分钟。'  # 全局变量
02  print('函数体外: message =',message)          # 在函数体外输出全局变量的值
03  def f_demo():
04      message = '命运给予我们的不是失望之酒，而是机会之杯。'    # 局部变量
05      print('函数体内: message =',message)       # 在函数体内输出局部变量的值
06  f_demo()                                       # 调用函数
07  print('函数体外: message =',message)          # 在函数体外输出全局变量的值
```

执行上面的代码后，将显示以下内容。

函数体外: message = 成功的唯一秘诀——坚持最后一分钟。
函数体内: message = 命运给予我们的不是失望之酒，而是机会之杯。
函数体外: message = 成功的唯一秘诀——坚持最后一分钟。

从上面的结果中可以看出，在函数内部定义的变量即使与全局变量重名，也不影响全局变量的值。那么想要在函数体内部改变全局变量的值，需要在定义局部变量时，使用 global 关键字修饰。例如，将上面的代码修改为以下内容:

```
01  message = '成功的唯一秘诀——坚持最后一分钟。'  # 全局变量
02  print('函数体外: message =',message)          # 在函数体外输出全局变量的值
03  def f_demo():
04      global message                             # 将 message 声明为全局变量
05      message = '命运给予我们的不是失望之酒，而是机会之杯。'    # 全局变量
06      print('函数体内: message =',message)       # 在函数体内输出全局变量的值
07  f_demo()                                       # 调用函数
08  print('函数体外: message =',message)          # 在函数体外输出全局变量的值
```

执行上面的代码后，将显示以下内容。

函数体外: message = 成功的唯一秘诀——坚持最后一分钟。
函数体内: message = 命运给予我们的不是失望之酒，而是机会之杯。
函数体外: message = 命运给予我们的不是失望之酒，而是机会之杯。

从上面的结果中可以看出，在函数体内部修改了全局变量的值。

👑 注意:

尽管 Python 允许全局变量和局部变量重名，但是在实际开发时，不建议这么做，因为这样容易让代码混乱，很难分清哪些是全局变量，哪些是局部变量。

12.5 匿名函数（lambda）

匿名函数是指没有名字的函数，应用在需要一个函数但是又不想费神去命名这个函数

的场合。通常情况下，这样的函数只使用一次。在 Python 中，使用 lambda 表达式创建匿名函数，其语法格式如下：

```
result = lambda arg1 ,arg2,……,argn:expression
```

参数说明：

● result：用于调用 lambda 表达式。

● arg1,arg2,……,argn：可选参数，用于指定要传递的参数列表，多个参数间使用逗号","分隔。

● expression：必选参数，用于指定一个实现具体功能的表达式。如果有参数，那么在该表达式中将应用这些参数。

👑 **注意：**

使用 lambda 表达式时，参数可以有多个，用逗号","分隔，但是表达式只能有一个，即只能返回一个值，而且也不能出现其他非表达式语句（如 for 或 while）。

例如，要定义一个计算圆面积的函数，常规的代码如下：

```
01    import math                              # 导入 math 模块
02    def circlearea(r):                       # 计算圆面积的函数
03        result = math.pi*r*r                 # 计算圆面积
04        return result                        # 返回圆的面积
05    r = 10                                   # 半径
06    print(' 半径为 ',r,' 的圆面积为: ',circlearea(r))
```

执行上面的代码后，将显示以下内容：

```
半径为 10 的圆面积为: 314.1592653589793
```

使用 lambda 表达式的代码如下：

```
01    import math                              # 导入 math 模块
02    r = 10                                   # 半径
03    result = lambda r:math.pi*r*r            # 计算圆的面积的 lambda 表达式
04    print(' 半径为 ',r,' 的圆面积为: ',result(r))
```

执行上面的代码后，将显示以下内容。

```
半径为 10 的圆面积为: 314.1592653589793
```

从上面的示例中，可以看出虽然使用 lambda 表达式比使用自定义函数的代码减少了一些。但是在使用 lambda 表达式时，需要定义一个变量，用于调用该 lambda 表达式，否则将输出类似的结果。

```
<function <lambda> at 0x0000000002FDD510>
```

这看似有点画蛇添足。那么 lambda 表达式具体应该怎么应用？实际上，lambda 的首要用途是指定短小的回调函数。下面通过一个具体的实例进行演示。

[实例 12.4]
（源码位置：资源包 \Code\12\04 ）

应用 lambda 实现对学生成绩列表排序

定义一个保存学生成绩的列表，每个学生的信息保存在一个字典中，然后根据学生的总成绩进行排序，代码如下：

```
01  student = [
02      {'id': '1001', 'name': '无语', 'english': 98, 'python': 100, 'c': 96},
03      {'id': '1002', 'name': '琦琦', 'english': 100, 'python': 96, 'c': 97},
04      {'id': '1003', 'name': '明日', 'english': 99, 'python': 97, 'c': 95},
05      {'id': '1004', 'name': '田甜', 'english': 93, 'python': 99, 'c': 98}
06      ]                                    # 保存学生成绩的列表
07  student.sort(key=lambda x :x['english']+x['python']+x['c'],reverse = True)# 按总成绩排序
08  for item in student:                     # 遍历输出排序结果
09      print(item)
```

运行结果如图 12.12 所示。

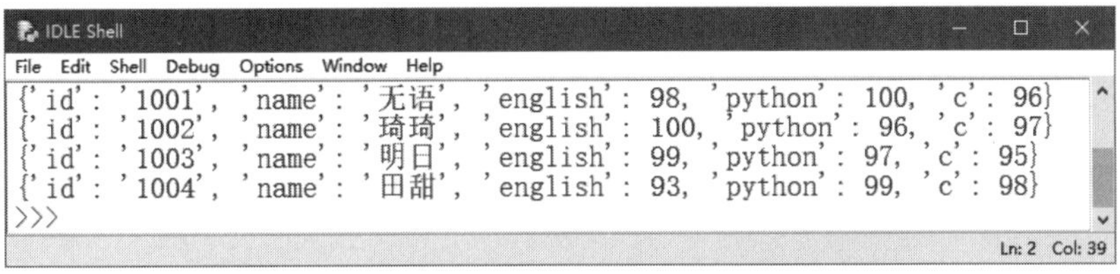

图 12.12　应用 lambda 实现对学生成绩列表排序

12.6　常用 Python 内置函数

Python 中内置了很多常用的函数，开发人员可以直接使用，常用的 Python 内置函数如表 12.1 所示。

表 12.1　常用的 Python 内置函数

内置函数	作用
dict()	用于创建一个字典
help()	用于查看函数或模块用途的详细说明
dir()	不带参数时，返回当前范围内的变量、方法和定义的类型列表；带参数时，返回参数的属性、方法列表。如果参数包含方法 __dir__()，该方法将被调用；如果参数不包含 __dir__()，该方法将最大限度地收集参数信息
hex()	用于将10进制整数转换成16进制，以字符串形式表示
next()	返回迭代器的下一个项目
divmod()	把除数和余数运算结果结合起来，返回一个包含商和余数的元组(a // b, a % b)
id()	用于获取对象的内存地址
sorted()	对所有可迭代的对象进行排序操作
ascii()	返回一个表示对象的字符串，但是对于字符串中的非 ASCII 字符则返回通过 repr() 函数使用 \x, \u 或 \U 编码的字符
oct()	将一个整数转换成8进制字符串
bin()	返回一个整数 int 或者长整数 long int 的二进制表示
open()	用于打开一个文件
str()	将对象转化为适于人阅读的形式
sum()	对序列进行求和计算

续表

内置函数	作用
filter()	用于过滤序列，过滤掉不符合条件的元素，返回由符合条件元素组成的新列表
format()	格式化字符串
len()	返回对象（字符、列表、元组等）长度或项目个数
list()	用于将元组转换为列表
range()	返回的是一个可迭代对象（类型是对象）
zip()	用于将可迭代的对象作为参数，将对象中对应的元素打包成一个个元组，然后返回由这些元组组成的对象
compile()	将一个字符串编译为字节代码
map()	根据提供的函数对指定序列做映射
reversed()	返回一个反转的迭代器
round()	返回浮点数 x 的四舍五入值

 本章知识思维导图

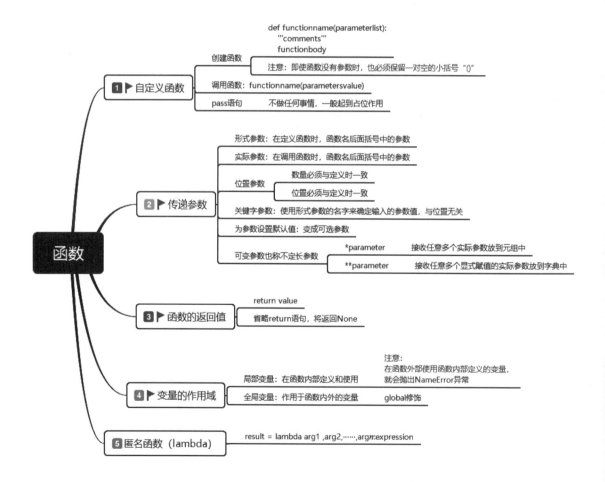

第 13 章

模块和包

 本章学习目标

- 了解 Python 中的模块
- 掌握创建模块的方法
- 熟练掌握导入模块的方法
- 灵活运用以主程序的形式执行
- 了解 Python 程序的包结构
- 掌握创建和使用包
- 掌握标准模块的使用方法
- 掌握第三方模块的下载与安装的方法

13.1　什么是模块

模块的英文是 Modules，可以认为是一盒（箱）主题积木，通过它可以拼出某一主题的东西。这与第 12 章介绍的函数不同，一个函数相当于一块积木，而一个模块中可以包括很多函数，也就是很多积木，所以也可以说模块相当于一盒积木。

在 Python 中，一个扩展名为 ".py" 的文件就称之为一个模块。通常情况下，我们把能够实现某一特定功能的代码放置在一个文件中作为一个模块，从而方便其他程序和脚本导入并使用。另外，使用模块也可以避免函数名和变量名冲突。

13.2　自定义模块

经过前面的学习，我们知道对于 Python 代码可以写一个文件。但是随着程序不断变大，为了便于维护，需要将其分为多个文件，这样可以提高代码的可维护性。另外，使用模块还可以提高代码的可重用性。编写好一个模块后，只要是实现该功能的程序，都可以导入这个模块实现，这也称为自定义模块。要实现自定义模块主要分为两部分，一部分是创建模块，另一部分是导入模块。下面分别进行介绍。

13.2.1　创建模块

创建模块可以将模块中相关的代码（变量定义和函数定义等）编写在一个单独的文件中，并且将该文件命名为 "模块名 +.py" 的形式。

👑 **注意：**
　　①创建模块时，设置的模块名不能是 Python 自带的标准模块名称。如果设置了相同的模块名称，那么在导入该模块后，Python 自带的标准模块就不能再导入了。
　　②模块文件的扩展名必须是 ".py"。

 [实例 13.1]　　　　　　　　　　　　　　　　　　　　　　　　（源码位置：资源包 \Code\13\01）

创建一个模块

创建一个模块，命名为 modules.py，其中 modules 为模块名，.py 为扩展名。代码如下：

```
01   def function1(param):
02       print('function1() 函数的参数 param =' ,param)   # 输出参数值
03
04   def function2(param1):
05       print('function2() 函数的参数 param1 =' ,param1) # 输出参数值
```

13.2.2　使用 import 语句导入模块

创建模块后，就可以在其他程序中使用该模块了。要使用模块需要先以模块的形式加载模块中的代码，这可以使用 import 语句实现。import 语句的基本语法格式如下：

```
import modulename as alias
```

参数说明：

● modulename：要导入模块的名称。

● as alias：给模块起的别名，通过该别名也可以使用模块。

下面将导入 [实例 13.1] 所编写的模块 modules，并执行该模块中的函数。在模块文件 modules.py 的同级目录下创建一个名称为 main.py 的文件，在该文件中，导入模块 modules，并且执行该模块中的 function1() 函数，代码如下：

```
01   import modules                          # 导入 modules 模块
02   modules.function1('当世界都在说放弃的时候，轻轻地告诉自己：再试一次。')  # 执行模块中的
function1() 函数
```

执行上面的代码，将显示以下运行结果。

```
function1() 函数的参数 param = 当世界都在说放弃的时候，轻轻地告诉自己：再试一次。
```

👑 说明：

在调用模块中的变量、函数或者类时，需要在变量名、函数名或者类名前添加"模块名."作为前缀。例如，上面代码中的 modules.function1，则表示调用 modules 模块中的 function1() 函数。

👑 多学两招：

如果模块名比较长不容易记住，可以在导入模块时，使用 as 关键字为其设置一个别名，然后就可以通过这个别名来调用模块中的变量、函数和类等。例如，将上面导入模块的代码修改为以下内容：

```
import modules as m                          # 导入 modules 模块并设置别名为 m
```

然后，在调用 modules 模块中的 function1() 函数时，可以使用下面的代码。

```
m.function1('当世界都在说放弃的时候，轻轻地告诉自己：再试一次。')  # 执行模块中的 function1() 函数
```

使用 import 语句还可以一次导入多个模块，在导入多个模块时，模块名之间使用逗号","进行分隔。例如，分别创建了 modules.py、tips.py 和 differenttree.py 3 个模块文件。想要将这 3 个模块全部导入，可以使用下面的代码。

```
import modules,tips,differenttree
```

13.2.3 使用 from…import 语句导入模块

在使用 import 语句导入模块时，每执行一条 import 语句都会创建一个新的命名空间（namespace），并且在该命名空间中执行与 .py 文件相关的所有语句。在执行时，需在具体的变量、函数和类名前加上"模块名."前缀。如果不想在每次导入模块时都创建一个新的命名空间，而是将具体的定义导入当前的命名空间中，这时可以使用 from…import 语句。使用 from…import 语句导入模块后，不需要再添加前缀，直接通过具体的变量、函数和类名等访问即可。

👑 说明：

命名空间可以理解为记录对象名字和对象之间对应关系的空间。目前 Python 的命名空间大部分都是通过字典（dict）来实现的。其中，key 是标识符；value 是具体的对象。例如，key 是变量的名字，value 则是变量的值。

from…import 语句的语法格式如下：

```
from modelname import member
```

参数说明：

● modelname：模块名称，区分字母大小写，需要和定义模块时设置的模块名称的大小写保持一致。

● member：用于指定要导入的变量、函数或者类等。可以同时导入多个定义，各个定义之间使用逗号"，"分隔。如果想导入全部定义，也可以使用通配符星号"*"代替。

 多学两招：

在导入模块时，如果使用通配符"*"导入全部定义后，想查看具体导入了哪些定义，可以通过显示 dir() 函数的值来查看。例如，执行 print(dir()) 语句后将显示类似下面的内容。

```
['__annotations__', '__builtins__', '__doc__', '__file__', '__loader__', '__name__', '__package__', '__spec__', 'change', 'getHeight', 'getWidth']
```

其中 change、getHeight 和 getWidth 就是我们导入的定义。

例如，通过下面的 3 条语句都可以从模块导入指定的定义。

```
01    from modules import fun_bmi                   # 导入 modules 模块的 fun_bmi 函数
02    from modules import function1,function2       # 导入 modules 模块的 function1 和 function2 函数
03    from modules import *                         # 导入 modules 模块的全部定义（包括变量和函数）
```

注意：

在使用 from…import 语句导入模块中的定义时，需要保证所导入的内容在当前的命名空间中是唯一的，否则将出现冲突，后导入的同名变量、函数或者类会覆盖先导入的。这时就需要使用 import 语句进行导入。

[实例 13.2]

（源码位置：资源包 \Code\13\02）

导入两个包括同名函数的模块

创建两个模块，一个是矩形模块，其中包括计算矩形周长和面积的函数；另一个是圆形，其中包括计算圆形周长和面积的函数。然后在另一个 Python 文件中导入这两个模块，并调用相应的函数计算周长和面积。具体步骤如下：

① 创建矩形模块，对应的文件名为 rectangle.py，在该文件中定义两个函数，一个用于计算矩形的周长，另一个用于计算矩形的面积，具体代码如下：

```
01    def girth(width,height):
02        ''' 功能: 计算周长
03            参数: width（宽度）、height（高）
04        '''
05        return (width + height)*2
06    def area(width,height):
07        ''' 功能: 计算面积
08            参数: width（宽度）、height（高）
09        '''
10        return width * height
11    if __name__ == '__main__':
12        print(area(10,20))
```

② 创建圆形模块，对应的文件名为 circular.py，在该文件中定义两个函数，一个用于计算圆形的周长，另一个用于计算圆形的面积，具体代码如下：

```
01    import math                                   # 导入标准模块 math
02    PI = math.pi                                  # 圆周率
```

```
03    def girth(r):
04        ''' 功能: 计算周长
05            参数: r (半径 )
06        '''
07        return round(2 * PI * r ,2 )              # 计算周长并保留两位小数
08
09    def area(r):
10        ''' 功能: 计算面积
11            参数: r (半径 )
12        '''
13        return round(PI * r * r ,2)               # 计算面积并保留两位小数
14    if __name__ == '__main__':
15        print(girth(10))
```

③ 创建一个名称为 compute.py 的 Python 文件，在该文件中，首先导入矩形模块的全部定义，然后导入圆形模块的全部定义，最后分别调用计算矩形周长的函数和计算圆形周长的函数，代码如下：

```
01    from rectangle import *                       # 导入矩形模块
02    from circular import *                        # 导入圆形模块
03    if __name__ == '__main__':
04        print(" 圆形的周长为: ",girth(10))        # 调用计算圆形周长的函数
05        print(" 矩形的周长为: ",girth(10,20))      # 调用计算矩形周长的函数
```

执行 compute.py 文件，将显示如图 13.1 所示的结果。

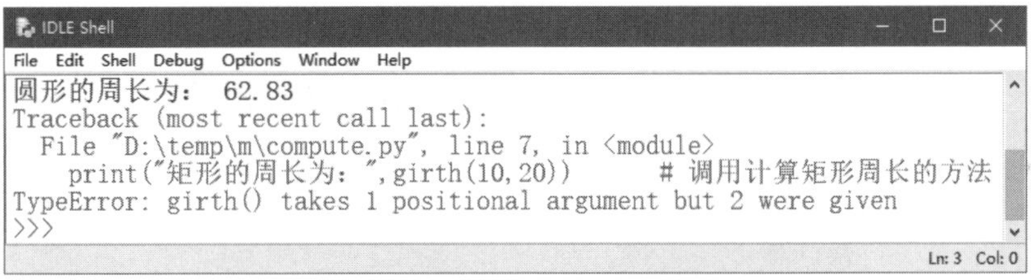

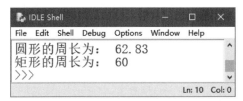

图 13.1　执行不同模块的同名函数时出现异常

从图 13.1 中可以看出执行步骤③的第 5 行代码时出现异常，这是因为原本想要执行的矩形模块的 girth() 函数被圆形模块的 girth() 函数给覆盖了。解决该问题的方法是，不使用 from…import 语句导入，而是使用 import 语句导入。修改后的代码如下：

```
01    import rectangle as r                         # 导入矩形模块
02    import circular as c                          # 导入圆形模块
03    if __name__ == '__main__':
04        print(" 圆形的周长为: ",c.girth(10))      # 调用计算圆形周长的函数
05        print(" 矩形的周长为: ",r.girth(10,20))    # 调用计算矩形周长的函数
```

执行上面的代码后，将显示如图 13.2 所示的结果。

图 13.2　正确执行不同模块的同名函数

13.2.4 模块搜索目录

当使用 import 语句导入模块时，默认情况下，会按照以下顺序进行查找。

① 在当前目录（即执行的 Python 脚本文件所在目录）下查找。

② 到 PYTHONPATH（环境变量）下的每个目录中查找。

③ 到 Python 的默认安装目录下查找。

以上各个目录的具体位置保存在标准模块 sys 的 sys.path 变量中。可以通过以下代码输出具体的目录。

```
01   import sys                                # 导入标准模块 sys
02   print(sys.path)                           # 输出具体目录
```

例如，在 IDLE 窗口中，执行上面的代码，将显示如图 13.3 所示的结果。

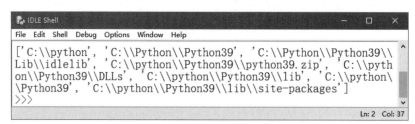

图 13.3 在 IDLE 窗口中查看具体目录

如果要导入的模块不在图 13.3 所示的目录中，那么在导入模块时，将显示如图 13.4 所示的异常。

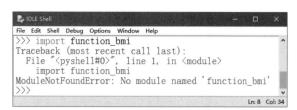

图 13.4 找不到要导入的模块

📖 注意：

使用 import 语句导入模块时，模块名是区分字母大小写的。

这时，我们可以通过以下 3 种方式添加指定的目录到 sys.path 中。

（1）临时添加

临时添加即在导入模块的 Python 文件中添加。例如，需要将 "E:\program\Python\Code\demo" 目录添加到 sys.path 中，可以使用下面的代码：

```
01   import sys                                # 导入标准模块 sys
02   sys.path.append('E:/program/Python/Code/demo')
```

执行上面的代码后，再输出 sys.path 的值，将得到以下结果：

```
['C:\\python', 'C:\\Python\\Python39', 'C:\\Python\\Python39\\Lib\\idlelib', 'C:\\python\\
Python39\\python39.zip', 'C:\\python\\Python39\\DLLs', 'C:\\python\\Python39\\lib', 'C:\\
python\\Python39', 'C:\\python\\Python39\\lib\\site-packages', 'E:/program/Python/Code/demo']
```

👑 说明:

通过该方法添加的目录只在执行当前文件的窗口中有效，窗口关闭后即失效。

（2）增加 .pth 文件（推荐）

在 Python 安装目录下的 Lib\site-packages 子目录中（例如，笔者的 Python 安装在 G:\Python\Python38 目录下，那么该路径为 G:\Python\Python38\Lib\site-packages），创建一个扩展名为 .pth 的文件，文件名任意。这里创建一个 mrpath.pth 文件，在该文件中添加要导入模块所在的目录。例如，将模块目录 "E:\program\Python\Code\demo" 添加到 mrpath.pth 文件，添加后的代码如下：

```
01  # .pth 文件是创建的路径文件（这里为注释）
02  E:\program\Python\Code\demo
```

👑 注意:

创建 .pth 文件后，需要重新打开要执行的导入模块的 Python 文件，否则新添加的目录不起作用。

👑 说明:

通过该方法添加的目录只在当前版本的 Python 中有效。

（3）在 PYTHONPATH 环境变量中添加

打开"环境变量"对话框，如果没有 PYTHONPATH 系统环境变量，则需要先创建一个，否则直接选中 PYTHONPATH 变量，再单击"编辑"按钮，并且在弹出对话框的"变量值"文本中添加新的模块目录，目录之前使用逗号进行分隔。例如，创建系统环境变量 PYTHONPATH，并指定模块所在目录为 "E:\program\Python\Code\demo;"，效果如图 13.5 所示。

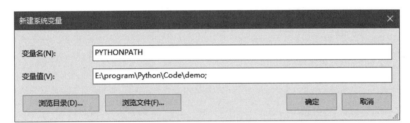

图 13.5　在环境变量中添加 PYTHONPATH 环境变量

👑 注意:

在环境变量中添加模块目录后，需要重新打开要执行的导入模块的 Python 文件，否则新添加的目录不起作用。

👑 说明:

通过该方法添加的目录可以在不同版本的 Python 中共享。

13.3　以主程序的形式执行

 [实例 13.3]

（源码位置：资源包 \Code\13\03)

创建走进 VR 的世界模块

这里先来创建一个模块，名称为 vr，在该模块中，首先定义一个全局变量，然后创建一个名称为 fun_vr() 的函数，最后再通过 print() 函数输出一些内容。代码如下：

```
01    geek = ' 坐在地板上玩无人机 '                              # 定义一个全局变量
02    def fun_vr():                                            # 定义函数
03        ''' 功能: 走进 VR 的世界
04            无返回值
05            驾驶着无人机穿梭在城市之中
06        '''
07        vr = ' 无人机慢悠悠地飞到高空, 越过围墙向城市上空飞去 @^.^@ \n'    # 定义局部变量
08        print(vr)                                            # 输出局部变量的值
09    # ********************** 函数体外 *********************** #
10    print('\n'+ geek + '……\n')
11    print('=============== 戴上 VR 眼镜…… ============\n')
12    fun_vr()                                                 # 调用函数
13    print('=============== 摘下 VR 眼镜…… ============\n')
14    geek = ' 我仍然 ' + geek + ' -_- '                          # 为全局变量赋值
15    print(geek)
```

在与 vr 模块同级的目录下，创建一个名称为 main.py 的文件，在该文件中，导入 vr 模块，再通过 print() 语句输出模块中的全局变量 geek 的值，代码如下：

```
01    import vr                                                # 导入 vr 模块
02    print(" 全局变量的值为: ",vr.geek)
```

执行上面的代码，将显示如图 13.6 所示的结果。

从图 13.6 所示的运行结果可以看出，导入模块后，不仅输出了全局变量的值，而且模块中原有的测试代码也被执行了。这个结果显然不是我们想要的。那么如何只输出全局变量的值呢？实际上，可以在模块中，将原本直接执行的测试代码放在一个 if 语句中。因此，可以将模块 vr 的代码修改为以下内容：

```
01    geek = ' 坐在地板上玩无人机 '                              # 定义一个全局变量
02    def fun_vr():                                            # 定义函数
03        ''' 功能: 走进 VR 的世界
04            无返回值
05            驾驶着无人机穿梭在城市之中
06        '''
07        vr = ' 无人机慢悠悠地飞到高空, 越过围墙向城市上空飞去 @^.^@ \n'    # 定义局部变量
08        print(vr)                                            # 输出局部变量的值
09    # ********************** 判断是否以主程序的形式运行 *********************** #
10    if __name__ == '__main__':
11        print('\n'+ geek + '……\n')
12        print('=============== 戴上 VR 眼镜…… ============\n')
13        fun_vr()                                             # 调用函数
14        print('=============== 摘下 VR 眼镜…… ============\n')
15        geek = ' 我仍然 ' + geek + ' -_- '                      # 为全局变量赋值
16        print(geek)
```

再次执行导入模块的 main.py 文件，将显示如图 13.7 所示的结果。从执行结果中可以看出测试代码并没有执行。

图 13.6　导入模块后输出模块中定义的
全局变量的值

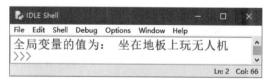

图 13.7　在模块中加入以主程序形式执行的
判断的结果

此时，如果执行 vr.py 文件，将显示如图 13.8 所示的结果。

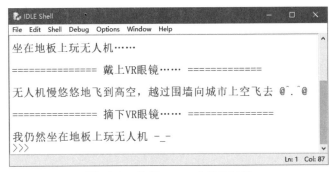

图 13.8　执行 vr.py 文件的结果

👑 说明：

在每个模块的定义中都包括一个记录模块名称的变量 __name__，程序可以检查该变量，以确定它们在哪个模块中执行。如果一个模块不是被导入到其他程序中执行，那么它可能在解释器的顶级模块中执行。顶级模块的 __name__ 变量的值为 __main__。

13.4　Python 中的包

使用模块可以避免函数名和变量名重复引发的冲突。那么，模块名重复应该怎么办呢？在 Python 中，提出了包（Package）的概念。包是一个分层次的目录结构，它将一组功能相近的模块组织在一个目录下。这样，既可以起到规范代码的作用，又能避免模块重名引起的冲突。

👑 说明：

包简单理解就是"文件夹"，只不过在该文件夹下必须存在一个名称为"__init__.py"的文件。

13.4.1　Python 程序的包结构

在实际项目开发时，通常情况下会创建多个包用于存放不同类的文件。例如，开发一个网站时，可以创建如图 13.9 所示的包结构。

图 13.9　一个 Python 项目的包结构

👑 说明：

在图 13.9 中，先创建一个名称为 shop 的项目，然后在该包下又创建了 admin、home 和 templates 3 个包和 1 个 manager.py 的文件，最后在每个包中，又创建了相应的模块。

13.4.2 创建和使用包

（1）创建包

创建包实际上就是创建一个文件夹，并且在该文件夹中创建一个名称为 "__init__.py" 的 Python 文件。在 __init__.py 文件中，可以不编写任何代码，也可以编写一些 Python 代码。在 __init__.py 文件中所编写的代码，在导入包时会自动执行。

👑 说明：

__init__.py 文件是一个模块文件，模块名为对应的包名。例如，在 settings 包中创建的 __init__.py 文件，对应的模块名为 settings。

例如，在 F 盘根目录下，创建一个名称为 settings 的包，可以按照以下步骤进行：

① 计算机的 F 盘根目录下，创建一个名称为 settings 的文件夹。

② 在 IDLE 中，创建一个名称为 "__init__.py" 的文件，保存在 F:\settings 文件夹下，并且在该文件中不写任何内容，然后再返回到资源管理器中，效果如图 13.10 所示。

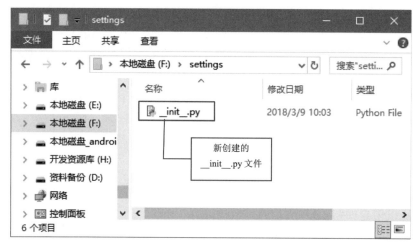

图 13.10　创建 "__init__.py" 文件后的效果

至此，名称为 settings 的包创建完毕了，创建完毕之后便可以在该包中创建所需的模块了。

（2）使用包

创建包以后，就可以在包中创建相应的模块，然后再使用 import 语句从包中加载模块。从包中加载模块通常有以下 3 种方式。

① 通过 "import + 完整包名 + 模块名" 形式加载指定模块。

"import + 完整包名 + 模块名" 形式是指：假如有一个名称为 settings 的包，在该包下有一个名称为 size 的模块，那么要导入 size 模块，可以使用下面的代码：

```
import settings.size
```

通过该方式导入模块后，在使用时需要使用完整的名称。例如，在已经创建的 settings 包中创建一个名称为 size 的模块，并且在该模块中定义两个变量，代码如下：

```
01    width = 1280                          # 宽度
02    height = 720                          # 高度
```

这时，通过"import + 完整包名 + 模块名"形式导入 size 模块后，在调用 width 和 height 变量时，就需要在变量名前加入"settings.size."前缀。对应的代码如下：

```
01    import settings.size                  # 导入 settings 包下的 size 模块
02    if __name__=='__main__':
03        print(' 宽度: ',settings.size.width)
04        print(' 高度: ',settings.size.height)
```

执行上面的代码后，将显示以下内容：

```
宽度: 1280
高度: 720
```

② 通过"from + 完整包名 + import + 模块名"形式加载指定模块。

"from + 完整包名 + import + 模块名"形式是指：假如有一个名称为 settings 的包，在该包下有一个名称为 size 的模块，那么要导入 size 模块，可以使用下面的代码：

```
from settings import size
```

通过该方式导入模块后，在使用时不需要带包前缀，但是需要带模块名。例如，想通过"from + 完整包名 + import + 模块名"形式导入上面已经创建的 size 模块，并且调用 width 和 height 变量，就可以通过下面的代码实现：

```
01    from settings import size             # 导入 settings 包下的 size 模块
02    if __name__=='__main__':
03        print(' 宽度: ',size.width)
04        print(' 高度: ',size.height)
```

执行上面的代码后，将显示以下内容：

```
宽度: 1280
高度: 720
```

③ 通过"from + 完整包名 + 模块名 + import + 定义名"形式加载指定模块。

"from + 完整包名 + 模块名 + import + 定义名"形式是指：假如有一个名称为 settings 的包，在该包下有一个名称为 size 的模块，那么要导入 size 模块中的 width 和 height 变量，可以使用下面的代码：

```
from settings.size import width,height
```

通过该方式导入模块的函数、变量或类后，在使用时直接使用函数、变量或类名即可。例如，想通过"from + 完整包名 + 模块名 + import + 定义名"形式导入上面已经创建的 size 模块的 width 和 height 变量，并输出，就可以通过下面的代码实现：

```
01    # 导入 settings 包下 size 模块中的 width 和 height 变量
02    from settings.size import width,height
03    if __name__=='__main__':
04        print(' 宽度: ', width)               # 输出宽度
05        print(' 高度: ', height)              # 输出高度
```

执行上面的代码后，将显示以下内容：

```
宽度: 1280
高度: 720
```

 说明：

在通过 "from + 完整包名 + 模块名 + import + 定义名" 形式加载指定模块时，可以使用星号 "*" 代替定义名，表示加载该模块下的全部定义。

13.5　引用其他模块

在 Python 中，除了可以自定义模块外，还可以引用其他模块，主要包括使用标准模块和第三方模块。

13.5.1　导入和使用标准模块

在 Python 中，自带了很多实用的模块，称为标准模块（也可以称为标准库），对于标准模块，我们可以直接使用 import 语句导入到 Python 文件中使用。例如，导入标准模块 random（用于生成随机数），可以使用下面的代码：

```
import random                              # 导入标准模块 random
```

 说明：

在导入标准模块时，也可以使用 as 关键字为其指定别名。通常情况下，如果模块名比较长，则可以为其设置别名。导入标准模块后，可以通过模块名调用其提供的函数。例如，导入 random 模块后，就可以调用 randint() 函数生成一个指定范围的随机整数。例如，生成一个 10 ～ 99（包括 10 和 99）的随机整数的代码如下：

```
01   import random                         # 导入标准模块 random
02   print(random.randint(10,99))          # 输出 10~99 的随机数
```

执行上面的代码，会输出 10 ～ 99 中的任意一个数。

[实例 13.4]　　　　　　　　　　　　　　　（源码位置：资源包 \Code\13\04）

生成由数字、字母组成的 4 位验证码

在 IDLE 中创建一个名称为 checkcode.py 的文件，然后在该文件中导入 Python 标准模块中的 random 模块（用于生成随机数），接着定义一个保存验证码的变量，再应用 for 语句实现一个重复 4 次的循环，在该循环中，调用 random 模块提供的 randrange() 和 randint() 方法生成符合要求的验证码，最后输出生成的验证码，代码如下：

```
01   import random                                  # 导入标准模块中的 random
02   if __name__ == '__main__':
03       checkcode = ''                             # 保存验证码的变量
04       for i in range(4):                         # 循环 4 次
05           index = random.randrange(0, 4)         # 生成 0~3 中的一个数
06           if index != i and index + 1 != i:
07               checkcode += chr(random.randint(97, 122))   # 生成 a~z 中的一个小写字母
08           elif index + 1 == i:
09               checkcode += chr(random.randint(65, 90))    # 生成 A~Z 中的一个大写字母
10           else:
11               checkcode += str(random.randint(1, 9))      # 生成 1~9 中的一个数字
12       print('验证码：', checkcode)                # 输出生成的验证码
```

执行实例代码，将显示如图 13.11 所示的结果。

除了 random 模块外，Python 还提供了大约 200
个内置的标准模块，涵盖了 Python 运行时服务、文
字模式匹配、操作系统接口、数学运算、对象永久
保存、网络和 Internet 脚本以及 GUI 建构等方面。
Python 常用的内置标准模块如表 13.1 所示。

图 13.11　生成验证码

表 13.1　Python 常用的内置标准模块

模块名	描述
sys	与 Python 解释器及其环境操作相关的标准库
time	提供与时间相关的各种函数的标准库
os	提供访问操作系统服务功能的标准库
calendar	提供与日期相关的各种函数的标准库
urllib	用于读取来自网上（服务器上）的数据的标准库
json	用于使用 JSON 序列化和反序列化对象
re	用于在字符串中执行正则表达式匹配和替换
math	提供标准算术运算函数的标准库
decimal	用于进行精确控制运算精度、有效数位和四舍五入操作的十进制运算
shutil	用于进行高级文件操作，如复制、移动和重命名等
logging	提供灵活的记录事件、错误、警告和调试信息等日志信息的功能
tkinter	使用 Python 进行 GUI 编程的标准库

除了表 13.1 所列出的标准模块外，Python 还提供了很多模块，读者可以在 Python 的帮助文档中查看。具体方法：打开 Python 安装路径下的 Doc 目录，在该目录中的扩展名为 .chm 的文件（如python390.chm）即为 Python 的帮助文档。打开该文件，找到如图 13.12 所示的位置进行查看即可。

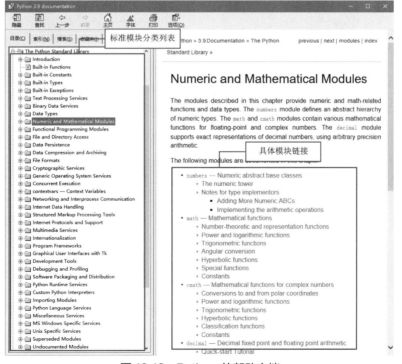

图 13.12　Python 的帮助文档

13.5.2　第三方模块的下载与安装

在进行 Python 程序开发时，除了可以使用 Python 内置的标准模块外，还有很多第三方模块可以被我们所使用。对于这些第三方模块，可以在 Python 官方推出的 https://pypi.org 中找到。

在使用第三方模块时，需要先下载并安装该模块，然后就可以像使用标准模块一样导入并使用了。本节主要介绍如何下载和安装。下载和安装第三方模块可以使用 Python 提供的 pip 命令实现。pip 命令的语法格式如下：

```
pip command modulename
```

参数说明：

● command：用于指定要执行的命令。常用的参数值有 install（用于安装第三方模块）、uninstall（用于卸载已经安装的第三方模块）、list（用于显示已经安装的第三方模块）等。

● modulename：可选参数，用于指定要安装或者卸载的模块名，当 command 为 install 或者 uninstall 时不能省略。

例如，安装第三方 numpy 模块（用于科学计算），可以在命令行窗口中输入以下代码：

```
pip install numpy
```

执行上面的代码，将在线安装 numpy 模块，安装完成后，将显示如图 13.13 所示的结果。

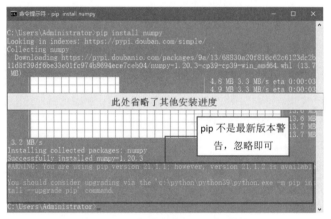

图 13.13　在线安装 numpy 模块

在线安装第三方模块时，可能会遇到网络连接超时的情况，这时可以将想要安装的模块下载到本地来安装。例如，想要实现本地安装 numpy 模块，可以到 https://pypi.org 网址中下载对应的 .whl 文件（如 numpy-1.20.3-cp39-cp39-win_amd64.whl），下载后，将其放置在本地计算机的任意目录下（如 D:/whl 目录下），然后在 CMD 命令行窗口中输入以下代码：

```
pip install D:/whl/numpy-1.20.3-cp39-cp39-win_amd64.whl
```

👑 说明：

在大型程序中可能需要导入很多模块，推荐先导入 Python 提供的标准模块，然后再导入第三方模块，最后导入自定义模块。

👑 多学两招：

如果想要查看 Python 中都有哪些模块（包括标准模块和第三方模块），可以在 IDLE 中输入以下命令：

```
help('modules')
```

如果只是想要查看已经安装的第三方模块，可以在命令行窗口中输入以下命令：

```
pip list
```

 # 本章知识思维导图

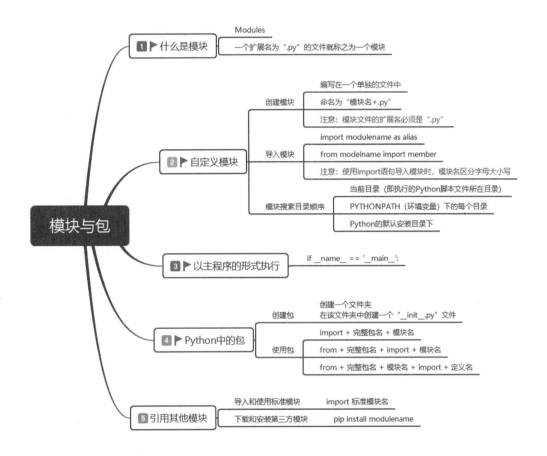

第 14 章

面向对象与类

 本章学习目标

- 了解面向对象的概念
- 掌握如何定义类并创建类的实例
- 掌握 __init__() 方法的应用
- 掌握如何创建类的成员并访问
- 掌握如何定义私有成员
- 灵活运用 @property 装饰器
- 掌握继承的基本语法
- 掌握方法的重写
- 掌握如何在派生类中调用基类的 __init__() 方法

14.1　面向对象的概念

面向对象（Object Oriented）的英文缩写是 OO，它是一种设计思想。从 20 世纪 60 年代提出面向对象的概念到现在，它已经发展成为一种比较成熟的编程思想，并且逐步成为目前软件开发领域的主流技术。如我们经常听说的面向对象编程（Object Oriented Programming，OOP）就是主要针对大型软件设计而提出的，它可以使软件设计更加灵活，并且能更好地进行代码复用。

14.1.1　对象

对象，是一个抽象概念，英文称作"Object"，表示任意存在的事物。世间万物皆对象。现实世界中，随处可见的一种事物就是对象，对象是事物存在的实体，如一个人。

通常将对象划分为两个部分，即静态部分与动态部分。静态部分被称为"属性"，任何对象都具备自身属性，这些属性不仅是客观存在的，而且是不能被忽视的，如人的性别；动态部分指的是对象的行为，即对象执行的动作，如人可以行走。

> 👑 说明：
>
> 在 Python 中，一切都是对象。不仅具体的事物是对象，字符串、函数等也都是对象。这说明 Python 天生就是面向对象的。

14.1.2　类

类是封装对象的属性和行为的载体，反过来说具有相同属性和行为的一类实体被称为类。例如，把雁群比作大雁类，那么大雁类就具备了喙、翅膀和爪等属性，觅食、飞行和睡觉等行为，而一只要从北方飞往南方的大雁则被视为大雁类的一个对象。

在 Python 语言中，类是一种抽象概念，表示具有相同属性和方法的对象的集合。如定义一个大雁类（Geese），在该类中，可以定义每个对象共有的属性和方法；在使用类时，需要先定义类，然后再创建类的实例，如一只要从北方飞往南方的大雁则是大雁类的一个对象（wildGoose），对象是类的实例。通过类的实例就可以访问类中的属性和方法了。

14.2　类的定义和使用

14.2.1　定义类

在 Python 中，类的定义使用 class 关键字来实现，语法如下：

```
class ClassName:
    ''' 类的帮助信息 '''                    # 类文档字符串
    statement                             # 类体
```

参数说明：

● ClassName：用于指定类名，一般使用大写字母开头，如果类名中包括两个单词，第二个单词的首字母也大写，这种命名方法也称为"驼峰式命名法"，这是惯例。当然，也可根据自己的习惯命名，但是一般推荐按照惯例来命名。

● ''' 类的帮助信息 '''：用于指定类的文档字符串，定义该字符串后，在创建类的对象时，输入类名和左侧的括号"("后，将显示该信息。

● statement：类体，主要由类变量（或类成员）、方法和属性等定义语句组成。如果在定义类时，没想好类的具体功能，也可以在类体中直接使用 pass 语句代替。

例如，下面以大雁为例声明一个类，代码如下：

```
01   class Geese:
02       ''' 大雁类 '''
03       pass
```

14.2.2　创建类的实例

定义类后，并不会真正创建一个实例，这有点像汽车的设计图。设计图可以告诉你汽车看上去怎么样，但设计图本身不是一个汽车。你不能开走它，它只能用来建造真正的汽车，而且可以使用它制造很多汽车。那么如何创建实例呢？

class 语句本身并不创建该类的任何实例。所以在类定义完成以后，可以创建类的实例，即实例化该类的对象。创建类的实例的语法如下：

```
ClassName(parameterlist)
```

其中，ClassName 是必选参数，用于指定具体的类；parameterlist 是可选参数，当创建一个类时，没有创建 __init__() 方法（该方法将在 14.2.3 小节进行详细介绍），或者 __init__() 方法只有一个 self 参数时，parameterlist 可以省略。

例如，创建 14.2.1 小节定义的 Geese 类的实例，可以使用下面的代码：

```
01   wildGoose = Geese()                # 创建大雁类的实例
02   print(wildGoose)
```

执行上面代码后，将显示类似下面的内容：

```
<__main__.Geese object at 0x000002396DEA6FA0>
```

从上面的执行结果中可以看出，wildGoose 是 Geese 类的实例。

14.2.3　魔术方法——__init__()

在创建类后，可以手动创建一个 __init__() 方法。该方法是一个特殊的方法，类似 Java 语言中的构造方法。每当创建一个类的新实例时，Python 都会自动执行它。__init__() 方法必须包含一个 self 参数，并且必须是第一个参数。self 参数是一个指向实例本身的引用，用于访问类中的属性和方法。在方法调用时会自动传递实际参数 self，因此当 __init__() 方法只有一个参数时，在创建类的实例时，就不需要指定实际参数了。

👑 说明：

在 __init__() 方法的名称中，开头和结尾处是两个下划线（中间没有空格），这是一种约定，旨在区分 Python 默认方法和普通方法。

例如，下面仍然以大雁为例声明一个类，并且创建 __init__() 方法，代码如下：

```
01   class Geese:
02       ''' 大雁类 '''
03       def __init__(self):                # 构造方法
```

```
04          print(" 我是大雁类！")
05   wildGoose = Geese()                          # 创建大雁类的实例
```

运行上面的代码，将输出以下内容：

我是大雁类！

从上面的运行结果可以看出，在创建大雁类的实例时，虽然没有为 __init__() 方法指定参数，但是该方法会自动执行。

👑 常见错误：

在为类创建 __init__() 方法时，在开发环境中运行下面代码：

```
01   class Geese:
02       ''' 大雁类 '''
03       def __init__():                           # 构造方法
04           print(" 我是大雁类！")
05   wildGoose = Geese()                           # 创建大雁类的实例
```

将显示如图 14.1 所示的异常信息。该错误的解决方法是在第 3 行代码的括号中添加 self。

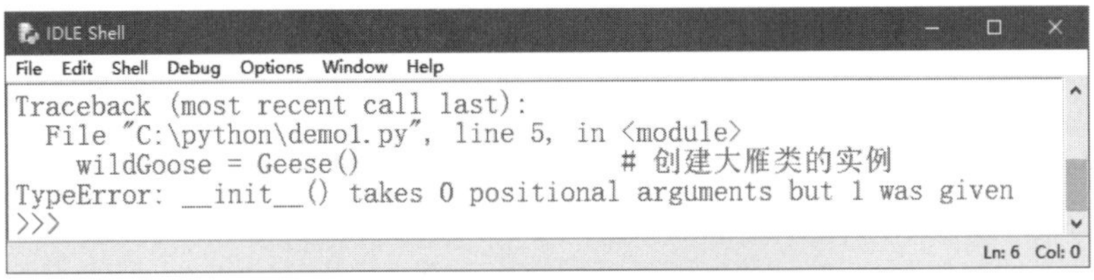

```
IDLE Shell                                          —   □   ×
File Edit Shell Debug Options Window Help
Traceback (most recent call last):
  File "C:\python\demo1.py", line 5, in <module>
    wildGoose = Geese()              # 创建大雁类的实例
TypeError: __init__() takes 0 positional arguments but 1 was given
>>>
                                                        Ln: 6  Col: 0
```

图 14.1　缺少 self 参数抛出的异常信息

在 __init__() 方法中，除了 self 参数外，还可以自定义一些参数，参数间使用逗号 "," 进行分隔。例如，下面的代码将在创建 __init__() 方法时，再指定 3 个参数，分别是 beak、wing 和 claw。

```
01   class Geese:
02       ''' 大雁类 '''
03       def __init__(self,beak,wing,claw):        # 构造方法
04           print(" 我是大雁类！我有以下特征：")
05           print(beak)                           # 输出喙的特征
06           print(wing)                           # 输出翅膀的特征
07           print(claw)                           # 输出爪子的特征
08   beak_1 = " 喙的基部较高，长度和头部的长度几乎相等 "   # 喙的特征
09   wing_1 = " 翅膀长而尖 "                        # 翅膀的特征
10   claw_1 = " 爪子是蹼状的 "                       # 爪子的特征
11   wildGoose = Geese(beak_1,wing_1,claw_1)      # 创建大雁类的实例
```

执行上面的代码，将显示如图 14.2 所示的运行结果。

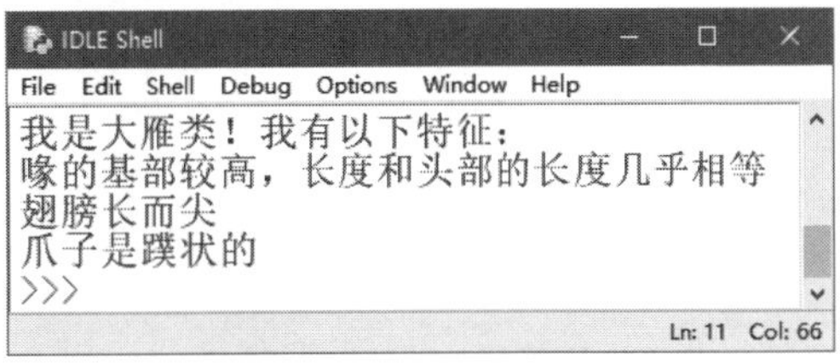

```
IDLE Shell                                          —   □   ×
File Edit Shell Debug Options Window Help
我是大雁类！我有以下特征：
喙的基部较高，长度和头部的长度几乎相等
翅膀长而尖
爪子是蹼状的
>>>
                                                        Ln: 11  Col: 66
```

图 14.2　创建 __init__ () 方法时，指定 3 个参数

14.2.4　创建类的成员并访问

类的成员主要由实例方法和数据成员组成。在类中创建了类的成员后，可以通过类的实例在类外部进行访问，从而隐藏类内部的复杂逻辑。

（1）创建实例方法并访问

所谓实例方法是指在类中定义的函数。该函数是一种在类的实例上操作的函数。同 __init__() 方法一样，实例方法的第一个参数必须是 self，并且必须包含一个 self 参数。创建实例方法的语法格式如下：

```
def functionName(self,parameterlist):
    block
```

参数说明：

● functionName：用于指定方法名，一般使用小写字母开头。

● self：必要参数，表示类的实例，其名称可以是 self 以外的单词，使用 self 只是一个惯例而已。

● parameterlist：用于指定除 self 参数以外的参数，各参数间使用逗号 "," 进行分隔。

● block：方法体，实现的具体功能。

👑 说明：

实例方法和 Python 中的函数的主要区别就是，函数实现的是某个独立的功能，而实例方法是实现类中的一个行为，是类的一部分。

实例方法创建完成后，可以通过类的实例名称和点（.）操作符进行访问，语法格式如下：

```
instanceName.functionName(parametervalue)
```

参数说明：

● instanceName：类的实例名称。

● functionName：要调用的方法名称。

● parametervalue：表示为方法指定对应的实际参数，其值的个数与创建实例方法中 parameterlist 的个数相同。

下面通过一个具体的实例演示创建实例方法并访问。

[实例 14.1] （源码位置：资源包 \Code\14\01）

创建大雁类并定义飞行方法

在 IDLE 中创建一个名称为 geese.py 的文件，然后在该文件中定义一个大雁类 Geese，并定义一个构造方法，然后再定义一个实例方法 fly()，该方法有两个参数，一个是 self，另一个用于指定飞行状态，最后再创建大雁类的实例，并调用实例方法 fly()，代码如下：

```
01    class Geese:                                    # 创建大雁类
02        ''' 大雁类 '''
03        def __init__(self, beak, wing, claw):       # 构造方法
04            print(" 我是大雁类! 我有以下特征: ")
05            print(beak)                             # 输出喙的特征
06            print(wing)                             # 输出翅膀的特征
07            print(claw)                             # 输出爪子的特征
08        def fly(self, state):                       # 定义飞行方法
09            print(state)
10    '''*************** 调用方法 ***********************'''
11    beak_1 = " 喙的基部较高, 长度和头部的长度几乎相等 "    # 喙的特征
12    wing_1 = " 翅膀长而尖 "                              # 翅膀的特征
```

```
13    claw_1 = " 爪子是蹼状的 "                               #  爪子的特征
14    wildGoose = Geese(beak_1, wing_1, claw_1)     #  创建大雁类的实例
15    wildGoose.fly(" 我飞行的时候，一会儿排成个人字，一会儿排成个一字 ")          #  调用实例方法
```

运行结果如图 14.3 所示。

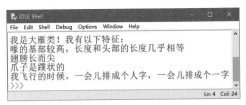

多学两招：

在创建实例方法时，也可以和创建函数时一样为参数设置默认值。但是被设置了默认值的参数必须位于所有参数的最后（即最右侧）。例如，可以将 [实例 14.1] 的第 8 行代码修改为以下内容：

```
def fly(self, state = " 我会飞行 "):
```

图 14.3　创建大雁类并定义飞行方法

在调用该方法时，就可以不再指定参数值，例如，可以将第 15 行代码修改为 "wildGoose.fly()"。

（2）创建数据成员并访问

数据成员是指在类中定义的变量，即属性，根据定义位置，又可以分为类属性和实例属性。

① 类属性。类属性是指定义在类中，并且在函数体外的属性。类属性可以在类的所有实例之间共享值，也就是在所有实例化的对象中公用。

说明：

类属性可以通过类名称或者实例名访问。

例如，定义一个雁类 Geese，在该类中定义 3 个类属性，用于记录雁类的特征，代码如下：

```
01    class Geese:
02        ''' 雁类 '''
03        neck = " 脖子较长 "                           #  定义类属性（脖子）
04        wing = " 振翅频率高 "                          #  定义类属性（翅膀）
05        leg = " 腿位于身体的中心支点，行走自如 "           #  定义类属性（腿）
06        def __init__(self):                          #  实例方法（相当于构造方法）
07            print(" 我属于雁类！我有以下特征: ")
08            print(Geese.neck)                        #  输出脖子的特征
09            print(Geese.wing)                        #  输出翅膀的特征
10            print(Geese.leg)                         #  输出腿的特征
```

创建上面的类 Geese，然后创建该类的实例，代码如下：

```
geese = Geese()                                       #  实例化一个雁类的对象
```

应用上面的代码创建 Geese 类的实例后，将显示以下内容：

```
我属于雁类！我有以下特征:
脖子较长
振翅频率高
腿位于身体的中心支点，行走自如
```

下面通过一个具体的实例演示类属性在类的所有实例之间共享值的应用。

　[实例 14.2]

（源码位置：资源包 \Code\14\02）

通过类属性统计类的实例个数

在 IDLE 中创建一个名称为 geese_a.py 的文件，然后在该文件中定义一个雁类 Geese，并在该类中定义 4 个类属性，前 3 个用于记录雁类的特征，第 4 个用于记录实例编号，然

后定义一个构造方法，在该构造方法中将记录实例编号的类属性进行加 1 操作，并输出 4
个类属性的值，最后通过 for 循环创建 4 个雁类的实例，代码如下：

```
01    class Geese:
02        ''' 雁类 '''
03        neck = " 脖子较长 "                           # 类属性（脖子）
04        wing = " 振翅频率高 "                          # 类属性（翅膀）
05        leg = " 腿位于身体的中心支点，行走自如 "         # 类属性（腿）
06        number = 0                                   # 编号
07        def __init__(self):                          # 构造方法
08            Geese.number += 1                        # 将编号加 1
09            print("\n 我是第 "+str(Geese.number)+" 只大雁，我属于雁类！我有以下特征: ")
10            print(Geese.neck)                        # 输出脖子的特征
11            print(Geese.wing)                        # 输出翅膀的特征
12            print(Geese.leg)                         # 输出腿的特征
13    # 创建 4 个雁类的对象（相当于有 4 只大雁）
14    list1 = []
15    for i in range(4):                               # 循环 4 次
16        list1.append(Geese())                        # 创建一个雁类的实例
17    print(" 一共有 "+str(Geese.number)+" 只大雁 ")
```

👑 说明:

在上面代码中，第 14 ～ 16 行，将创建的雁类的实例添加到列表对象是为下文获取创建的雁类的实例做准备，如
果不想获取创建的雁类的实例也可以将第 14 行删除，并且第 16 行修改为 "Geese()"。

运行结果如图 14.4 所示。

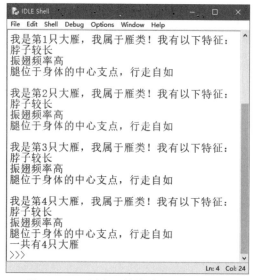

图14.4　通过类属性统计类的实例个数

在 Python 中除了可以通过类名称访问类属性，还可以动态地为类和对象添加属性。例
如，在 [实例 14.2] 的基础上为雁类添加一个 beak 属性，并通过类的实例访问该属性，可
以在上面代码的后面再添加以下代码：

```
01    Geese.beak = " 喙的基部较高，长度和头部的长度几乎相等 "          # 添加类属性
02    print(" 第 2 只大雁的喙: ",list1[1].beak)                       # 访问类属性
```

👑 说明:

上面的代码只是以第 2 只大雁为例进行演示，读者也可以换成其他的大雁试试。

运行后，将在原来的结果后面再显示以下内容：

第 2 只大雁的喙：喙的基部较高，长度和头部的长度几乎相等

👑 说明：

除了可以动态地为类和对象添加属性，也可以修改类属性。修改结果将作用于该类的所有实例。

② 实例属性。实例属性是指定义在类的方法中的属性，只作用于当前实例中。

例如，定义一个雁类 Geese，在该类的 __init__ () 方法中定义 3 个实例属性，用于记录雁类的特征，代码如下：

```
01    class Geese:
02        ''' 雁类 '''
03        def __init__(self):                      # 实例方法（相当于构造方法）
04            self.neck = " 脖子较长 "              # 定义实例属性（脖子）
05            self.wing = " 振翅频率高 "            # 定义实例属性（翅膀）
06            self.leg = " 腿位于身体的中心支点，行走自如 "  # 定义实例属性（腿）
07            print(" 我属于雁类！我有以下特征: ")
08            print(self.neck)                      # 输出脖子的特征
09            print(self.wing)                      # 输出翅膀的特征
10            print(self.leg)                       # 输出腿的特征
```

创建上面的类 Geese，然后创建该类的实例，代码如下：

```
geese = Geese()                                    # 实例化一个雁类的对象
```

应用上面的代码创建 Geese 类的实例后，将显示以下内容：

我属于雁类！我有以下特征:
脖子较长
振翅频率高
腿位于身体的中心支点，行走自如

👑 说明：

实例属性只能通过实例名访问。如果通过类名访问实例属性，如执行 print(Geese.neck)，将抛出如图 14.5 所示的异常。

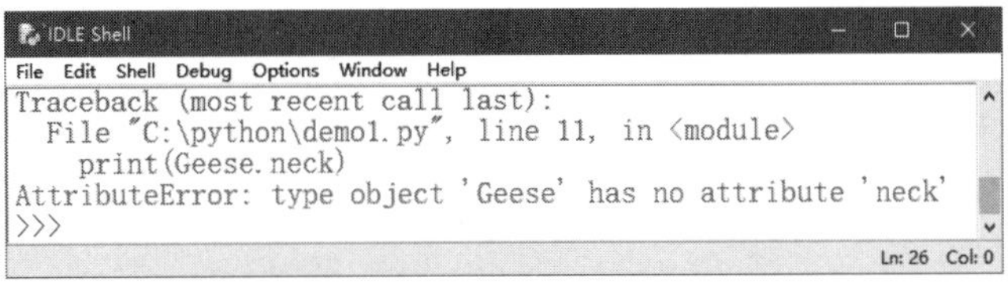

图 14.5　通过类名访问实例属性

对于实例属性也可以通过实例名称修改，与类属性不同，通过实例名称修改实例属性后，并不影响该类的另一个实例中相应的实例属性的值。例如，定义一个雁类，并在 __init__() 方法中定义一个实例属性，然后创建两个 Geese 类的实例，并且修改第一个实例的实例属性，最后分别输出 [实例 14.1] 和 [实例 14.2] 的实例属性，代码如下：

```
01    class Geese:
02        ''' 雁类 '''
03        def __init__(self):                      # 实例方法（相当于构造方法）
04            self.neck = " 脖子较长 "              # 定义实例属性（脖子）
05            print(self.neck)                      # 输出脖子的特征
06    goose1 = Geese()                              # 创建 Geese 类的实例 1
```

```
07    goose2 = Geese()                              # 创建 Geese 类的实例 2
08    goose1.neck = " 脖子没有天鹅的长 "              # 修改实例属性
09    print("goose1 的 neck 属性: ",goose1.neck)
10    print("goose2 的 neck 属性: ",goose2.neck)
```

运行上面的代码，将显示以下内容：

```
脖子较长
脖子较长
goose1 的 neck 属性: 脖子没有天鹅的长
goose2 的 neck 属性: 脖子较长
```

14.2.5 私有成员

在 Python 中，并没有严格意义上的私有成员，即对属性和方法的访问权限进行限制。但是，为了保证类内部的某些属性或方法不被外部所访问，可以在属性或方法名前面添加双下划线（__foo）或首尾双下划线（__foo__），从而限制访问权限。其中，首尾双下划线、双下划线的作用如下：

① 首尾双下划线表示定义特殊方法，一般是系统定义名字，如 __init__()。

② 双下划线表示 private（私有）类型的成员，只允许定义该方法的类本身进行访问，而且也不能通过类的实例进行访问，但是可以通过 "类的实例名 ._ 类名 __xxx" 方式访问。

例如，创建一个 Swan 类，定义私有属性 __neck_swan，并使用 __init__() 方法访问该属性，然后创建 Swan 类的实例，并通过实例名输出私有属性 __neck_swan，代码如下：

```
01    class Swan:
02        ''' 天鹅类 '''
03        __neck_swan = ' 天鹅的脖子很长 '                     # 定义私有属性
04        def __init__(self):
05            print("__init__():", Swan.__neck_swan)        # 在实例方法中访问私有属性
06    swan = Swan()                                          # 创建 Swan 类的实例
07    print(" 加入类名 :" , swan._Swan__neck_swan)          # 私有属性，可以通过 " 实例名 ._ 类名 __xxx" 方式访问
08    print(" 直接访问 :" , swan.__neck_swan)               # 私有属性不能通过实例名访问，出错
```

执行上面的代码后，将输出如图 14.6 所示的结果。

从上面的运行结果可以看出：私有属性不能直接通过 "实例名 + 属性名" 访问，可以在类的实例方法中访问，也可以通过 "实例名 ._ 类名 __xxx" 方式访问。实际上，这种形式是 Python 对所有以双下划线开头的属性进行的变形，形成一个具有 "_ 类名 __xxx" 的新名称。通过这个名称可以

图 14.6 访问私有属性

访问和改变私有属性的值。但是由于这种变形只发生在定义类时，在方法执行时不会发生，所以通过它不能改变方法中调用的私有属性的值。

👑 说明：

　　在 Python 中，大多数代码都遵循这样一个约定：带有一个下划线的名称（如 _foo）当作非公有成员（无论是函数、方法或者属性）。但是，当使用带有一个下划线的名称时，Python 并不会对其权限进行限制。另外，这个约定的具体履行情况可能会随时更改，如有更改，不会另行通知。

14.3　@property 装饰器

装饰器是一个很著名的设计模式，其作用就是为已经存在的对象添加额外的功能。在 Python 中，@property 装饰器的主要作用就是把类中的一个方法变为类中的一个属性，并且使定义属性和修改现有属性变得更容易。下面将介绍 @property 装饰器的常用操作。

14.3.1　将创建的方法转换为只读属性

在 Python 中，可以通过 @property（装饰器）将一个方法转换为属性，从而实现只允许读取操作。将方法转换为属性后，可以直接通过方法名来访问方法，而不需要再添加一对小括号"()"，这样可以让代码更加简洁。

通过 @property 创建用于计算的属性的语法格式如下：

```
@property
def methodname(self):
    block
```

参数说明：

● methodname：用于指定方法名，一般使用小写字母开头。该名称最后将作为创建的属性名。

● self：必要参数，表示类的实例。

● block：方法体，实现的具体功能。在方法体中，通常以 return 语句结束，用于返回计算结果。

例如，定义一个矩形类，在 __init__() 方法中定义两个实例属性，然后再定义一个计算矩形面积的方法，并应用 @property 将其转换为属性，最后创建类的实例，并访问转换后的属性，代码如下：

```
01    class Rect:
02        def __init__(self,width,height):
03            self.width = width               # 矩形的宽
04            self.height = height             # 矩形的高
05        @property                            # 将方法转换为属性
06        def area(self):                      # 计算矩形的面积的方法
07            return self.width*self.height    # 返回矩形的面积
08    rect = Rect(80,60)                       # 创建类的实例
09    print(" 面积为: ",rect.area)             # 输出属性的值
```

运行上面的代码，将显示以下运行结果：

```
面积为: 4800
```

👑 注意：

通过 @property 转换后的属性不能重新赋值，如果对其重新赋值，例如，在上面代码的后面添加 rect.area = 1000，将抛出如图 14.7 所示的异常信息。

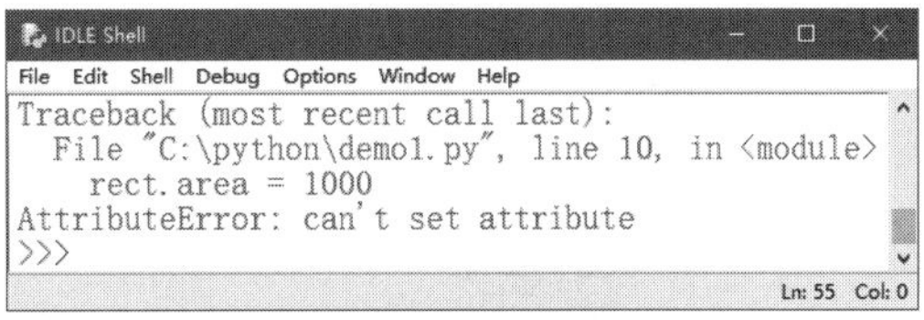

```
IDLE Shell                                      —    □   ×
File  Edit  Shell  Debug  Options  Window  Help
Traceback (most recent call last):
  File "C:\python\demo1.py", line 10, in <module>
    rect.area = 1000
AttributeError: can't set attribute
>>>
                                               Ln: 55  Col: 0
```

图 14.7　AttributeError 异常

14.3.2　为属性添加安全保护机制

在 Python 中，默认情况下，创建的类属性或者实例属性是可以在类体外进行修改的，

如果想要限制其不能在类体外修改，可以将其设置为私有的，但设置为私有后，在类体外也不能直接通过"实例名＋属性名"获取它的值（实例名 ._ 类名 __xxx 方式除外）。如果想要创建一个可以读取但不能修改的属性，那么可以使用 @property 实现只读属性。

例如，创建一个电视节目类 TVshow，再创建一个 show 属性，用于显示当前播放的电视节目，代码如下：

```
01    class TVshow:                          # 定义电视节目类
02        def __init__(self,show):
03            self.__show = show
04        @property                          # 将方法转换为属性
05        def show(self):                    # 定义 show() 方法
06            return self.__show             # 返回私有属性的值
07    tvshow = TVshow(" 正在播放《战狼 2》")   # 创建类的实例
08    print(" 默认: ",tvshow.show)           # 获取属性值
```

执行上面的代码，将显示以下内容：

```
默认: 正在播放《战狼 2》
```

通过上面的方法创建的 show 属性是只读的，尝试修改该属性的值，再重新获取。在上面代码中添加以下代码：

```
01    tvshow.show = " 正在播放《你好，李焕英》"   # 修改属性值
02    print(" 修改后: ",tvshow.show)            # 获取属性值
```

运行后，将显示如图 14.8 所示的运行结果，其中红字的异常信息就是修改属性 show 时抛出的异常。

实践中，不仅可以将属性设置为只读属性，而且可以为属性设置拦截器，即允许对属性进行修改，但修改时一般需要遵守一定的约束。这时可以使用 @*.setter 装饰器将只读属性变为可写属性，并且为其添加一些限制。

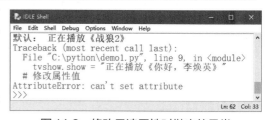

图 14.8　修改只读属性时抛出的异常

[实例 14.3]

（源码位置：资源包 \Code\14\03）

在模拟电影点播功能时应用属性

在 IDLE 中创建一个名称为 film.py 的文件，然后在该文件中定义一个电视节目类 TVshow，并在该类中定义一个类属性，用于保存电影列表，然后在 __init__ () 方法中定义一个私有的实例属性，再将该属性转换为可读取、可修改（有条件进行）的属性，最后创建类的实例，并获取和修改属性值，从而实现只能在电影列表中选择一个。代码如下：

```
01    class TVshow:                                           # 定义电视节目类
02        list_film = [" 战狼 2"," 悬崖之上 "," 速度与激情 9"," 你好，李焕英 "]
03        def __init__(self,show):
04            self.__show = show
05        @property                                           # 将方法转换为属性
06        def show(self):                                     # 定义 show() 方法
07            return self.__show                              # 返回私有属性的值
08        @show.setter                                        # 设置 setter 方法，让属性可修改
09        def show(self,value):
```

```
10              if value in TVshow.list_film:              # 判断值是否在列表中
11                  self.__show = " 您选择了《" + value + "》, 稍后将播放 "    # 返回修改的值
12              else:
13                  self.__show = " 您点播的电影不存在 "
14      tvshow = TVshow(" 战狼 2 ")                           # 创建类的实例
15      print(" 正在播放:《",tvshow.show,"》")              # 获取属性值
16      print(" 您可以从 ",tvshow.list_film," 中选择要点播的电影 ")
17      tvshow.show = " 你好, 李焕英 "                        # 修改属性值
18      print(tvshow.show)                                 # 获取属性值
```

运行结果如图 14.9 所示。

图 14.9　模拟电影点播功能

如果将第 17 行代码中的 "你好, 李焕英" 修改为 "我和我的家乡", 将显示如图 14.10 所示的效果。

图 14.10　要点播的电影不存在的效果

14.4　继承

在编写类时, 并不是每次都要从空白开始。当要编写的类和另一个已经存在的类之间存在一定的继承关系时, 就可以通过继承来达到代码重用的目的, 提高开发效率。下面将介绍如何在 Python 中实现继承。

14.4.1　继承的基本语法

继承是面向对象编程最重要的特性之一, 它源于人们认识客观世界的过程, 是自然界普遍存在的一种现象。例如, 我们每一个人都从祖辈和父母那里继承了一些体貌特征, 但是每个人却又不同于父母, 因为每个人都存在自己的一些特性, 这些特性是独有的, 在父母身上并没有体现。在程序设计中实现继承, 表示这个类拥有它继承的类的所有公有成员或者受保护成员。在面向对象编程中, 被继承的类称为父类或基类, 新的类称为子类或派生类。

通过继承不仅可以实现代码的重用, 还可以理顺类与类之间的关系。在 Python 中, 可以在类定义语句中类名的右侧使用一对小括号将要继承的基类名称括起来, 从而实现类的继承。具体的语法格式如下:

```
class ClassName(baseclasslist):
    ''' 类的帮助信息 '''                              # 类文档字符串
    statement                                        # 类体
```

参数说明：

● ClassName：用于指定类名。

● baseclasslist：用于指定要继承的基类，可以有多个，类名之间用逗号"，"分隔。如果不指定，将使用所有 Python 对象的根类 object。

● ''' 类的帮助信息 '''：用于指定类的文档字符串，定义该字符串后，在创建类的对象时，输入类名和左侧的括号"("后，将显示该信息。

● statement：类体，主要由类变量（或类成员）、方法和属性等定义语句组成。如果在定义类时，没想好类的具体功能，也可以在类体中直接使用 pass 语句代替。

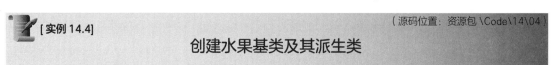

[实例 14.4]

（源码位置：资源包 \Code\14\04）

创建水果基类及其派生类

在 IDLE 中创建一个名称为 fruit.py 的文件，然后在该文件中定义一个水果类 Fruit（作为基类），并在该类中定义一个类属性（用于保存水果默认的颜色）和一个 harvest() 方法，然后创建苹果类 Apple 和橘子类 Orange，都继承自 Fruit 类，最后创建 Apple 类和 Orange 类的实例，并调用 harvest() 方法（在基类中编写），代码如下：

```
01   class Fruit:                                           # 定义水果类（基类）
02       color = " 绿色 "                                   # 定义类属性
03       def harvest(self, color):
04           print(" 水果是: " + color + " 的! ")           # 输出的是形式参数 color
05           print(" 水果已经收获……")
06           print(" 水果原来是: " + Fruit.color + " 的! ")  # 输出的是类属性 color
07   class Apple(Fruit):                                    # 定义苹果类（派生类）
08       color = " 红色 "
09       def __init__(self):
10           print(" 我是苹果 ")
11   class Orange(Fruit):                                   # 定义橘子类（派生类）
12       color = " 橙色 "
13       def __init__(self):
14           print("\n 我是橘子 ")
15   apple = Apple()                                        # 创建类的实例（苹果）
16   apple.harvest(apple.color)                             # 调用基类的 harvest() 方法
17   orange = Orange()                                      # 创建类的实例（橘子）
18   orange.harvest(orange.color)                           # 调用基类的 harvest() 方法
```

执行上面的代码，将显示如图 14.11 所示的运行结果。从该运行结果中可以看出，虽然在 Apple 类和 Orange 类中没有 harvest() 方法，但是 Python 允许派生类访问基类的方法。

图 14.11　创建水果基类及其派生类的结果

14.4.2　方法重写

基类的成员都会被派生类继承，当基类中的某个方法不完全适用于派生类时，就需要在派生类中重写基类的这个方法，这和 Java 语言中的方法重写是一样的。

在 [实例 14.4] 中，基类中定义的 harvest() 方法，无论派生类是什么水果都显示"水果……"，如果想要针对不同水果给出不同的提示，可以在派生类中重写 harvest() 方法。例如，在创建派生类 Orange 时，重写 harvest() 方法的代码如下：

```
01    class Orange(Fruit):                                        # 定义橘子类（派生类）
02        color = " 橙色 "
03        def __init__(self):
04            print("\n 我是橘子 ")
05        def harvest(self, color):
06            print(" 橘子是: " + color + " 的! ")                  # 输出的是形式参数 color
07            print(" 橘子已经收获…… ")
08            print(" 橘子原来是: " + Fruit.color + " 的! ")         # 输出的是类属性 color
```

添加 harvest() 方法后，即在 [实例 14.4] 中添加上面代码中的 05 ～ 08 行代码，再次运行 [实例 14.4]，将显示如图 14.12 所示的运行结果。

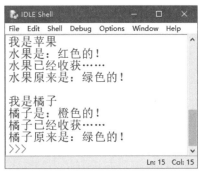

图 14.12　重写 Orange 类的 harvest() 方法的结果

14.4.3　派生类中调用基类的 __init__() 方法

在派生类中定义 __init__() 方法时，不会自动调用基类的 __init__() 方法。例如，定义一个 Fruit 类，在 __init__() 方法中创建类属性 color，然后在 Fruit 类中定义一个 harvest() 方法，在该方法中输出类属性 color 的值，再创建继承自 Fruit 类的 Apple 类，最后创建 Apple 类的实例，并调用 harvest() 方法，代码如下：

```
01    class Fruit:                                                # 定义水果类（基类）
02        def __init__(self,color = " 绿色 "):
03            Fruit.color = color                                # 定义类属性
04        def harvest(self):
05            print(" 水果原来是: " + Fruit.color + " 的! ")        # 输出的是类属性 color
06    class Apple(Fruit):                                         # 定义苹果类（派生类）
07        def __init__(self):
08            print(" 我是苹果 ")
09    apple = Apple()                                            # 创建类的实例（苹果）
10    apple.harvest()                                            # 调用基类的 harvest() 方法
```

执行上面的代码后，将显示如图 14.13 所示的异常信息。

因此，要让派生类调用基类的 __init__() 方法进行必要的初始化，需要在派生类使用 super() 函数调用基类的 __init__() 方法。例如，在上面代码的第 8 行代码的下方添加以下代码：

```
super().__init__()                                              # 调用基类的 __init__() 方法
```

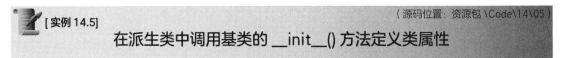

图 14.13　基类的 __init__() 方法未执行引起的异常

👑 注意:

在添加上面的代码时，一定要注意缩进的正确性。

运行后将显示以下正常的运行结果:

我是苹果
水果原来是: 绿色的!

下面通过一个具体实例演示派生类中调用基类的 __init__() 方法的具体的应用。

[实例 14.5]

（源码位置: 资源包 \Code\14\05）

在派生类中调用基类的 __init__() 方法定义类属性

在 IDLE 中创建一个名称为 fruit.py 的文件，然后在该文件中定义一个水果类 Fruit（作为基类），并在该类中定义 __init__() 方法，在该方法中定义一个类属性（用于保存水果默认的颜色），然后在 Fruit 类中定义一个 harvest() 方法，再创建 Apple 类和 Sapodilla 类，都继承自 Fruit 类，最后创建 Apple 类和 Sapodilla 类的实例，并调用 harvest() 方法（在基类中编写），代码如下:

```
01   class Fruit:                                        # 定义水果类（基类）
02       def __init__(self, color="绿色"):
03           Fruit.color = color                         # 定义类属性
04       def harvest(self, color):
05           print("水果是: " + self.color + "的! ")      # 输出的是形式参数 color
06           print("水果已经收获……")
07           print("水果原来是: " + Fruit.color + "的! ")  # 输出的是类属性 color
08   class Apple(Fruit):                                  # 定义苹果类（派生类）
09       color = "红色"
10       def __init__(self):
11           print("我是苹果")
12           super().__init__()                          # 调用基类的 __init__() 方法
13   class Sapodilla(Fruit):                              # 定义人参果类（派生类）
14       def __init__(self, color):
15           print("\n我是人参果")
16           super().__init__(color)                     # 调用基类的 __init__() 方法
17       # 重写 harvest() 方法的代码
18       def harvest(self, color):
19           print("人参果是: " + color + "的! ")          # 输出的是形式参数 color
20           print("人参果已经收获……")
21           print("人参果原来是: " + Fruit.color + "的! ")  # 输出的是类属性 color
22   apple = Apple()                                      # 创建类的实例（苹果）
23   apple.harvest(apple.color)                           # 调用 harvest() 方法
24   sapodilla = Sapodilla("白色")                        # 创建类的实例（人参果）
25   sapodilla.harvest("金黄色带紫色条纹")                  # 调用 harvest() 方法
```

执行上面的代码，将显示如图 14.14 所示的运行结果。

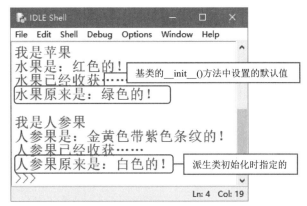

图 14.14 在派生类中调用基类的 __init__() 方法定义类属性

 本章知识思维导图

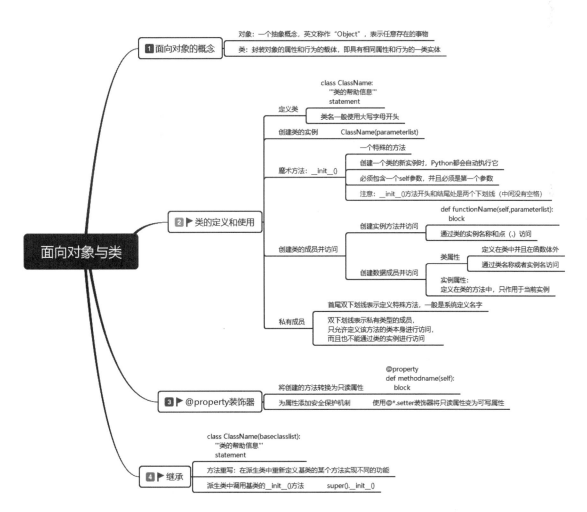

第 15 章

文件 I/O

 本章学习目标

- 熟练掌握创建、打开和关闭文件的方法
- 学会在打开文件时灵活应用 with 语句
- 熟练掌握写入和读取文件内容的方法
- 掌握 os 和 os.path 模块的基本应用
- 掌握如何判断目录是否存在
- 掌握创建、删除和遍历目录的方法
- 掌握如何删除文件
- 掌握重命名文件和目录的方法
- 掌握如何获取文件基本信息

15.1 基本文件操作

在 Python 中，内置了文件（File）对象。在使用文件对象时，首先需要通过内置的 open() 方法创建一个文件对象，然后通过该对象提供的方法进行一些基本文件操作。例如，可以使用文件对象的 write() 方法向文件中写入内容，以及使用 close() 方法关闭文件等。下面将介绍如何应用 Python 的文件对象进行基本文件操作。

15.1.1 创建和打开文件

在 Python 中，想要操作文件需要先创建或者打开指定的文件并创建文件对象，可以通过内置的 open() 函数实现。open() 函数的基本语法格式如下：

```
file = open(filename,mode,buffering)
```

参数说明：
● file：被创建的文件对象。
● filename：要创建或打开文件的文件名称，需要使用单引号或双引号括起来。如果要打开的文件和当前文件在同一个目录下，那么直接写文件名即可，否则需要指定完整路径。例如，要打开当前路径下的名称为 status.txt 的文件，可以使用 "status.txt"。
● mode：可选参数，用于指定文件的打开模式，其参数值如表 15.1 所示。默认的打开模式为只读，即 r。

表 15.1 mode 参数的参数值说明

值	说明	注意
r	以只读模式打开文件。文件的指针将会放在文件的开头	文件必须存在
rb	以二进制格式打开文件，并且采用只读模式。文件的指针将会放在文件的开头。一般用于非文本文件，如图片、声音等	
r+	打开文件后，可以读取文件内容，也可以写入新的内容覆盖原有内容（从文件开头进行覆盖）	
rb+	以二进制格式打开文件，并且采用读写模式。文件的指针将会放在文件的开头。一般用于非文本文件，如图片、声音等	
w	以只写模式打开文件	文件存在，则将其覆盖，否则创建新文件
wb	以二进制格式打开文件，并且采用只写模式。一般用于非文本文件，如图片、声音等	
w+	打开文件后，先清空原有内容，使其变为一个空的文件，对这个空文件有读写权限	
wb+	以二进制格式打开文件，并且采用读写模式。一般用于非文本文件，如图片、声音等	
a	以追加模式打开一个文件。如果该文件已经存在，文件指针将放在文件的末尾（即新内容会被写入到已有内容之后），否则，创建新文件用于写入	
ab	以二进制格式打开文件，并且采用追加模式。如果该文件已经存在，文件指针将放在文件的末尾（即新内容会被写入到已有内容之后），否则，创建新文件用于写入	
a+	以读写模式打开文件。如果该文件已经存在，文件指针将放在文件的末尾（即新内容会被写入到已有内容之后），否则，创建新文件用于读写	如果想要读取文件内容，需要将文件指针移动到文件开头
ab+	以二进制格式打开文件，并且采用追加模式。如果该文件已经存在，文件指针将放在文件的末尾（即新内容会被写入到已有内容之后），否则，创建新文件用于读写	

● buffering：可选参数，用于指定读写文件的缓冲模式，值为 0 表示不缓存；值为 1 表示缓存；如果大于 1，则表示缓冲区的大小。默认为缓存模式。

使用 open() 方法经常实现以下几个功能。

（1）打开一个不存在的文件时先创建该文件

在不指定文件的打开模式的情况下，使用 open() 函数打开一个不存在的文件，会抛出如图 15.1 所示的异常。

```
============================ RESTART: D:\demo.py ==================
Traceback (most recent call last):
  File "D:\demo.py", line 1, in <module>
    file = open('status.txt')
FileNotFoundError: [Errno 2] No such file or directory: 'status.txt'
>>>
```

图 15.1　打开的文件不存在时抛出的异常

要解决如图 15.1 所示的错误，主要有以下两种方法：

① 在当前目录下（即与执行的文件相同的目录）创建一个名称为 status.txt 的文件。

② 在调用 open() 函数时，指定 mode 的参数值为 w、w+、a、a+。这样，当要打开的文件不存在时，就可以创建新的文件了。

例如，使用 open() 方法打开一个名称为 message.txt 的文件，并且输出一条提示信息，代码如下：

```
file = open('message.txt','w')          # 创建或打开名称为 message.txt 的文件
```

运行上面的代码，将在当前 Python 文件所在的目录下，自动创建一个名称为 message.txt 的文件，该文件没有任何内容，如图 15.2 所示。

图 15.2　新创建的 message.txt 文件

从图 15.2 中可以看出，新创建的文件没有任何内容，大小为 0KB。这是因为现在只是创建了一个文件，还没有向文件中写入任何内容。在 15.1.4 小节将介绍如何向文件中写入内容。

（2）以二进制形式打开文件

使用 open() 函数不仅可以以文本的形式打开文本文件，而且还可以以二进制形式打开非文本文件，如图片文件、音频文件、视频文件等。例如，创建一个名称为 picture.png 的图片文件，如图 15.3 所示，并且应用 open() 函数以二进制方式打开该文件。

图 15.3　打开的图片文件

以二进制方式打开该文件，并输出创建的对象的代码如下：

```
01  file = open('picture.png','rb')          # 以二进制方式打开图片文件
02  print(file)                              # 输出创建的对象
```

执行上面的代码后，将显示如图 15.4
所示的运行结果。

```
<_io.BufferedReader name='picture.png'>
>>>
```

图 15.4　以二进制方式打开图片文件

从图 15.4 中可以看出，创建的是一个
BufferedReader 对象。对于该对象生成后，可以再应用其他的第三方模块进行处理。例如，上面的 BufferedReader 对象是通过打开图片文件实现的。那么就可以将其传入第三方的图像处理库 PIL 的 Image 模块的 open 方法中，以便于对图片进行处理（如调整大小等）。

（3）打开文件时指定编码方式

在使用 open() 函数打开文件时，默认采用 GBK 编码，当被打开的文件不是 GBK 编码时，将抛出如图 15.5 所示的异常。

```
Traceback (most recent call last):
  File "F:\program\Python\Code\demo.py", line 2, in <module>
    print(file.read())
UnicodeDecodeError: 'gbk' codec can't decode byte 0xff in posit
ion 0: illegal multibyte sequence
>>>
```

图 15.5　抛出 Unicode 解码异常

解决该问题的方法有两种：一种是直接修改文件的编码；另一种是在打开文件时，直接指定使用的编码方式。推荐采用后一种方法。下面重点介绍如何在打开文件时指定编码方式。

在调用 open() 函数时，通过添加 encoding='utf-8' 参数即可实现将编码指定为 UTF-8。如果想要指定其他编码，可以将单引号中的内容替换为想要指定的编码即可。

例如，打开采用 UTF-8 编码保存的 notice.txt 文件，可以使用下面的代码：

```
file = open('notice.txt','r',encoding='utf-8')
```

15.1.2　关闭文件

打开文件后，需要及时关闭，以免对文件造成不必要的破坏。关闭文件可以使用文件对象的 close() 方法实现。close() 方法的语法格式如下：

```
file.close()
```

其中，file 为打开的文件对象。

例如，打开一个文件对象 file，然后再关闭，可以使用下面的代码：

```
01  file = open('message.txt','w')           # 创建或打开名称为 message.txt 的文件
02  file.close()                             # 关闭文件对象
```

👑 说明：

close() 方法先刷新缓冲区中还没有写入的信息，然后再关闭文件，这样可以将没有写入到文件的内容写入到文件中。在关闭文件后，便不能再进行写入操作了。

15.1.3　打开文件时使用 with 语句

打开文件后，要及时将其关闭，如果忘记关闭，可能会带来意想不到的问题。另外，

如果在打开文件时抛出了异常，那么将导致文件不能被及时关闭。为了更好地避免此类问题发生，可以使用 Python 提供的 with 语句，从而实现在处理文件时，无论是否抛出异常，都能保证 with 语句执行完毕后关闭已经打开的文件。with 语句的基本语法格式如下：

```
with expression as target:
    with-body
```

参数说明：

● expression：用于指定一个表达式，这里可以是打开文件的 open() 函数。

● target：用于指定一个变量，并且将 expression 的结果保存到该变量中。

● with-body：用于指定 with 语句体，其中可以是执行 with 语句后相关的一些操作语句。如果不想执行任何语句，可以直接使用 pass 语句代替。

例如，采用在打开文件时使用 with 语句的方式打开 message.txt 文件，代码如下：

```
01   with open('message.txt','w') as file:        # 创建或打开文件
02       pass
```

执行上面的代码，同样可以打开或创建一个名称为 message.txt 的文件。

15.1.4　写入文件内容

虽然通过 15.1.1 节和 15.1.3 节介绍的方法都可以创建或打开文件，但是创建的文件中并没有任何内容，它的大小是 0KB。Python 的文件对象提供了 write() 方法，可以向文件中写入内容。write() 方法的语法格式如下：

```
file.write(string)
```

其中，file 为打开的文件对象；string 为要写入的字符串。

注意：

调用 write() 方法向文件中写入内容的前提是在打开文件时，指定的打开模式为 w（可写）或者 a（追加），否则，将抛出如图 15.6 所示的异常。

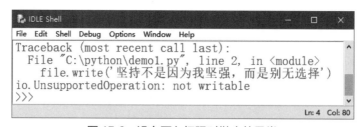

图 15.6　没有写入权限时抛出的异常

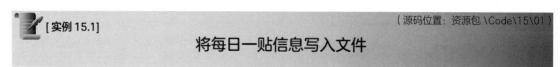

[实例 15.1]　　　　　　　　　　　　　　　　　　　　（源码位置：资源包 \Code\15\01）

将每日一贴信息写入文件

在 IDLE 中创建一个名称为 message_w.py 的文件，然后在该文件中，首先应用 open() 函数以写方式打开一个文件，然后再调用 write() 方法向该文件中写入一条信息，再调用 close() 方法关闭文件，代码如下：

```
01    file = open('message.txt','w')                    # 创建或打开保存每日一贴信息的文件
02    # 写入一条每日一贴信息
03    file.write(' 失败和成功之间的距离有多远？它们之间其实只相差了一个词的距离，那就是胆怯。\n')
04    print('\n 写入了一条每日一贴信息……\n')
05    file.close()                                       # 关闭文件对象
```

运行程序，将在 message_w.py 文件的同级目录下创建一个 message.txt 文件，并且在该文件中写入一条每日一贴信息。message.txt 文件的内容如图 15.7 所示。

图 15.7　message.txt 文件的内容

👑　注意：

在写入文件后，一定要调用 close() 方法关闭文件，否则写入的内容不会保存到文件中。这是因为当我们在写入文件内容时，操作系统不会立刻把数据写入磁盘，而是先缓存起来，只有调用 close() 方法时，操作系统才会保证把没有写入的数据全部写入磁盘。

👑　多学两招：

在向文件中写入内容后，如果不想马上关闭文件，也可以调用文件对象提供的 flush() 方法，把缓冲区的内容写入文件，这样也能保证数据全部写入磁盘。

向文件中写入内容时，如果打开文件采用 w（写入）模式，则先清空原文件中的内容，再写入新的内容；而如果打开文件采用 a（追加）模式，则不覆盖原有文件的内容，只是在文件的结尾处增加新的内容。下面将对 [实例 15.1] 的代码进行修改，实现在原信息的基础上再添加一条每日一贴信息。修改后的代码如下：

```
01    file = open('message.txt','a')                    # 追加模式打开保存每日一贴信息的文件
02    # 追加一条每日一贴信息
03    file.write(' 点亮梦想、相信自己、不懈努力，你一定会遇见更好的自己！ \n')
04    print('\n 追加了一条每日一贴信息……\n')
05    file.close()                                       # 关闭文件对象
```

执行上面的代码后，打开 message.txt 文件，将显示如图 15.8 所示的结果。

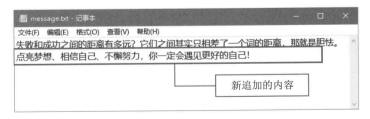

图 15.8　追加内容后的 message.txt 文件

👑　多学两招：

在 Python 的文件对象中，除了提供了 write() 方法，还提供了 writelines() 方法，可以实现把字符串列表写入文件，但是不添加换行符。

217

15.1.5 读取文件

在 Python 中打开文件后，除了可以向其写入或追加内容，还可以读取文件中的内容。读取文件内容主要分为以下几种情况。

（1）读取指定字符

文件对象提供了 read() 方法读取指定个数的字符，语法格式如下：

```
file.read(size)
```

参数说明：

- file：为打开的文件对象。
- size：可选参数，用于指定要读取的字符个数，如果省略，则一次性读取所有内容。

👑 注意：

在调用 read() 方法读取文件内容的前提是在打开文件时，指定的打开模式为 r（只读）或者 r+（读写），否则，将抛出如图 15.9 所示的异常。

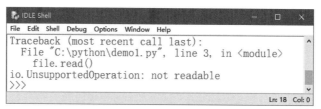

图 15.9 没有读取权限时抛出的异常

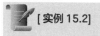 [实例 15.2]
（源码位置：资源包 \Code\15\02 ）

读取文件中的指定字符

以只读方式打开保存每日一贴信息的 message.txt 文件，并且读取前 14 个字符，代码如下：

```
01   with open('message.txt','r') as file:        # 打开文件
02       string = file.read(14)                    # 读取前 14 个字符
03       print(string)
```

如果 message.txt 的文件内容为：

> 失败和成功之间的距离有多远？它们之间其实只相差了一个词的距离，那就是胆怯。
> 点亮梦想、相信自己、不懈努力，你一定会遇见更好的自己！

那么执行上面的代码将显示以下结果：

> 失败和成功之间的距离有多远？

使用 read(size) 方法读取文件时，是从文件的开头读取的。如果想要读取部分内容，可以先使用文件对象的 seek() 方法，将文件的指针移动到新的位置，然后再应用 read(size) 方法读取。seek() 方法的基本语法格式如下：

```
file.seek(offset[,whence])
```

参数说明：

- file：表示已经打开的文件对象。

● offset：用于指定移动的字符个数，其具体位置与 whence 参数有关。

● whence：用于指定从什么位置开始计算。值为 0 表示从文件头开始计算，值为 1 表示从当前位置开始计算，值为 2 表示从文件尾开始计算，默认为 0。

👑 注意：

对于 whence 参数，如果在打开文件时，没有使用 b 模式（即 rb），那么只允许从文件头开始计算相对位置，例如，应用代码 file.seek(15,2) 从文件尾计算时，就会抛出如图 15.10 所示的异常。

```
IDLE Shell                                              —    □    ×
File  Edit  Shell  Debug  Options  Window  Help
Traceback (most recent call last):
  File "C:\python\demo1.py", line 5, in <module>
    file.seek(15, 2)
io.UnsupportedOperation: can't do nonzero end-relative seeks
>>>
                                                        Ln: 37  Col: 32
```

图 15.10　抛出 io.UnsupportedOperation 异常

例如，想要从文件的第 16 个字符开始读取 6 个字符，可以使用下面的代码：

```
01    with open('message.txt','r') as file:     # 打开文件
02        file.seek(16)                          # 移动文件指针到新的位置
03        string = file.read(6)                  # 读取 6 个字符
04        print(string)
```

如果采用 GBK 编码的 message.txt 文件内容为：

失败和成功之间的距离有多远？它们之间其实只相差了一个词的距离，那就是胆怯。
点亮梦想、相信自己、不懈努力，你一定会遇见更好的自己！

那么执行上面的代码将显示以下结果：

距离有多远？

👑 说明：

在使用 seek() 方法时，如果采用 GBK 编码，那么 offset 的值是按一个汉字（包括中文标点符号）占 2 个字符计算，而采用 UTF-8 编码，则一个汉字占 3 个字符，不过无论采用何种编码，英文和数字都是按一个字符计算的。这与 read(size) 方法不同。

（2）读取一行

在使用 read() 方法读取文件时，如果文件很大，一次读取全部内容到内存，容易造成内存不足，所以通常会采用逐行读取。文件对象提供了 readline() 方法用于每次读取一行数据。readline() 方法的基本语法格式如下：

```
file.readline()
```

其中，file 为打开的文件对象。同 read() 方法一样，打开文件时，也需要指定打开模式为 r（只读）或者 r+（读写）。

 [实例 15.3]
（源码位置：资源包 \Code\15\03）

逐行显示每日一贴信息

在 IDLE 中创建一个名称为 message_rl.py 的文件，然后在该文件中，首先应用 open() 函

数以只读方式打开一个文件，然后应用 while 语句创建循环，在该循环中调用 readline() 方法读取一条每日一贴信息并输出，另外还需要判断内容是否已经读取完毕，如果读取完毕应用 break 语句跳出循环，代码如下：

```
01  with open('message.txt','r') as file:        # 打开保存正能量信息的文件
02      number = 0                                # 记录行号
03      while True:
04          number += 1
05          line = file.readline()
06          if line =='':
07              break                             # 跳出循环
08          print(number,line,end= "\n")          # 输出一行内容
```

执行上面的代码，将显示如图 15.11 所示的结果。

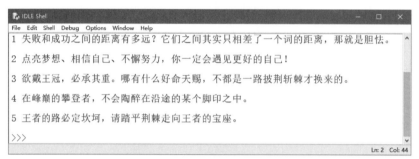

图 15.11　逐行显示全部每日一贴

（3）读取全部行

读取全部行的作用同调用 read() 方法时不指定 size 类似，只不过读取全部行时，返回的是一个字符串列表，每个元素为文件的一行内容。读取全部行，使用的是文件对象的 readlines() 方法，其语法格式如下：

```
file.readlines()
```

其中，file 为打开的文件对象。同 read() 方法一样，打开文件时，也需要指定打开模式为 r（只读）或者 r+（读写）。

例如，通过 readlines() 方法读取 [实例 15.3] 中的 message.txt 文件，并输出读取结果，代码如下：

```
01  with open('message.txt','r') as file:        # 打开保存每日一贴信息的文件
02      message = file.readlines()                # 读取全部每日一贴信息
03      print(message)                            # 输出每日一贴信息
```

执行上面的代码，将显示如图 15.12 所示的运行结果。

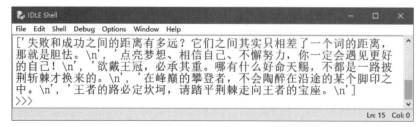

图 15.12　readlines() 方法的返回结果

从该运行结果中可以看出，readlines() 方法的返回值为一个字符串列表。在这个字符串列表中，每个元素记录一行内容。如果文件比较大时，采用这种方法输出读取的文件内容会很慢，这时可以将列表的内容逐行输出，代码修改如下：

```
01  with open('message.txt','r') as file:        # 打开保存每日一贴信息的文件
02      messageall = file.readlines()              # 读取全部每日一贴信息
03      for message in messageall:
04          print(message)                         # 输出一条每日一贴信息
```

执行结果如图 15.13 所示。

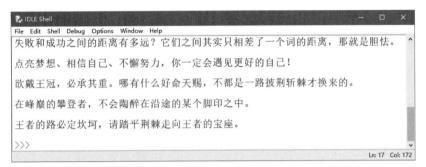

图 15.13　应用 readlines() 方法并逐行输出每日一贴信息

15.2　目录操作

目录也称文件夹，用于分层保存文件。通过目录可以分门别类地存放文件，也可以快速找到想要的文件。在 Python 中，并没有提供直接操作目录的函数或者对象，而是需要使用内置的 os 和 os.path 模块实现。

> 👑 说明：
> os 模块是 Python 内置的与操作系统功能和文件系统相关的模块。该模块中的语句的执行结果通常与操作系统有关，在不同操作系统上运行，可能会得到不一样的结果。

常用的目录操作主要有判断目录是否存在、创建目录、删除目录和遍历目录等，下面将详细介绍。

> 👑 说明：
> 本章的内容都是以 Windows 操作系统为例进行介绍的，所以代码的执行结果也都是在 Windows 操作系统下显示的。

15.2.1　os 和 os.path 模块

在 Python 中，内置了 os 模块及其子模块 os.path，用于对目录或文件进行操作。在使用 os 模块或者 os.path 模块时，需要先应用 import 语句将其导入，然后才可以应用它们提供的函数或者变量。

导入 os 模块可以使用下面的代码：

```
import os
```

> 👑 说明：
> 导入 os 模块后，也可以使用其子模块 os.path。

导入 os 模块后，可以使用该模块提供的通用变量获取与系统有关的信息。常用的变量有以下几个。

● name：用于获取操作系统类型。

例如，在 Windows 操作系统下输入 os.name，将显示如图 15.14 所示的结果。

图 15.14 显示 os.name 的结果

> 说明：

如果 os.name 的输出结果为 nt，则表示是 Windows 操作系统；如果是 posix，则表示是 Linux、Unix 或 Mac OS 操作系统。

● linesep：用于获取当前操作系统上的换行符。

例如，在 Windows 操作系统下输入 os.linesep，将显示如图 15.15 所示的结果。

● sep：用于获取当前操作系统所使用的路径分隔符。

例如，在 Windows 操作系统下输入 os.sep，将显示如图 15.16 所示的结果。

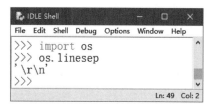

图 15.15 显示 os.linesep 的结果

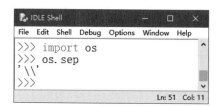

图 15.16 显示 os.sep 的结果

os 模块还提供了一些操作目录的函数，如表 15.2 所示。

表 15.2 os 模块提供的与目录相关的函数

函数	说明
getcwd()	返回当前的工作目录
listdir(path)	返回指定路径下的文件和目录信息
mkdir(path ,mode)	创建目录
makedirs(path1/path2……,mode)	创建多级目录
rmdir(path)	删除目录
removedirs(path1/path2……)	删除多级目录
chdir(path)	把 path 设置为当前工作目录
walk(top,topdown,onerror)	遍历目录树，该方法返回一个元组，包括所有路径名、所有目录列表和文件列表 3 个元素

os.path 模块也提供了一些操作目录的函数，如表 15.3 所示。

表 15.3 os.path 模块提供的与目录相关的函数

函数	说明
abspath(path)	用于获取文件或目录的绝对路径
exists(path)	用于判断目录或者文件是否存在，如果存在则返回 True，否则返回 False
join(path,name)	将目录与目录或者文件名拼接起来
splitext()	分离文件名和扩展名
basename(path)	从一个目录中提取文件名
dirname(path)	从一个路径中提取文件路径，不包括文件名
isdir(path)	用于判断是否为路径

15.2.2　路径

定位一个文件或者目录的字符串被称为一个路径。在程序开发时，通常涉及两种路径，一种是相对路径，另一种是绝对路径。

（1）相对路径

在学习相对路径之前，需要先了解什么是当前工作目录。当前工作目录是指当前文件所在的目录。在 Python 中，可以通过 os 模块提供的 getcwd() 函数获取当前工作目录。例如，在 E:\program\Python\Code\demo.py 文件中，编写以下代码：

```
01    import os
02    print(os.getcwd())                          # 输出当前目录
```

执行上面的代码后，将显示以下目录，该路径就是当前工作目录。

```
E:\program\Python\Code
```

相对路径就是依赖于当前工作目录的。如果在当前工作目录下，有一个名称为 message.txt 的文件，那么在打开这个文件时，就可以直接写上文件名，这时采用的就是相对路径，message.txt 文件的实际路径就是当前工作目录 "E:\program\Python\Code" + 相对路径 "message.txt"，即 "E:\program\Python\Code\message.txt"。

如果在当前工作目录下，有一个子目录 demo，并且在该子目录下保存着文件 message.txt，那么在打开这个文件时就可以写上 "demo/message.txt"，例如下面的代码：

```
01    with open("demo/message.txt") as file:      # 通过相对路径打开文件
02        pass
```

> 👑 说明：
>
> 在 Python 中，指定文件路径时需要对路径分隔符 "\" 进行转义，即将路径中的 "\" 替换为 "\\"。例如对于相对路径 "demo\message.txt" 需要使用 "demo\\message.txt" 代替。另外，也可以将路径分隔符 "\" 采用 "/" 代替。

> 👑 多学两招：
>
> 在指定文件路径时，也可以在表示路径的字符串前面加上字母 r（或 R），那么该字符串将原样输出，这时路径中的分隔符就不需要再转义了。例如，上面的代码也可以修改为以下内容：

```
01    with open(r"demo\message.txt") as file:      # 通过相对路径打开文件
02        pass
```

（2）绝对路径

绝对路径是指在使用文件时指定文件的实际路径。它不依赖于当前工作目录。在 Python 中，可以通过 os.path 模块提供的 abspath() 函数获取一个文件的绝对路径。abspath() 函数的基本语法格式如下：

```
os.path.abspath(path)
```

其中，path 为要获取绝对路径的相对路径，可以是文件也可以是目录。

例如，要获取相对路径 "demo\message.txt" 的绝对路径，可以使用下面的代码：

```
01    import os
02    print(os.path.abspath(r"demo\message.txt"))  # 获取绝对路径
```

第 2 篇　进阶篇

如果当前工作目录为"E:\program\Python\Code",那么将得到以下结果:

```
E:\program\Python\Code\demo\message.txt
```

（3）拼接路径

如果想要将两个或者多个路径拼接到一起组成一个新的路径,可以使用 os.path 模块提供的 join() 函数实现。join() 函数基本语法格式如下:

```
os.path.join(path1,path2,……)
```

其中,path1、path2 用于代表要拼接的文件路径,这些路径间使用逗号进行分隔。如果在要拼接的路径中,没有一个绝对路径,那么最后拼接出来的将是一个相对路径。

👑 注意:

使用 os.path.join() 函数拼接路径时,并不会检测该路径是否真实存在。

例如,需要将"E:\program\Python\Code"和"demo\message.txt"路径拼接到一起,可以使用下面的代码。

```
01    import os
02    print(os.path.join("E:\program\Python\Code","demo\message.txt"))        # 拼接字符串
```

执行上面的代码,将得到以下结果:

```
E:\program\Python\Code\demo\message.txt
```

👑 说明:

在使用 join() 函数时,如果要拼接的路径中,存在多个绝对路径,那么以从左到右为序最后一次出现的路径为准,并且该路径之前的参数都将被忽略。例如,执行下面的代码:

```
01    import os
02    print(os.path.join("E:\\code","E:\\python\\mr","Code","C:\\","demo")) # 拼接字符串
```

将得到拼接后的路径为"C:\demo"。

👑 注意:

把两个路径拼接为一个路径时,不要直接使用字符串拼接,而是使用 os.path.join() 函数,这样可以正确处理不同操作系统的路径分隔符。

15.2.3 判断目录是否存在

在 Python 中,有时需要判断给定的目录是否存在,这时可以使用 os.path 模块提供的 exists() 函数实现。exists() 函数的基本语法格式如下:

```
os.path.exists(path)
```

其中,path 为要判断的目录,可以采用绝对路径,也可以采用相对路径。
返回值:如果给定的路径存在,则返回 True,否则返回 False。
例如,要判断绝对路径"C:\demo"是否存在,可以使用下面的代码:

```
01    import os
02    print(os.path.exists("C:\\demo"))                        # 判断目录是否存在
```

执行上面的代码，如果在 C 盘根目录下没有 demo 子目录，则返回 False，否则返回 True。

👑 说明：

　　os.path.exists() 函数除了可以判断目录是否存在，还可以判断文件是否存在。例如，如果将上面代码中的"C:\\demo"替换为"C:\\demo\\test.txt"，则用于判断 C:\demo\test.txt 文件是否存在。

15.2.4　创建目录

在 Python 中，os 模块提供了两个创建目录的函数，一个用于创建一级目录，另一个用于创建多级目录。

（1）创建一级目录

创建一级目录是指一次只能创建一级目录。在 Python 中，可以使用 os 模块提供的 mkdir() 函数实现。通过该函数只能创建指定路径中的最后一级目录，如果该目录的上一级不存在，则抛出 FileNotFoundError 异常。mkdir() 函数的基本语法格式如下：

```
os.mkdir(path, mode=0o777)
```

参数说明：

● path：用于指定要创建的目录，可以使用绝对路径，也可以使用相对路径。

● mode：用于指定数值模式，默认值为 0777。该参数在非 Unix 系统上无效或被忽略。

例如，在 Windows 系统上创建一个 C:\demo 目录，可以使用下面的代码：

```
01    import os
02    os.mkdir("C:\\demo")          # 创建 C:\demo 目录
```

执行下面的代码后，将在 C 盘根目录下创建一个 demo 目录，如图 15.17 所示。

如果在创建路径时，路径已经存在，将抛出 FileExistsError 异常，例如，将上面的示例代码再执行一次，将抛出如图 15.18 所示的异常。

图 15.17　创建 demo 目录成功　　　　　　　　　　图 15.18　创建 demo 目录失败

要解决上面的问题，可以在创建目录前，先判断指定的目录是否存在，只有当目录不存在时才创建。具体代码如下：

```
01    import os
02    path = "C:\\demo"                      # 指定要创建的目录
03    if not os.path.exists(path):           # 判断目录是否存在
04        os.mkdir(path)                     # 创建目录
05        print("目录创建成功！")
06    else:
07        print("该目录已经存在！")
```

执行上面的代码，将显示"该目录已经存在！"。

👑 注意：

如果指定的目录有多级，而且最后一级的上级目录中有不存在的，则抛出 FileNotFoundError 异常，并且目录创建不成功。要解决该问题有两种方法，一种是使用创建多级目录的方法（将在后面进行介绍）；另一种是编写递归函数，调用 os.mkdir() 函数实现，具体代码如下：

```
01    import os                                  # 导入标准模块 os
02    def mkdir(path):                           # 定义递归创建目录的函数
03        if not os.path.isdir(path):            # 判断是否为有效路径
04            mkdir(os.path.split(path)[0])      # 递归调用
05        else:
06            return                             # 如果目录存在，直接返回
07        os.mkdir(path)                         # 创建目录
08    mkdir("D:/mr/test/demo")                   # 调用 mkdir 递归函数
```

（2）创建多级目录

使用 mkdir() 函数只能创建一级目录，如果想创建多级目录，可以使用 os 模块提供的 makedirs() 函数，该函数用于采用递归的方式创建目录。makedirs() 函数的基本语法格式如下：

```
os.makedirs(name, mode=0o777)
```

参数说明：

● name：用于指定要创建的目录，可以使用绝对路径，也可以使用相对路径。

● mode：用于指定数值模式，默认值为 0777。该参数在非 Unix 系统上无效或被忽略。

例如，在 Windows 系统上刚刚创建的 C:\demo 目录下，再创建子目录 test\dir\mr（对应的目录为 C:\demo\test\dir\mr），可以使用下面的代码：

```
01    import os
02    os. makedirs ("C:\\demo\\test\\dir\\mr ")    # 创建 C:\demo\test\dir\mr 目录
```

执行下面的代码后，将在 C:\demo 目录下创建子目录 test，并且在 test 目录下再创建子目录 dir，在 dir 目录下再创建子目录 mr。创建后的目录结构如图 15.19 所示。

图 15.19　创建多级目录的结果

15.2.5　删除目录

删除目录可以使用 os 模块提供的 rmdir() 函数。通过 rmdir() 函数删除目录时，只有当

要删除的目录为空时才起作用。rmdir() 函数的基本语法格式如下：

```
os.rmdir(path)
```

其中，path 为要删除的目录，可以使用相对路径，也可以使用绝对路径。

例如，要删除刚刚创建的 "C:\demo\test\dir\mr" 目录，可以使用下面的代码：

```
01   import os
02   os.rmdir("C:\\demo\\test\\dir\\mr")              # 删除 C:\demo\test\dir\mr 目录
```

执行上面的代码后，将删除 "C:\demo\test\dir" 目录下的 mr 目录。

👑 注意：

如果要删除的目录不存在，那么将抛出 "FileNotFoundError: [WinError 2] 系统找不到指定的文件" 异常。因此，在执行 os.rmdir() 函数前，建议先判断该目录是否存在，可以使用 os.path.exists() 函数判断。具体代码如下：

```
01   import os
02   path = "C:\\demo\\test\\dir\\mr"                 # 指定要创建的目录
03   if os.path.exists(path):                         # 判断目录是否存在
04       os.rmdir("C:\\demo\\test\\dir\\mr")          # 删除目录
05       print(" 目录删除成功！")
06   else:
07       print(" 该目录不存在！")
```

👑 多学两招：

使用 rmdir() 函数只能删除空的目录，如果想要删除非空目录，则需要使用 Python 内置的标准模块 shutil 的 rmtree() 函数实现。例如，要删除不为空的 "C:\\demo\\test" 目录，可以使用下面的代码：

```
01   import shutil
02   shutil.rmtree("C:\\demo\\test")                  # 删除 C:\demo 目录下的 test 子目录及其内容
```

15.2.6　遍历目录

遍历在汉语中的意思是全部走遍、周游。在 Python 中，遍历是将指定的目录下的全部目录（包括子目录）及文件访问一遍。在 Python 中，os 模块的 walk() 函数用于实现遍历目录的功能。walk() 函数的基本语法格式如下：

```
os.walk(top, topdown, onerror, followlinks)
```

参数说明：

● top：用于指定要遍历内容的根目录。

● topdown：可选参数，用于指定遍历的顺序，如果值为 True，表示自上而下遍历，即先遍历根目录；如果值为 False，表示自下而上遍历，即先遍历最后一级子目录。默认值为 True。

● onerror：可选参数，用于指定错误处理方式，默认忽略，如果不想忽略也可以指定一个错误处理函数。通常情况下采用默认设置。

● followlinks：可选参数，默认情况下，walk() 函数不会向下转换成解析到目录的符号链接，将该参数值设置为 True，表示用于指定在支持的系统上访问由符号链接指向的目录。

● 返回值：返回一个包括 3 个元素 (dirpath, dirnames, filenames) 的元组生成器对象。其中，dirpath 表示当前遍历的路径，是一个字符串；dirnames 表示当前路径下包含的子目录，是一个列表；filenames 表示当前路径下包含的文件，也是一个列表。

例如，要遍历指定目录"F:\program\Python\Code\01"，可以使用下面的代码：

```
01    import os                                      # 导入 os 模块
02    tuples = os.walk("F:\\program\\Python\\Code\\01")  # 遍历 "F:\program\Python\Code\01" 目录
03    for tuple1 in tuples:                          # 通过 for 循环输出遍历结果
04        print(tuple1 ,"\n")                        # 输出每一级目录的元组
```

如果在"F:\program\Python\Code\01"目录下包括如图 15.20 所示的内容，执行上面的代码，将显示如图 15.21 所示的结果。

图 15.20　要遍历的目录

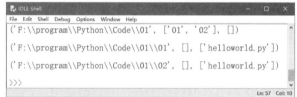

图 15.21　遍历指定目录的结果

　　注意：
　　walk() 函数只在 Unix 系统和 Windows 系统中有效。

图 15.21 得到的结果比较混乱，下面通过一个具体的实例演示实现遍历目录时，输出目录或文件的完整路径。

[实例 15.4]　　（源码位置：资源包 \Code\15\04）

遍历指定目录

在 IDLE 中创建一个名称为 walk_list.py 的文件，首先在该文件中导入 os 模块，并定义要遍历的根目录，然后应用 for 循环遍历该目录，最后循环输出遍历到的文件和子目录，代码如下：

```
01    import os                                      # 导入 os 模块
02    path = "C:\\demo"                              # 指定要遍历的根目录
03    print(" 【",path,"】目录下包括的文件和目录: ")
04    for root, dirs, files in os.walk(path, topdown=True):  # 遍历指定目录
05        for name in dirs:                          # 循环输出遍历到的子目录
06            print(" ● ",os.path.join(root, name))
07        for name in files:                         # 循环输出遍历到的文件
08            print(" ◎ ",os.path.join(root, name))
```

执行上面的代码，可能显示如图 15.22 所示的结果。

图 15.22　遍历指定目录

👑 说明：

读者得到的结果可能会与此不同，具体显示内容将根据具体的目录结构而定。

15.3 高级文件操作

Python 内置的 os 模块除了可以对目录进行操作，还可以对文件进行一些高级操作，具体函数如表 15.4 所示。

表 15.4　os 模块提供的与文件相关的函数

函数	说明
access(path,accessmode)	获取对文件是否有指定的访问权限（读取/写入/执行权限）。accessmode的值是R_OK（读取）、W_OK（写入）、X_OK（执行）或F_OK（存在）。如果有指定的权限，则返回1，否则返回0
chmod(path,mode)	修改 path 指定文件的访问权限
remove(path)	删除 path 指定的文件路径
rename(src,dst)	将文件或目录 src 重命名为 dst
stat(path)	返回 path 指定文件的信息
startfile(path [, operation])	使用关联的应用程序打开 path 指定的文件

下面将对常用的操作进行详细介绍。

15.3.1 删除文件

Python 没有内置删除文件的函数，但是在内置的 os 模块中提供了删除文件的函数 remove()，该函数的基本语法格式如下：

```
os.remove(path)
```

其中，path 为要删除的文件路径，可以使用相对路径，也可以使用绝对路径。

例如，要删除当前工作目录下的 mrsoft.txt 文件，可以使用下面的代码：

```
01    import os                                # 导入 os 模块
02    os.remove("mrsoft.txt")                  # 删除当前工作目录下的 mrsoft.txt 文件
```

执行上面的代码后，如果在当前工作目录下存在 mrsoft.txt 文件，即可将其删除，否则将显示如图 15.23 所示的异常。

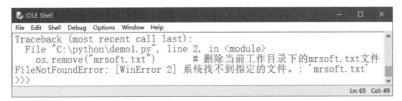

图 15.23　要删除的文件不存在时显示的异常

为了屏蔽以上异常，可以在删除文件时，先判断文件是否存在，只有存在时才执行删除操作。具体代码如下：

```
01    import os                               # 导入 os 模块
02    path = "mrsoft.txt"                     # 要删除的文件
03    if os.path.exists(path):                # 判断文件是否存在
04        os.remove(path)                     # 删除文件
05        print(" 文件删除完毕! ")
06    else:
07        print(" 文件不存在! ")
```

执行上面的代码，如果 mrsoft.txt 不存在，则显示以下内容：

文件不存在!

否则将显示以下内容，同时文件将被删除。

文件删除完毕!

15.3.2　重命名文件和目录

os 模块提供了重命名文件和目录的函数 rename()，如果指定的路径是文件，则重命名文件，如果指定的路径是目录，则重命名目录。rename() 函数的基本语法格式如下：

os.rename(src,dst)

其中，src 用于指定要进行重命名的目录或文件；dst 用于指定重命名后的目录或文件。

同删除文件一样，在进行文件或目录重命名时，如果指定的目录或文件不存在，也将抛出 FileNotFoundError 异常，所以在进行文件或目录重命名时，也建议先判断文件或目录是否存在，只有存在时才进行重命名操作。

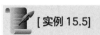

[实例 15.5]　　　　　　　　　　　　　　　　　　　　　　（源码位置：资源包 \Code\15\05 ）

重命名文件

将 "C:\demo\test\dir\mr\mrsoft.txt" 文件重命名为 "C:\demo\test\dir\mr\mr.txt"，可以使用下面的代码：

```
01    import os                                       # 导入 os 模块
02    src = "C:\\demo\\test\\dir\\mr\\mrsoft.txt"     # 要重命名的文件
03    dst = "C:\\demo\\test\\dir\\mr\\mr.txt"         # 重命名后的文件
04    if os.path.exists(src):                         # 判断文件是否存在
05        os.rename(src,dst)                          # 重命名文件
06        print(" 文件重命名完毕! ")
07    else:
08        print(" 文件不存在! ")
```

执行上面的代码，如果 "C:\demo\test\dir\mr\mrsoft.txt" 文件不存在，则显示以下内容：

文件不存在!

否则将显示以下内容，同时文件被重命名。

文件重命名完毕!

使用 rename() 函数重命名目录与命名文件基本相同，只要把原来的文件路径替换为目录即可。例如，想要将当前目录下的 demo 目录重命名为 test，可以使用下面的代码：

```
01    import os                               # 导入 os 模块
02    src = "demo"                            # 要重命名的当前目录下的 demo
03    dst = "test"                            # 重命名为 test
04    if os.path.exists(src):                 # 判断目录是否存在
05        os.rename(src,dst)                  # 重命名目录
06        print(" 目录重命名完毕! ")
07    else:
08        print(" 目录不存在! ")
```

👑 注意:

在使用 rename() 函数重命名目录时，只能修改最后一级的目录名称，否则，如将上面代码中的第 2 行和第 3 行替换为以下代码，将抛出如图 15.24 所示的异常。

```
01    src = "C:/demo/test/dir"                # 原路径
02    dst = "C:/demo/test1/dir"               # 重命名后的路径
```

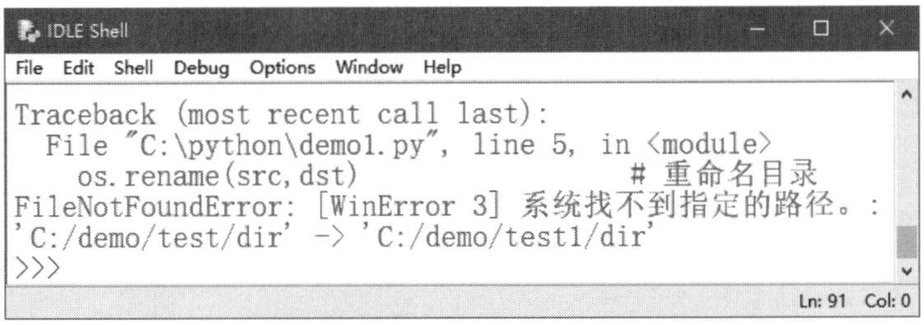

图 15.24　重命名的不是最后一级目录时抛出的异常

15.3.3　获取文件基本信息

在计算机上创建文件后，该文件本身就会包含一些信息，例如文件的最后一次访问时间、最后一次修改时间、文件大小等基本信息。通过 os 模块的 stat() 函数可以获取到文件的这些基本信息。stat() 函数的基本语法如下:

```
os.stat(path)
```

其中，path 为要获取文件基本信息的文件路径，可以是相对路径，也可以是绝对路径。

stat() 函数的返回值是一个对象，该对象包含如表 15.5 所示的属性。通过访问这些属性，可以获取文件的基本信息。

表 15.5　stat() 函数返回的对象的常用属性

属性	说明	属性	说明
st_mode	保护模式	st_dev	设备名
st_ino	索引号	st_uid	用户 ID
st_nlink	硬连接号（被连接数目）	st_gid	组 ID
st_size	文件大小，单位为字节	st_atime	最后一次访问时间
st_mtime	最后一次修改时间	st_ctime	最后一次状态变化的时间（系统不同，返回结果也不同，例如，在 Windows 操作系统下返回的是文件的创建时间）

下面通过一个具体的实例演示如何使用 stat() 函数获取文件的基本信息。

（源码位置：资源包 \Code\15\06）

[实例 15.6]

获取文件基本信息

在 IDLE 中创建一个名称为 fileinfo.py 的文件，首先在该文件中导入 os 模块，然后调用 os 模块的 stat() 函数获取文件的基本信息，最后输出文件的基本信息，代码如下：

```
01    import os                                         # 导入 os 模块
02    fileinfo = os.stat("mr.png")                      # 获取文件的基本信息
03    print(" 文件完整路径: ", os.path.abspath("mr.png"))  # 获取文件的完整路径
04    # 输出文件的基本信息
05    print(" 索引号: ",fileinfo.st_ino)
06    print(" 设备名: ",fileinfo.st_dev)
07    print(" 文件大小: ",fileinfo.st_size," 字节 ")
08    print(" 最后一次访问时间: ",fileinfo.st_atime)
09    print(" 最后一次修改时间: ",fileinfo.st_mtime)
10    print(" 最后一次状态变化时间: ",fileinfo.st_ctime)
```

运行上面的代码，将显示如图 15.25 所示的结果。

图 15.25　获取并显示文件的基本信息

本章知识思维导图

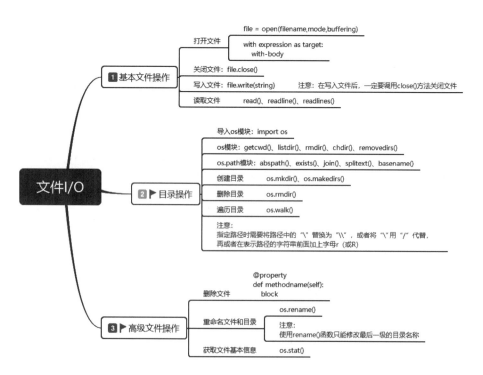

第 16 章
异常处理与程序调试

 本章学习目标

- 了解 Python 中的异常
- 熟练掌握 try…except…else、try…except…finally 等语句的应用
- 熟练掌握如何使用 raise 语句抛出异常
- 掌握如何使用 IDLE 调试程序
- 掌握如何使用 PyCharm 调试程序
- 掌握使用 assert 语句调试程序的方法

16.1 异常处理

在程序运行过程中，经常会遇到各种各样的错误，这些错误统称为"异常"。对于程序中出现的或者可能出现的异常需要进行处理，如果没有处理，程序就可能终止执行。下面将介绍如何在 Python 中进行异常处理。

16.1.1 了解 Python 中的异常

在进行 Python 程序开发时，有的异常是由于开发者一时疏忽将关键字敲错导致的，这类错误多数产生的是 SyntaxError: invalid syntax（无效的语法），这将直接导致程序不能运行。这类异常是显式的，在开发阶段很容易发现；还有一类是隐式的，通常和使用者的操作有关，例如下面的这个实例。

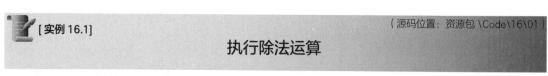

[实例 16.1] （源码位置：资源包 \Code\16\01 ）

执行除法运算

在 IDLE 中创建一个名称为 division_num.py 的文件，并且在该文件中定义一个除法运算的函数 division()，在该函数中，要求输入被除数和除数，然后应用除法算式进行计算，最后调用 division() 函数，代码如下：

```
01  def division():
02      num1 = int(input("请输入被除数: "))      # 用户输入提示，并记录
03      num2 = int(input("请输入除数: "))
04      result = num1//num2                     # 执行除法运算
05      print(result)
06  if __name__ == '__main__':
07      division()                              # 调用函数
```

运行程序，如果在输入除数时，输入为 0，将得到如图 16.1 所示的结果。

```
IDLE Shell                                    —  □  ✕
File  Edit  Shell  Debug  Options  Window  Help
请输入被除数: 9
请输入除数: 0
Traceback (most recent call last):
  File "C:\python\demo1.py", line 7, in <module>
    division()# 调用函数
  File "C:\python\demo1.py", line 4, in division
    result = num1//num2 # 执行除法运算
ZeroDivisionError: integer division or modulo by zero
>>>
                                            Ln: 2  Col: 29
```

图 16.1 抛出了 ZeroDivisionError 异常

产生 ZeroDivisionError（除数为 0 错误）的根源在于算术表达式"100/0"中，0 作为除数出现，所以正在执行的程序被中断，第 4 行以后（包括第 4 行）的代码都不会被执行。

除了 ZeroDivisionError 异常外，Python 中还有很多异常。如表 16.1 所示为 Python 中常见的异常。

表 16.1　Python 中常见的异常

异常	描述
NameError	尝试访问一个没有声明的变量引发的错误
IndexError	索引超出序列范围引发的错误
IndentationError	缩进错误
ValueError	传入的值错误
KeyError	请求一个不存在的字典关键字引发的错误
IOError	输入输出错误（如要读取的文件不存在）
ImportError	当import语句无法找到模块或from无法在模块中找到相应的名称时引发的错误
AttributeError	尝试访问未知的对象属性引发的错误
TypeError	类型不合适引发的错误
MemoryError	内存不足
ZeroDivisionError	除数为0引发的错误

👑 说明：

　　表 16.1 所示的异常并不需要记住，只要简单了解即可。

16.1.2　使用 try…except 语句捕获异常

　　在 Python 中，提供了 try…except 语句来捕获并处理异常。在使用时，把可能产生异常的代码放在 try 语句块中，把处理结果放在 except 语句块中，这样，当 try 语句块中的代码出现错误，就会执行 except 语句块中的代码，如果 try 语句块中的代码没有错误，那么except 语句块将不会执行。具体的语法格式如下：

```
try:
    block1
except ExceptionName as alias:
    block2
```

　　参数说明：

　　● block1：表示可能出现错误的代码块。

　　● ExceptionName as alias：可选参数，用于指定要捕获的异常。其中，ExceptionName表示要捕获的异常名称，如果在其右侧加上 as alias 则表示为当前的异常指定一个别名，通过该别名，可以记录异常的具体内容。

👑 说明：

　　在使用 try…except 语句捕获异常时，如果在 except 后面不指定异常名称，则表示捕获全部异常。

　　● block2：表示进行异常处理的代码块。在这里可以输出固定的提示信息，也可以通过别名输出异常的具体内容。

👑 说明：

　　使用 try…except 语句捕获异常后，当程序出错时，输出错误信息后，程序会继续执行。

第2篇　进阶篇

（源码位置：资源包 \Code\16\02 ）

[实例 16.2]

处理除运算可能产生的异常

在执行除法运算时，对可能出现的异常进行处理，代码如下：

```
01  def division():
02      num1 = int(input("请输入被除数: "))        # 用户输入提示，并记录
03      num2 = int(input("请输入除数: "))
04      result = num1//num2                        # 执行除法运算
05      print(result)
06  if __name__ == '__main__':
07      try:                                       # 捕获异常
08          division()                             # 调用除法运算的函数
09      except ZeroDivisionError:                  # 处理异常
10          print("输入错误: 除数不能为0")          # 输出错误原因
```

运行程序，当输入的除数为 0 时，运行结果如图 16.2 所示。

目前，我们只处理了除数为 0 的情况，如果输入的数值不是数字会是什么结果呢？再次运行上面的实例，输入被除数为 qq，将得到如图 16.3 所示的结果。

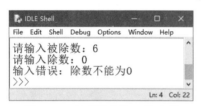

图 16.2　处理除数为 0 的异常

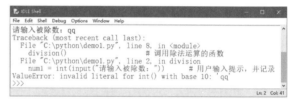

图 16.3　输入的不是有效数字抛出的异常

从图 16.3 中可以看出，程序中要求输入数值，而实际输入的是字符串，则抛出 ValueError（传入的值错误）异常。要解决该问题，可以在 [实例 16.2] 的代码中，为 try…except 语句再添加一个 except 语句，用于处理抛出 ValueError 异常的情况。修改后的代码如下：

```
01  def division():
02      num1 = int(input("请输入被除数: "))        # 用户输入提示，并记录
03      num2 = int(input("请输入除数: "))
04      result = num1//num2                        # 执行除法运算
05      print(result)
06  if __name__ == '__main__':
07      try:                                       # 捕获异常
08          division()                             # 调用除法运算的函数
09      except ZeroDivisionError:                  # 处理异常
10          print("输入错误: 除数不能为0")          # 输出错误原因
11      except ValueError as e:                    # 处理非数值的情况
12          print("输入错误: ", e)
```

再次运行程序，输入被除数为字符串时，将不再直接抛出异常，而是显示友好的提示，如图 16.4 所示。

```
IDLE Shell                                          —    □    ×
File  Edit  Shell  Debug  Options  Window  Help
请输入被除数: qq
输入错误:  invalid literal for int() with base 10: 'qq'
>>>
                                                        Ln: 10  Col: 35
```

图 16.4　输入的不是有效数字时显示友好的提示

👑 说明:

在捕获异常时,如果需要同时处理多个异常,可以在 except 语句后面使用一对小括号将可能出现的异常名称括起来,多个异常名称之间使用逗号分隔。如果想要显示具体的出错原因,那么再加上 as 指定一个别名。

16.1.3 使用 try…except…else 语句捕获异常

在 Python 中,还有另一种异常处理结构,它是 try…except…else 语句,也就是在原来 try…except 语句的基础上再添加一个 else 子句,用于指定当 try 语句块中没有发现异常时要执行的语句块。该语句块中的内容当 try 语句中发现异常时,将不被执行。例如,对 [实例 16.2]进行修改,实现在执行除法运算时,当 division() 函数在执行后,并且没有抛出异常时,输出文字"程序执行完成……",代码如下。

```
01  def division():
02      num1 = int(input(" 请输入被除数: "))        # 用户输入提示,并记录
03      num2 = int(input(" 请输入除数: "))
04      result = num1//num2                        # 执行除法运算
05      print(result)
06  if __name__ == '__main__':
07      try:                                       # 捕获异常
08          division()                             # 调用除法运算的函数
09      except ZeroDivisionError:                  # 处理异常
10          print(" 输入错误: 除数不能为 0")        # 输出错误原因
11      # 添加处理非数值的情况的代码
12      except ValueError as e:                    # 处理非数值的情况
13          print(" 输入错误: ", e)
14      else:                                      # 没有抛出异常时执行
15          print(" 程序执行完成……")
```

执行代码,将显示如图 16.5 所示的运行结果。

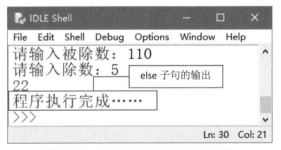

图 16.5 不抛出异常时提示相应信息

16.1.4 使用 try…except…finally 语句捕获异常

完整的异常处理语句应该包含 finally 代码块,通常情况下,无论程序中有无异常产生,finally 代码块中的代码都会被执行。其基本格式如下:

```
try:
    block1
except ExceptionName as alias :
    block2
finally:
    block3
```

tr…except…finally 语句并不复杂,它只是比 try…except 语句多了一个 finally 语句,如

果程序中有一些在任何情形中都必须执行的代码，那么就可以将它们放在 finally 语句的区块中。

👑 说明:

　　使用 except 子句是为了允许处理异常。无论是否引发了异常，使用 finally 子句都可以执行相应代码。如果分配了有限的资源（如打开文件），则应将释放这些资源的代码放置在 finally 块中。

再次对 [实例 16.2] 进行修改，实现当 division() 函数在执行时无论是否抛出异常，都输出文字"释放资源，并关闭"。修改后的代码如下:

```
01   def division():
02       num1 = int(input(" 请输入被除数: "))        # 用户输入提示，并记录
03       num2 = int(input(" 请输入除数: "))
04       result = num1//num2                         # 执行除法运算
05       print(result)
06   if __name__ == '__main__':
07       try:                                         # 捕获异常
08           division()                               # 调用除法运算的函数
09       except ZeroDivisionError:                    # 处理异常
10           print(" 输入错误: 除数不能为 0")          # 输出错误原因
11       # 添加处理非数值的情况的代码
12       except ValueError as e:                      # 处理非数值的情况
13           print(" 输入错误: ", e)
14       # 添加 else 子句
15       else:                                        # 没有抛出异常时执行
16           print(" 程序执行完成……")
17       # 添加 finally 代码块
18       finally:                                     # 无论是否抛出异常都执行
19           print(" 释放资源，并关闭 ")
```

执行代码，将显示如图 16.6 所示的运行结果。

至此，已经介绍了异常处理语句的 try…except、try…except…else 和 try…except…finally 等形式。下面通过图 16.7 说明异常处理语句的各个子句的执行关系。

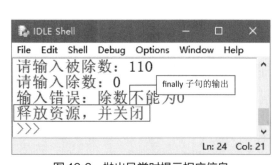

图 16.6　抛出异常时提示相应信息

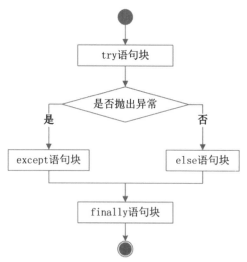

图 16.7　异常处理语句的不同子句的执行关系

16.1.5　使用 raise 语句抛出异常

如果某个函数或方法可能会产生异常，但不想在当前函数或方法中处理这个异常，则

可以使用 raise 语句在函数或方法中抛出异常。raise 语句的基本格式如下：

```
raise ExceptionName (reason)
```

其中，ExceptionName (reason) 为可选参数，用于指定抛出的异常名称以及异常信息的相关描述。如果省略，就会把当前的错误原样抛出。

👑 说明：

ExceptionName(reason) 参数中的 (reason) 也可以省略，如果省略，则在抛出异常时，不附带任何描述信息。

 [实例 16.3]

（源码位置：资源包 \Code\16\03）

使用 raise 语句抛出 "除数不能为 0" 的异常

在执行除法运算时，在 division() 函数中，实现当除数为 0 时，应用 raise 语句抛出一个 ValueError 异常，接下来再在最后一行语句的下方添加 except 语句处理 ValueError 异常，代码如下：

```
01   def division():
02       num1 = int(input("请输入被除数："))      # 用户输入提示，并记录
03       num2 = int(input("请输入除数："))
04       if num2 == 0:
05           raise ValueError("除数不能为0")
06       result = num1//num2                      # 执行除法运算
07       print(result)
08   if __name__ == '__main__':
09       try:                                     # 捕获异常
10           division()                           # 调用函数
11       except ZeroDivisionError:                # 处理异常
12           print("\n出错了：除数不能为0！")
13       except ValueError as e:                  # 处理 ValueError 异常
14           print("输入错误：", e)                # 输出错误原因
```

执行上面的代码，当输入的除数为 0 时，将显示如图 16.8 所示的结果。

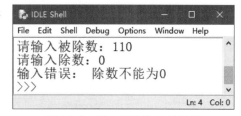

图 16.8　抛出除数为 0 的异常

16.2　程序调试

在程序开发过程中，免不了会出现一些错误，有语法方面的，也有逻辑方面的。语法方面的错误比较好检测，因为程序会直接停止，并且给出错误提示；而逻辑错误就不太容易发现了，因为程序可能会一直执行下去，但结果是错误的。所以作为一名程序员，掌握一定的程序调试方法，是一项必备技能。

16.2.1　使用自带的 IDLE 调试程序

多数的集成开发工具都提供了程序调试功能。例如，我们一直在使用的 IDLE，也提供了程序调试功能。使用 IDLE 进行程序调试的基本步骤如下。

① 打开 IDLE（Python Shell），在主菜单上选择 "Debug" → "Debugger" 菜单项，将打开 "Debug Control" 对话框（此时该对话框是空白的），同时 Python Shell 窗口中将显示 "[DEBUG ON]"（表示已经处于调试状态），如图 16.9 所示。

图 16.9 处于调试状态的 Python Shell

② 在 Python Shell 窗口中，选择 "File" → "Open" 菜单项，打开要调试的文件，然后添加需要的断点。

👑 说明：

　断点的作用是设置断点后，程序执行到断点时就会暂时中断执行，程序可以随时继续。

添加断点的方法：在想要添加断点的行上，单击鼠标右键，在弹出的快捷菜单中选择 "Set Breakpoint" 菜单项。添加断点的行将以黄色底纹标记，如图 16.10 所示。

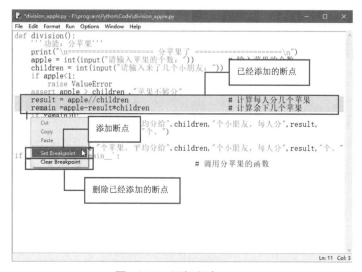

图 16.10 添加断点

👑 说明：

　如果想要删除已经添加的断点，可以选中已经添加断点的行，然后，单击鼠标右键，在弹出的快捷菜单中选择 "Clear Breakpoint" 菜单项。

③ 添加所需的断点（添加断点的原则：程序执行到这个位置时，想要查看某些变量的值，就在这个位置添加一个断点）后，按下快捷键 <F5>，执行程序，这时 "Debug Control" 对话框中将显示程序的执行信息，选中 "Globals" 复选框，将显示全局变量，默认只显示

局部变量。此时的"Debug Control"对话框如图 16.11 所示。

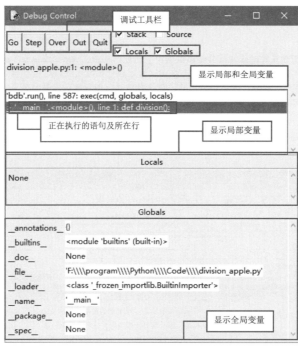

图 16.11　显示程序的执行信息

④ 在图 16.11 所示的调试工具栏中，提供了 5 个工具按钮。这里单击"Go"按钮继续执行程序，直到所设置的第一个断点。由于在示例代码 .py 文件中，第一个断点之前需要获取用户的输入，所以需要先在"Python Shell"窗口中输入除数和被除数。输入后"Debug Control"窗口中的数据将发生变化，如图 16.12 所示。

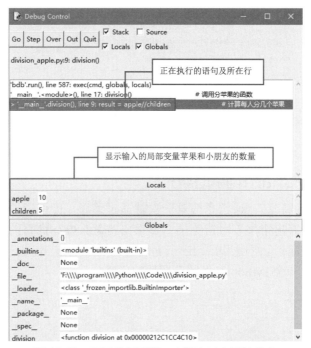

图 16.12　显示执行到第一个断点时变量的信息

👑 说明：

调试工具栏中的 5 个按钮的作用："Go"按钮用于执行跳至断点操作；"Step"按钮用于进入要执行的函数；"Over"按钮表示单步执行；"Out"按钮表示跳出所在的函数；"Quit"按钮表示结束调试。

👑 说明：

在调试过程中，如果所设置的断点处有其他函数调用，还可以单击"Step"按钮进入函数内部，当确定该函数没有问题时，可以单击"Out"按钮跳出该函数。或者在调试的过程中已经发现问题的原因，需要进行修改时，可以直接单击"Quit"按钮结束调试。另外，如果调试的目的不是很明确（即不确认问题的位置），也可以直接单击"Setp"按钮进行单步执行，这样可以清晰地观察程序的执行过程和变量的信息，方便找出问题。

⑤ 继续单击"Go"按钮，将执行到下一个断点，查看变量的变化，直到全部断点都执行完毕。调试工具栏上的按钮将变为不可用状态，如图 16.13 所示。

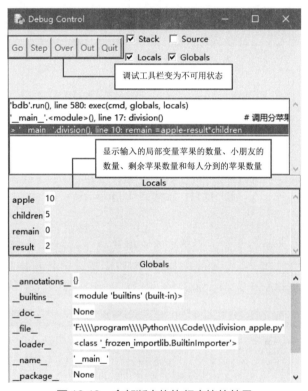

图 16.13　全部断点均执行完毕的效果

⑥ 程序调试完毕后，可以关闭"Debug Control"窗口，此时在 Python Shell 窗口中将显示"[DEBUG OFF]"（表示已经结束调试）。

16.2.2　使用 PyCharm 调试程序

即使编写很简单的程序，通常也很难一次就通过编译。即使通过编译，其运行结果也不一定是正确的。程序出错是不可避免的，那么出错怎么办？优秀的开发工具都提供了强大的调试功能，下面简单介绍使用 PyCharm 进行程序调试的方法。

① 编写以下输出一个 Python 开发团队照片的代码：

```
01    print('go big or go home.')
02    print('＿＿＿＿＿＿＿＿＿')
03    print('|    Python 团队    |')
04    print('|     ☺☺☺☺    |')
05    print('＿＿＿＿＿＿＿＿＿')
```

② 单击工具栏上的运行按钮，运行编写好的程序，发现控制台提示第 3 行代码有错误，如图 16.14 所示。回到代码编辑区，发现第 3 行代码最后面应该输入的英文引号 "'" 输成了中文引号 "'"，修改 "'" 为 "'"，如图 16.15 所示。在输入代码时，如果遇到输入符号，都需要输入英文符号，不能输入中文符号。输入中文符号会引起代码错误，无法执行程序，初学者最容易犯此类错误，要特别注意，遇到代码错误，首先检查是否把英文符号输成了中文符号！

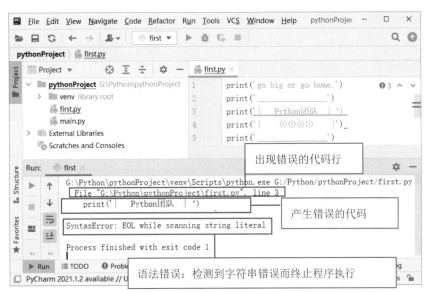

图 16.14 代码错误提示

图 16.15 修正代码错误

③ 接下来，学习一下如何通过断点调试程序。设置断点时，只需要单击代码前面、行号后面的灰色位置，即可设置断点调试程序，如图 16.16 所示。

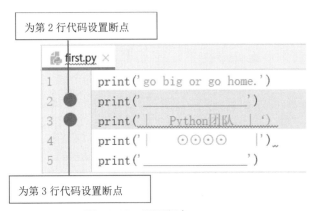

图 16.16 设置断点

④ 单击工具栏上的调试（debug）按钮 （似乎甲虫已经成为专用图标了），程序会运

243

行到第一个断点处，并显示该断点之前的变量信息，本代码没有设置变量，所以没有显示变量信息，如图 16.17 所示。

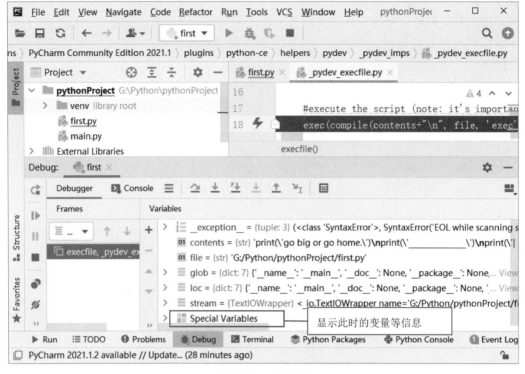

图 16.17　调试信息

⑤ 单击"Run"菜单的"Jump to Cursor"选项，如图 16.18 所示，也可以按 <Alt + F9> 组合键，代码会继续往下运行到第二个断点，此时显示第二个断点前的变量信息。

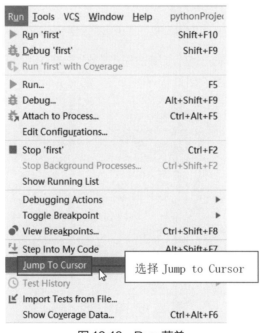

图 16.18　Run 菜单

⑥ 使用调试区的调试图标，如图 16.19 所示，也可以很方便地进行程序调试工作。

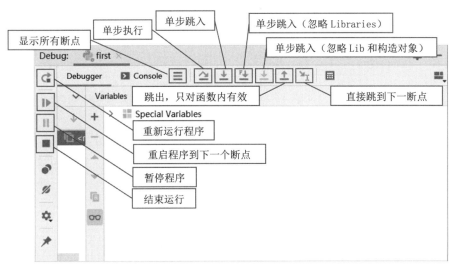

图 16.19　调试按钮

⑦ 如果编写的代码中有语法错误，PyCharm 可以自动帮你找到错误位置，如图 16.20 所示，代码下面带有红色波浪线，说明该行代码有错误，如图 16.21 所示。鼠标放到波浪线上，提示代码缺少结尾的 ""号。本错误确实是代码最后应该输入英文引号结尾，结果输入了中文引号引起的。修改中文引号 ""为英文引号 "'"。程序正常运行。

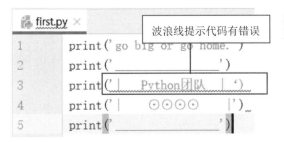

图 16.20　代码下面有波浪线

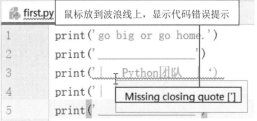

图 16.21　提示代码错误

👑 说明：

　　程序出错一般有未定义、语法、运行出错三个方面，编程水平的高低直接影响到调试的效率，调试高手往往会改进自己的编程，使得编程水平不断提高，成为编程高手。

16.2.3　使用 assert 语句调试程序

在程序开发过程中，除了使用开发工具自带的调试工具进行调试外，还可以在代码中通过 print() 函数把可能出现问题的变量输出进行查看，但是这种方法会产生很多垃圾信息。所以调试之后还需要将其删除，比较麻烦。所以，Python 还提供了另外的方法，使用 assert 语句调试。

assert 的中文意思是断言，它一般用于对程序某个时刻必须满足的条件进行验证。assert 语句的基本语法如下：

```
assert expression ,reason
```

参数说明：

● expression：条件表达式，如果该表达式的值为真时，什么都不做，如果为假时，则抛出 AssertionError 异常。

● reason：可选参数，用于对判断条件进行描述，为了以后更好地知道哪里出现了问题。

 [实例 16.4]　　　　　　　　　　　　　　　　　　（源码位置：资源包 \Code\16\04）

演示使用断言调试程序

在执行除法运算的 division() 函数中，使用 assert 断言调试程序，代码如下：

```
01   def division():
02       num1 = int(input(" 请输入被除数: "))          # 用户输入提示，并记录
03       num2 = int(input(" 请输入除数: "))
04       assert num2 != 0, " 除数不能为 0"             # 应用断言调试
05       result = num1//num2                         # 执行除法运算
06       print(result)
07   if __name__ == '__main__':
08           division()                               # 调用函数
```

运行程序，输入除数为 0，将抛出如图 16.22 所示的 AssertionError 异常。

```
IDLE Shell                                      —    □    ×
File  Edit  Shell  Debug  Options  Window  Help
请输入被除数：110
请输入除数：0
Traceback (most recent call last):
  File "C:\python\demo1.py", line 8, in <module>
    division()  # 调用函数
  File "C:\python\demo1.py", line 4, in division
    assert num2 != 0, "除数不能为0"  # 应用断言调试
AssertionError: 除数不能为0
>>>
                                                  Ln: 34  Col: 8
```

图 16.22　除数为 0 时抛出 AssertionError 异常

通常情况下，assert 语句可以和异常处理语句结合使用。所以，可以将上面代码的最后一行修改为以下内容：

```
01   try:
02       division()                                  # 调用函数
03   except AssertionError as e:                      # 处理 AssertionError 异常
04       print("\n 输入有误: ",e)
```

assert 语句只在调试阶段有效。我们可以通过在执行 python 命令时加入 -O（大写字母）参数来关闭 assert 语句。例如，在命令行窗口中输入以下代码执行 C:\python 目录下的 demo1.py 文件，即关闭 demo1.py 文件中的 assert 语句。

```
01   C:
02   cd C:\python
03   python -O demo1.py
```

在命令行窗口中执行 python 命令时，关闭 assert 语句与不关闭 assert 语句的效果如图 16.23 所示。

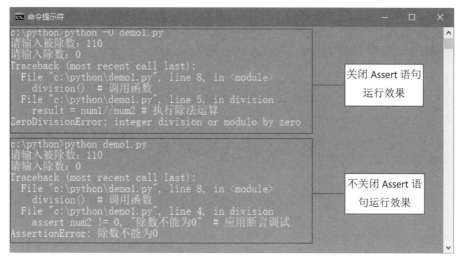

图 16.23　关闭与不关闭 assert 语句的效果

 本章知识思维导图

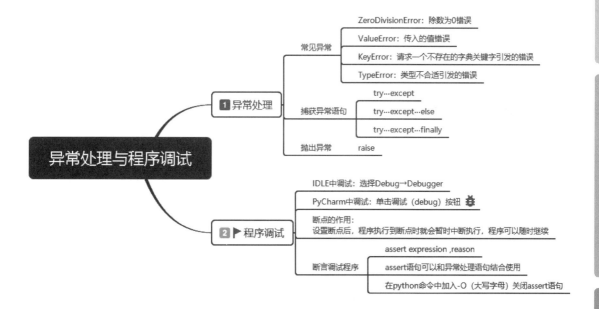

Python

从零开始学 Python

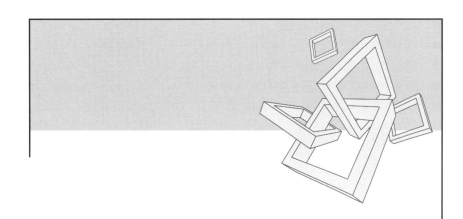

第3篇
应用篇

第 17 章

海龟绘图

 本章学习目标

- 了解海龟绘图的坐标系和绘图三要素
- 熟练掌握海龟绘图的基本步骤
- 熟练掌握如何进行窗口设置
- 掌握如何设置画笔样式
- 掌握绘制图形的方法
- 掌握如何输入或输出文字
- 掌握对键盘和鼠标事件的处理方法
- 学会应用计时器

17.1 了解海龟绘图

海龟绘图是 Python 内置的一个比较有趣的模块，模块名称为 turtle。它源于 20 世纪 60 年代的 Logo 语言，之后成为了 Python 的内置模块。海龟绘图提供了一些简单的绘图方法，可以根据我们编写的控制指令（代码），让一个"海龟"在屏幕上来回移动，而且在它爬行的路径上还绘制了图形。通过海龟绘图，不仅可以在屏幕上绘制图形，还可以看到整个绘制过程。另外，海龟绘图对初学者十分友好，很轻松就能编写出很多有趣的实例。

在使用前需要导入该模块，可以使用以下几种方法导入。

① 直接使用 import 语句导入海龟绘图模块，代码如下：

```
import turtle
```

通过该方法导入后，需要通过模块名来使用其中的方法、属性等。

② 在导入模块时为其指定别名，代码如下：

```
import turtle as t
```

通过该方法导入后，可以通过模块别名 t 来使用其中的方法、属性等。

③ 通过 from…import 导入海龟绘图模块的全部定义，代码如下：

```
from turtle import *
```

通过该方法导入后，可以直接使用其中的方法、属性等。

17.1.1 海龟绘图的坐标系

在学习海龟绘图之前，需要先了解海龟绘图的坐标系。海龟绘图采用的是平面坐标系，即画布（窗口）的中心为原点（0，0），横向为 x 轴，纵向为 y 轴。x 轴控制水平位置，y 轴控制垂直位置。例如，一个 400×320 的画布，对应的坐标系如图 17.1 所示。

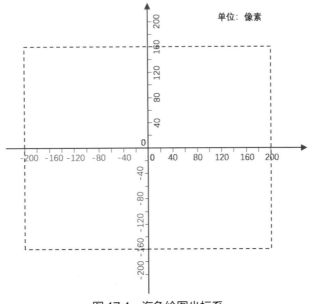

图 17.1 海龟绘图坐标系

在图 17.1 中，虚线框为画布大小。海龟活动的空间为虚线框以内，即 x 轴的移动区间为 −200 ~ 200，y 轴的移动区间为 −160 ~ 160。同数学中一样，表示海龟所在位置（即某一点）的坐标为 (x,y)。

17.1.2 海龟绘图三要素

采用海龟绘图有 3 个关键要素，即方向、位置和画笔。在进行海龟绘图时，主要就是控制这些要素来绘出我们想要的图形。下面分别进行介绍。

（1）方向

在进行海龟绘图时，方向主要用于控制海龟的移动方向。主要通过以下 3 个方法进行设置。

- left()/lt() 方法：让海龟左转（逆时针）指定度数。
- right()/rt() 方法：让海龟右转（顺时针）指定度数。
- setheading()/seth() 方法：设置海龟的朝向为 0（东）、90（北）、180（西）或 270（南）。

（2）位置

在进行海龟绘图时，位置主要用于控制海龟移动的距离。主要有以下 6 个方法进行设置。

- forward(distance)：让海龟向前移动指定距离，参数 distance 为有效数值。
- backward(distance)：让海龟向后退指定距离，参数 distance 为有效数值。
- goto(x,y)：让海龟移动到画布中的特定位置，即坐标 (x,y) 所指定的位置。
- setx(x)：设置海龟的横坐标到 x，纵坐标不变。
- sety(y)：设置海龟的纵坐标到 y，横坐标不变。
- home()：海龟移至初始坐标 (0,0)，并设置朝向为初始方向。

（3）画笔

在进行海龟绘图时，画笔就相当于现实生活中绘图所用的画笔。在海龟绘图中，通过画笔可以控制线条的粗细、颜色和运动的速度。关于画笔的详细介绍请参见 17.4 节。

17.2 绘制第一只海龟

下面我们就来绘制第一只海龟，以此来了解海龟绘图的基本步骤。

 [实例 17.1]　　　　　　　　　　　　　　　　　　　　（源码位置：资源包 \Code\17\01）

绘制一只向前爬行的海龟

创建一个 Python 文件，在该文件中，首先导入 turtle 模块，然后通过 RawTurtle 类的子类 Turtle（别名为 Pen）创建一只小海龟并命名，再调用 forward() 方法向前移动 200 像素。代码如下：

```
01    import turtle                    # 导入海龟绘图模块
02    t_ufo = turtle.Turtle()          # 创建一只小海龟，命名为 t_ufo
03    t_ufo.forward(200)               # 向前爬行 200 像素
04    turtle.done()                    # 海龟绘图程序的结束语句（开始主循环）
```

👑 说明：

在上面的代码中，第 2 行代码也可替换为："t_ufo = turtle.Pen()"；最后一行也可以替换为 "turtle.mainloop()"。

运行程序，在打开的窗口中，可以看见一个箭头从屏幕中心的位置向右移动，并且留下一条 200 像素的线，如图 17.2 所示。

在图 17.2 中，并没有一只海龟，这是因为海龟绘图默认情况下，光标形状为箭头，可以通过海龟的 shape() 方法进行修改。如果想要修改为海龟形状，可以在 [实例 17.1] 的代码中添加以下代码：

```
t_ufo.shape('turtle')                          # 设置为海龟形状
```

再次运行程序，将显示如图 17.3 所示的效果。图 17.2 中的箭头变为一只小海龟。

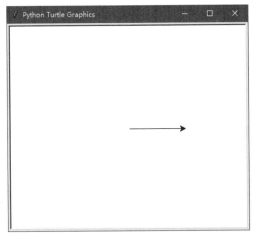

图 17.2　从屏幕中心向右画一条 200 像素的线

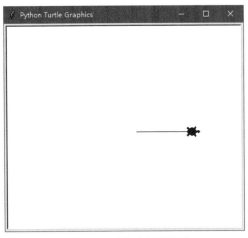

图 17.3　改变光标的形状

👑 说明：

如果在屏幕上只需要有一只小海龟，那么也可以不创建海龟对象，直接使用 turtle 作为海龟对象即可。例如，[实例 17.1] 的代码也可以修改为以下代码：

```
01    turtle.forward(200)                      # 向前爬行 200 像素
02    turtle.shape('turtle')                   # 设置为海龟形状
03    turtle.done()                            # 海龟绘图程序的结束语句 ( 开始主循环 )
```

另外，在 17.1 节介绍导入 turtle 模块的几种方法时，介绍了通过 from…import 语句导入全部定义。通过该方法导入模块后，如果屏幕中只有一只海龟，则可以将代码简化为以下内容：

```
01    from turtle import *                     # 导入海龟绘图的全部定义
02    forward(200)                             # 向前爬行 200 像素
03    shape('turtle')                          # 设置为海龟形状
04    turtle.done()                            # 海龟绘图程序的结束语句 ( 开始主循环 )
```

17.3　窗口设置

海龟绘图窗口就是运行了导入 turtle 模块，并调用了绘图方法的 Python 文件后打开的窗口。该窗口默认的宽度为屏幕的 50%，高度为屏幕的 75%，背景为白色，位于屏幕的中心位置。在绘图时，我们可以设置它的大小、颜色和初始位置等。另外，也可以设置它的标题、背景颜色、背景图片等。下面分别进行介绍。

17.3.1　设置窗口的尺寸和初始位置

在海龟绘图中，提供了 setup() 方法设置海龟绘图窗口的尺寸、颜色和初始位置。setup() 方法的语法格式如下：

```
turtle.setup(width="width", height="height", startx="leftright", starty="topbottom")
```

参数说明：

● width：设置窗口的宽度，可以是表示大小为多少像素的整型数值，也可以是表示屏幕占比的浮点数值；默认为屏幕的 50%。

● height：设置窗口的高度，可以是表示大小为多少像素的整型数值，也可以是表示屏幕占比的浮点数值；默认为屏幕的 75%。

● startx：设置窗口的 x 轴位置，设置为正值，表示初始位置距离屏幕左边缘多少像素，负值表示距离右边缘，None 表示窗口水平居中。

● starty：设置窗口的 y 轴位置，设置为正值，表示初始位置距离屏幕上边缘多少像素，负值表示距离下边缘，None 表示窗口垂直居中。

例如，设置窗口宽度为 400，高度为 300，距离屏幕左边缘 50 像素，上边缘 30 像素，代码如下：

```
turtle.setup(width=400, height=300, startx=50, starty=30)
```

再例如，设置宽度和高度都为屏幕的 50%，并且位于屏幕中心，代码如下：

```
turtle.setup(width=.5, height=.5, startx=None, starty=None)
```

17.3.2　设置窗口标题

海龟绘图的主窗口默认的标题为"Python Turtle Graphics"。可以通过 title() 方法为其设置新的标题。title() 方法的语法如下：

```
turtle.title(titlestring)
```

其中，titlestring 参数用于指定标题内容。

例如，将海龟绘图窗口的标题设置为"绘制第一只海龟"，代码如下：

```
turtle.title('绘制第一只海龟')
```

运行结果如图 17.4 所示。

图 17.4　设置窗口的标题

17.3.3 设置窗口的背景颜色

海龟绘图的主窗口默认的背景颜色为白色，通过 bgcolor() 方法可以改变其背景颜色。bgcolor() 方法的语法格式如下：

```
turtle.bgcolor(*args)
```

args 参数为可变参数，可以是一个颜色字符串（可以使用英文颜色或者十六进制颜色值，常用的颜色字符串如表 17.1 所示），也可以是三个取值范围在 0 ～ cmode 之间的数值（如 1.0,0.5,0.5 分别代表 r,g,b 的值），还可以是一个取值范围相同的包括 3 个数值元素（取值范围在 0 ～ cmode）的元组 [如 (1.0,0.5,0.5) 代表 （r,g,b）的值]。

👑 说明：

cmode 为颜色模式，其值为数值 1.0 或 255。海龟绘图默认为 1.0。如果想要设置为 255，可以通过以下代码设置：

```
turtle.colormode(255)
```

执行上面代码后，cmode 的值为 255，此时 args 参数可以设置为"(192,255,128)"或者"192,255,128"。

表 17.1　常用的颜色字符串

中文颜色	英文颜色	十六进制颜色值	255 模式颜色值	1.0 模式颜色值
浅粉色	lightpink	#FFB6C1	255,182,193	1.0,0.73,0.75
粉红	pink	#FFC0CB	255,192,203	1.0,0.75,0.79
深粉色	deeppink	#FF1493	255,20,147	1.0,0.07,0.57
紫色	purple	#800080	128,0,128	0.5,0,0.5
纯蓝色	blue	#0000FF	0,0,255	0,0,1
宝蓝色	royalblue	#4169E1	65,105,225	0.25,0.4,0.88
天蓝色	skyblue	#87CEEB	135,206,235	0.53,0.8,0.92
浅蓝色	lightblue	#ADD8E6	173,216,230	0.67,0.79,0.9
蓝绿色	cyan	#00FFFF	0,255,255	0,1,1
墨绿色	darkslategray	#2F4F4F	47,79,79	0.18,0.31,0.31
淡绿色	lightgreen	#90EE90	144,238,144	0.56,0.93,0.56
绿黄色	lime	#00FF00	0,255,0	0,1,0
纯绿色	green	#008000	0,128,0	0,0.5,0
纯黄色	yellow	#FFFF00	255,255,0	1,1,0
金色	gold	#FFD700	255,215,0	1,0.84,0
橙色	orange	#FFA500	255,165,0	1,0.65,0
纯红色	red	#FF0000	255,0,0	1,0,0
浅灰色	lightgray	#D3D3D3	211,211,211	0.83,0.83,0.83
灰色	gray	#808080	128,128,128	0.5,0.5,0.5
纯黑色	black	#000000	0,0,0	0,0,0
纯白色	white	#FFFFFF	255,255,255	1,1,1

例如，设置窗口背景颜色为蓝绿色，可以使用下面的代码：

第 3 篇　应用篇

```
turtle.bgcolor('cyan')
```

或者

```
turtle.bgcolor(0,1,1)
```

再或者

```
01    turtle.colormode(255)                          # 设置颜色模式
02    turtle.bgcolor(0,255,255)
```

17.3.4 设置窗口的背景图片

在海龟绘图中，可以使用 bgpic() 方法为窗口设置指定的图片作为背景。bgpic() 方法的语法格式如下：

```
turtle.bgpic(picname=None)
```

其中，picname 参数用于指定背景图片的路径。可以使用相对路径或者绝对路径。例如，将要作为背景的图片放置在与 Python 文件相同的目录下，名称为 mrbg.png，那么可以使用下面的代码将其设置为窗口的背景。

```
turtle.bgpic('mrbg.png')
```

例如，创建一个宽度为 480 像素、高度为 360 像素的窗口，并且为其设置背景，代码如下：

```
01    import turtle                                   # 导入海龟绘图模块
02    turtle.setup(width=480, height=360, startx=None, starty=None)
03    turtle.bgpic('mrbg.png')                        # 设置背景图片
04    turtle.done()                                   # 海龟绘图程序的结束语句 ( 开始主循环 )
```

效果如图 17.5 所示。

图 17.5　为窗口设计背景

17.3.5 清空屏幕上的绘图

在海龟绘图中，清空屏幕上绘图主要有 3 个方法。下面分别进行介绍。
① reset() 方法。

reset() 方法用于复位绘图，即删除屏幕中指定海龟的绘图，并且让该海龟回到原点并设置所有变量为默认值。

例如，要删除屏幕上名称为 t_ufo 的海龟的绘图，并让它回到原点，可以使用以下代码：

```
turtle.reset()
```

② clear() 方法。

clear() 方法用于从屏幕中删除指定海龟的绘图，不移动海龟。海龟的状态和位置以及其他海龟的绘图不受影响。

例如，要删除屏幕上名称为 t_ufo 的海龟的绘图，并让它在原地不动，可以使用以下代码：

```
turtle.clear()
```

③ clearscreen() 方法。

clearscreen() 方法不仅会清空绘图，也清空背景颜色及图片，并且海龟会回到原点。

例如，要删除屏幕上所有海龟的绘图，并让它回到原点，可以使用以下代码：

```
turtle.clearscreen()
```

👑 说明：

clearscreen() 方法清空屏幕时，将海龟窗口重置为初始状态，即白色背景，无背景图片，无事件绑定并启用追踪。

17.3.6　关闭窗口

在海龟绘图中，可以通过 bye() 方法关闭窗口。例如，在绘制图形后，直接关闭当前窗口，代码如下：

```
turtle.bye()
```

👑 说明：

在海龟绘图中，也可以使用 exitonclick() 方法实现单击鼠标左键时关闭窗口。

17.4　设置画笔样式

在窗口中，坐标原点（0,0）的位置默认有一个指向 x 轴正方向的箭头（或小乌龟），这就相当于画笔。在海龟绘图中，通过画笔可以控制线条的粗细、颜色、运动的速度以及是否显示光标等，下面分别进行介绍。

17.4.1　画笔初始形状

在海龟绘图中，默认的画笔形状为箭头，可以通过 shape() 方法修改为其他样式。shape() 方法的语法格式如下：

```
turtle.shape(name=None)
```

其中，name 参数为可选参数，用于指定形状名，如没有指定形状名，则返回当前的形状名。常用的形状名有 arrow（向右的等腰三角形）、turtle（海龟）、circle（实心圆）、

square（实心正方形）、triangle（向右的正三角形）和 classic（箭头）6 种，如图 17.6 所示。

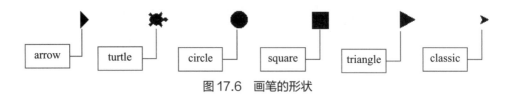

图 17.6　画笔的形状

👑 注意：

画笔的样式设置后，如果不改变为其他状态，那么会一直有效。

例如，先获取当前的画笔形状，然后将画笔形状修改为实心圆，再获取画笔的形状，代码如下：

```
01    import turtle                            # 导入海龟绘图模块
02    print('修改前: ',turtle.shape())          # 获取当前画笔形状
03    turtle.shape(name = 'circle')            # 设置当前画笔形状为实心圆
04    print('修改后: ',turtle.shape())          # 获取修改后画笔形状
05    turtle.done()                            # 海龟绘图程序的结束语句（开始主循环）
```

运行程序，将显示如图 17.7 所示的效果。

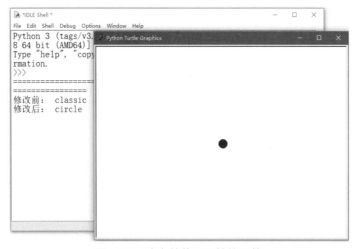

图 17.7　改变并获取画笔的形状

在海龟绘图中，画笔会跟随海龟光标移动。如果想要在海龟移动过的某个位置留下一个画笔形状，可以使用 stamp() 方法在当前光标处印制一个印章，该印章不会跟随海龟光标移动。例如，想要在当前光标位置印制一枚印章，可以使用下面的代码。

```
01    t = turtle.Pen()
02    stampid = t.stamp()
```

17.4.2　设置画笔颜色

在海龟绘图中，画笔的默认颜色为黑色，可以使用 pencolor() 或者 color() 方法修改画笔的颜色。下面分别进行介绍。

① pencolor() 方法：用于修改画笔的颜色，画笔会添加一圈所指定颜色的描述，但是内

部还是默认的黑色。pencolor() 方法的语法格式如下：

```
turtle.pencolor(*args)
```

args 参数为可变参数，可以是一个颜色字符串（可以使用英文颜色或者十六进制颜色值，常用的颜色字符串如表 17.1 所示），也可以是三个取值范围在 0 ～ cmode 之间的数值（如 1.0,0.5,0.5 分别代表 r,g,b 的值），还可以是一个取值范围相同的包括 3 个数值元素（取值范围在 0 ～ cmode）的元组 [如 (1.0,0.5,0.5) 代表（r,g,b）的值]。

👑 说明：
关于颜色的具体取值请参见 17.3.3 节的 bgcolor() 方法。

例如，使用 pencolor() 方法设置画笔颜色为红色，并且让海龟向前移动 100 像素，可以使用下面的代码：

```
01  import turtle                     # 导入海龟绘图模块
02  turtle.pencolor('red')
03  turtle.forward(100)
04  turtle.done()                     # 海龟绘图程序的结束语句（开始主循环）
```

或者

```
01  import turtle                     # 导入海龟绘图模块
02  turtle.pencolor(1,0,0)
03  turtle.forward(100)
04  turtle.done()                     # 海龟绘图程序的结束语句（开始主循环）
```

再或者

```
01  import turtle                     # 导入海龟绘图模块
02  turtle.colormode(255)             # 设置颜色模式
03  turtle.pencolor(255,0,0)
04  turtle.forward(100)
05  turtle.done()                     # 海龟绘图程序的结束语句（开始主循环）
```

运行上面 3 段代码中任何一段，都将显示如图 17.8 所示的结果。

② color() 方法：用于获取或修改画笔的颜色，整个画笔均为所设置的颜色。color() 方法的语法格式如下：

```
turtle.color(*args)
```

args 参数值的设置与 pencolor() 方法完全相同，这里不再赘述。也可以设置两种颜色，分别用于指定轮廓颜色和填充颜色。例如，"turtle.color('red','yellow')" 表示轮廓颜色为红色，填充颜色为黄色。

👑 说明：
关于填充的设置可以参见 17.5.5 节。

例如，使用 color() 方法设置画笔颜色为红色，并且让海龟向前移动 100 像素，可以使用下面的代码：

```
01  import turtle                     # 导入海龟绘图模块
02  turtle.color('red')
03  turtle.forward(100)
04  turtle.done()                     # 海龟绘图程序的结束语句（开始主循环）
```

第 3 篇　应用篇

运行结果如图 17.9 所示。对比图 17.8 与图 17.9 可以看出 pencolor() 方法与 color() 方法的区别。

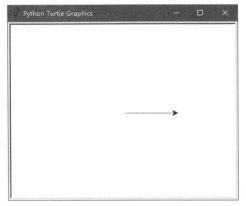

图 17.8　使用 pencolor() 方法设置画笔的颜色

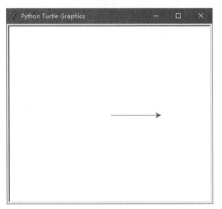

图 17.9　使用 color() 方法设置画笔的颜色

17.4.3　落笔与抬笔

本节我们先来画两条不同颜色的平行线，要实现该功能需要进行以下操作：

设置画笔颜色→绘制第一条直线→向左旋转 90°→移动一段距离→再向左旋转 90°→设置画笔颜色→绘制第二条直线。

根据以上分析编写代码如下：

```
01    import turtle                      # 导入海龟绘图模块
02    turtle.color('red')
03    turtle.forward(200)                # 画一条红色的线
04    turtle.left(90)
05    turtle.forward(30)                 # 画一条红色的线
06    turtle.left(90)
07    turtle.color('green')
08    turtle.forward(200)                # 画一条绿色的线
09    turtle.done()                      # 海龟绘图程序的结束语句 ( 开始主循环 )
```

运行上面的代码，将显示如图 17.10 所示的结果。

从图 17.10 可以看出，并没实现我们想要的绘制两条平行线。这是因为在移动海龟时，默认会留下"足迹"。如果有时只想实现移动，而不想画线，那么需要设置画笔的抬起（简称抬笔）和落下（简称落笔）状态。当抬笔时不画线，落笔时再画笔。

① 实现抬笔功能时，可以使用下面 3 种方法。

- turtle.penup()
- turtle.pu()
- turtle.up()

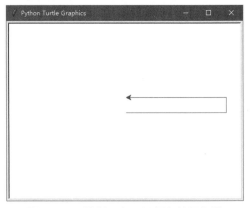

图 17.10　绘制两条不同颜色的平行线
（未完成）

👑 说明：

这三种方法的功能是一样的，使用哪种方法都可以。

② 实现落笔功能时，可以使用下面 3 种方法。

● turtle.pendown()
● turtle.pd()
● turtle.down()

 说明：

这三种方法的功能是一样的，使用哪种方法都可以。

[实例 17.2]　　　　　　　　　　　　　　　　　（源码位置：资源包 \Code\17\02）

绘制两条不同颜色的平行线

首先导入海龟绘图模块，并且设置画笔颜色为红色，然后逆时针旋转 90°，设置抬笔并且移动 30 像素，再逆时针旋转 90°，并且设置落笔，最后设置画笔颜色为绿色，并且画一条绿色的线，代码如下：

```
01    import turtle                          # 导入海龟绘图模块
02    turtle.color('red')
03    turtle.forward(200)                     # 画一条红色的线
04    turtle.left(90)                         # 逆时针旋转 90 度
05    turtle.penup()                          # 抬笔
06    turtle.forward(30)                      # 向上移动 30 像素
07    turtle.left(90)
08    turtle.pendown()                        # 落笔
09    turtle.color('green')
10    turtle.forward(200)                     # 画一条绿色的线
11    turtle.done()                           # 海龟绘图程序的结束语句（开始主循环）
```

运行程序，效果如图 17.11 所示。

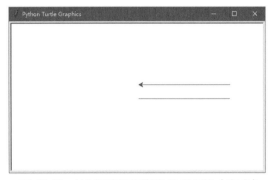

图 17.11　绘制两条不同颜色的平行线（完成）

 多学两招：

海龟绘图还提供了判断画笔是否落下的方法 turtle.isdown()，当画笔落下时该方法返回 True，抬起时返回 False。例如，想要实现当画笔状态为落笔状态时设置为抬笔，可以使用下面的代码：

```
01    if turtle.isdown():
02        turtle.penup()                      # 抬笔
```

17.4.4　设置线条粗细

在海龟绘图中，默认的线条粗细为 1 像素。如果想改变线条粗细，可以通过以下两种方法中的任意一种实现：

```
turtle.pensize(width=None)
或
turtle.width(width=None)
```

其中，width 为可选参数，如果不指定，则获取当前画笔的粗细，否则使用设置的值改变画笔的粗细。

例如，修改 [实例 17.2]，将第二条绿色的线的粗细设置为 5 像素。修改后的代码如下：

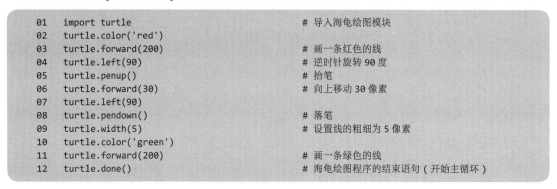

```
01    import turtle                    # 导入海龟绘图模块
02    turtle.color('red')
03    turtle.forward(200)              # 画一条红色的线
04    turtle.left(90)                  # 逆时针旋转 90 度
05    turtle.penup()                   # 抬笔
06    turtle.forward(30)               # 向上移动 30 像素
07    turtle.left(90)
08    turtle.pendown()                 # 落笔
09    turtle.width(5)                  # 设置线的粗细为 5 像素
10    turtle.color('green')
11    turtle.forward(200)              # 画一条绿色的线
12    turtle.done()                    # 海龟绘图程序的结束语句（开始主循环）
```

👑 说明：
第 9 行代码为在 [实例 17.2] 的基础上新增加的代码。

修改后的运行效果如图 17.12 所示。

从图 17.12 中可以看出，设置线的粗细后，海龟的光标还是原来的大小，如果想要改变其大小，可以在设置线的粗细之前使用代码 "turtle.resizemode('auto')" 设置改变模式为自动。修改后的代码运行效果如图 17.13 所示。

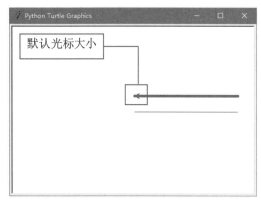

图 17.12　修改线的粗细

图 17.13　改变海龟的光标大小

17.4.5　隐藏与显示海龟光标

默认情况下，采用海龟绘图时，会显示海龟光标。例如，已经通过 shape() 方法将当前的光标样式设置为 turtle（海龟）。那么在绘图时，可以看见屏幕上有一只缓慢爬行的小海龟。对于此种情况，在绘制复杂图形时，势必会影响速度。因此，海龟绘图提供了以下隐藏或显示海龟光标的方法。

● showturtle() 或者 st() 方法：用于显示海龟光标。这两个方法任选其一即可。

- hideturtle() 或者 ht() 方法：用于隐藏海龟光标。这两个方法任选其一即可。
- isvisible() 方法：用于判断海龟光标是否可见。

例如，在默认情况下，让海龟向前爬行 100 像素，再隐藏海龟光标，并且让海龟向下爬行 100 像素，代码如下：

```
01    import turtle                          # 导入海龟绘图模块
02    turtle.color('red')
03    turtle.shape('turtle')                 # 改变海龟光标的形状为海龟
04    turtle.forward(100)                    # 画一条红色的线
05    turtle.right(90)                       # 顺时针旋转 90 度
06    turtle.hideturtle()                    # 隐藏海龟光标
07    turtle.forward(100)                    # 向下爬行 100 像素
08    turtle.done()                          # 海龟绘图程序的结束语句（开始主循环）
```

运行程序，可以看到在绘制水平直线时，有海龟在爬行，但是在绘制向下的直线时，就没有海龟在爬行了，效果如图 17.14 所示。

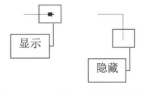

图 17.14　显示与隐藏海龟光标

17.4.6　设置画笔的速度

在海龟绘图时，默认是有绘制的动画效果的，并且速度的快慢可以通过 speed() 方法调整。speed() 方法的语法格式如下：

```
turtle.speed(speed=None)
```

其中，参数 speed 为可选参数，如果不指定，则获取当前的画笔速度；如果指定，需要将值设置为 0 ～ 10 之间的整数或速度字符串。速度字符串有 fastest（最快）、fast（快）、normal（正常）、slow（慢）、slowest（最慢）。设置为速度值时，0 表示最快，1 表示最慢，然后逐渐加快。

例如，将画笔的速度设置为最快，代码如下：

```
turtle.speed(0)                             # 设置画笔的速度，0 为最快
```

将画笔的速度设置为正常，代码如下：

```
turtle.speed(6)                             # 设置画笔的速度，6 为正常
```

👑 注意：

speed = 0 表示没有动画效果。forward()/back() 方法将使海龟向前 / 向后跳跃，同样的 left()/right() 方法将使海龟立即改变朝向。

17.5　绘制图形

在前面的实例中，我们一直绘制的都是直线，实际上，海龟绘图还可以绘制其他形状的图形，如圆形、多边形等。下面分别进行介绍。

17.5.1　绘制线条

在海龟绘图中，画笔处于落笔状态时，只要海龟移动就会绘制出移动轨迹线条。通过

改变移动的方向和位置可以绘制出各种线条。在绘制线条时，主要通过控制方向和位置的方法来实现。下面通过一个实例来演示如何绘制复杂的线条。

[实例 17.3]

（源码位置：资源包 \Code\17\03）

绘制台阶

通过逆时针旋转 90 度，并向前移动，再顺时针旋转 90 度，并向前移动，可以实现一级阶的绘制，重复多次这样的操作，就可以绘制出台阶的形状，代码如下：

```
01   import turtle              # 导入海龟绘图模块
02   turtle.color('blue')       # 画笔颜色为蓝色
03   turtle.forward(40)         # 向前移动
04   turtle.left(90)            # 逆时针旋转 90 度
05   turtle.forward(20)         # 向前移动
06   turtle.right(90)           # 顺时针旋转 90 度
07   turtle.forward(20)         # 向前移动
08   turtle.left(90)            # 逆时针旋转 90 度
09   turtle.forward(20)         # 向前移动
10   turtle.right(90)           # 顺时针旋转 90 度
11   turtle.forward(20)         # 向前移动
12   turtle.left(90)            # 逆时针旋转 90 度
13   turtle.forward(20)         # 向前移动
14   turtle.right(90)           # 顺时针旋转 90 度
15   turtle.forward(20)         # 向前移动
16   turtle.left(90)            # 逆时针旋转 90 度
17   turtle.forward(20)         # 向前移动
18   turtle.right(90)           # 顺时针旋转 90 度
19   turtle.forward(20)         # 向前移动
20   turtle.left(90)            # 逆时针旋转 90 度
21   turtle.forward(20)         # 向前移动
22   turtle.right(90)           # 顺时针旋转 90 度
23   turtle.forward(40)         # 向前移动
24   turtle.done()              # 海龟绘图程序的结束语句（开始主循环）
```

运行程序，将在屏幕上绘制 5 级台阶，如图 17.15 所示。

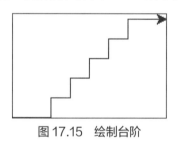

图 17.15　绘制台阶

在绘制线条时，结合循环可以绘制出很多复杂、有趣的图案。例如下面的实例。

[实例 17.4]

（源码位置：资源包 \Code\17\04）

绘制回文图案

使用海龟绘图结合 for 循环可以实现回文图案。实现方法：在循环中，不断地增加移动的距离，并向一个方向旋转指定角度。具体代码如下：

```
01   import turtle              # 导入海龟绘图模块
02   turtle.color('green')      # 画笔颜色为绿色
```

```
03    # 输出回文图案
04    for i in range(32):                          # 循环 32 次
05        turtle.forward(i*2)                      # 向前移动
06        turtle.left(90)                          # 逆时针旋转 90 度
07    turtle.done()                                # 海龟绘图程序的结束语句（开始主循环）
```

运行程序，将显示如图 17.16 所示的图案。

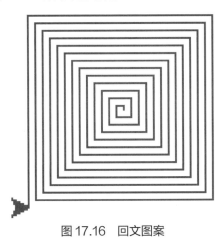

图 17.16　回文图案

17.5.2　绘制矩形

在海龟绘图中，没有提供绘制矩形的方法，不过可以使用旋转 + 移动位置来实现。下面看一个具体的实例。

 [实例 17.5]　　　　　　　　　　　　　　　　　　　　（源码位置：资源包 \Code\17\05）

绘制彩色边框的矩形

绘制一个长 100 像素、宽 200 像素的矩形，并且每条边的颜色不一样。代码如下：

```
01    import turtle                                # 导入海龟绘图模块
02    turtle.shape('turtle')                       # 改变海龟光标的形状为海龟
03    turtle.width(3)                              # 画笔粗细
04    turtle.color('orange')                       # 画笔颜色为橙色
05    turtle.forward(200)                          # 画一条 200 像素的线
06    turtle.right(90)                             # 顺时针旋转 90 度
07    turtle.color('red')                          # 画笔颜色为红色
08    turtle.forward(100)                          # 画一条 100 像素的线
09    turtle.right(90)                             # 顺时针旋转 90 度
10    turtle.color('green')                        # 画笔颜色为绿色
11    turtle.forward(200)                          # 画一条 200 像素的线
12    turtle.right(90)                             # 顺时针旋转 90 度
13    turtle.color('purple')                       # 画笔颜色为紫色
14    turtle.forward(100)                          # 画一条 100 像素的线
15    turtle.ht()                                  # 隐藏海龟光标
16    turtle.done()                                # 海龟绘图程序的结束语句（开始主循环）
```

运行程序，屏幕中逐渐绘制一个彩色边框的矩形，绘制完成后海龟光标将隐藏，如图 17.17 所示。

第 3 篇　应用篇

如果将图 17.17 所示的矩形重复旋转多次将得到一个圆形图案。修改后的代码如下：

```
01    import turtle                               # 导入海龟绘图模块
02    def drawrect(num):
03        for i in range(1,num+1):
04            turtle.left(5)
05            turtle.width(3)                      # 画笔粗细
06            turtle.color('orange')               # 画笔颜色为橙色
07            turtle.forward(200)                  # 画一条 200 像素的线
08            turtle.right(90)                     # 顺时针旋转 90 度
09            turtle.color('red')                  # 画笔颜色为红色
10            turtle.forward(100)                  # 画一条 100 像素的线
11            turtle.right(90)                     # 顺时针旋转 90 度
12            turtle.color('green')                # 画笔颜色为绿色
13            turtle.forward(200)                  # 画一条 200 像素的线
14            turtle.right(90)                     # 顺时针旋转 90 度
15            turtle.color('purple')               # 画笔颜色为紫色
16            turtle.forward(100)                  # 画一条 100 像素的线
17    turtle.ht()                                  # 隐藏海龟光标可以提升速度
18    drawrect(100)
19    turtle.done()                               # 海龟绘图程序的结束语句 ( 开始主循环 )
```

运行程序，将看到不断绘制彩色边框的矩形，最终停留在如图 17.18 所示的图案上。

图 17.17　绘制彩色边框的矩形

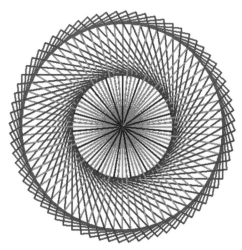

图 17.18　圆形图案

17.5.3　绘制圆或弧形

在海龟绘图中，使用 circle() 方法可以绘制圆或者弧形。circle() 方法的语法格式如下：

```
turtle.circle(radius, extent=None, steps=None)
```

参数说明：

● radius：必选参数，用于指定半径，其参数值为数值。圆心在海龟光标左边一个半径值的位置。如果值为正数，则逆时针方向绘制圆弧，否则顺时针方向绘制。

● extent：可选参数，用于指定夹角的大小、数值（或 None）。如果设置为 None 或者省略，则绘制整个圆。如果指定的值不是完整圆周，将以当前画笔位置为一个端点绘制圆弧。

● steps：可选参数，用于指定边数。对于圆实际上是以其内接正多边形来近似表示的，这里的 steps 就是指定的正多边形的边数。如果 extent 参数省略时，则该参数需要通过关键字参数的形式指定（即需要使用 steps = 边数）。

例如，绘制一个红色的、半径为 80 的圆，代码如下：

```
01    import turtle
02    turtle.color('red')                    # 设置画笔颜色
03    radius = 80                             # 定义半径
04    turtle.circle(radius,None)             # 绘制圆
05    turtle.done()                          # 海龟绘图程序的结束语句（开始主循环）
```

运行上面的代码，将绘制如图 17.19 所示的圆。

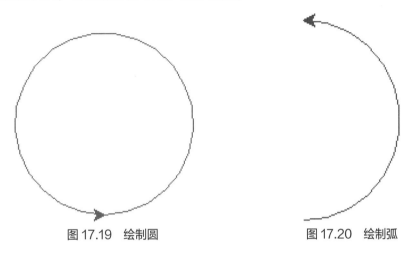

图 17.19　绘制圆　　　　　　　　图 17.20　绘制弧

再例如，绘制一个绿色的、半径为 80 的半圆弧，代码如下：

```
01    import turtle
02    turtle.color('green')                  # 设置画笔颜色
03    radius = 80                             # 定义半径
04    turtle.circle(radius,180)             # 绘制半圆弧
05    turtle.done()                          # 海龟绘图程序的结束语句（开始主循环）
```

运行上面的代码，将绘制如图 17.20 所示的半圆弧。

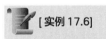 [实例 17.6]　　　　　　　　　　　　　　　　　　（源码位置：资源包 \Code\17\06）

绘制五环

通过调整位置循环绘制 5 个半径为 100 的不同颜色的圆形，组成五环图案。代码如下：

```
01    import turtle                                          # 导入海龟绘图模块
02    turtle.resizemode('auto')                            # 改变模式为自动
03    radius = 100                                          # 圆的半径
04    turtle.width(10)                                      # 画笔粗细
05
06    colorlist = ['royalblue','black','red','yellow','green']   # 颜色列表
07    turtle.penup()                                       # 抬笔
08    turtle.back(radius*2)                                # 移动一个圆的距离
09    turtle.pendown()                                     # 落笔
10    for i in range(5):                                   # 循环 5 次
11        turtle.color(colorlist[i])                       # 设置画笔颜色
12        turtle.circle(radius)                            # 绘制圆
```

第 3 篇　应用篇

```
13        if i != 2:                              # 不是第 3 个圆时
14            turtle.penup()                      # 抬笔
15            turtle.forward(radius*2)            # 移动一个圆的距离
16            turtle.pendown()                    # 落笔
17        else:
18            turtle.penup()                      # 抬笔
19            turtle.goto(radius*-1,radius*-1)    # 移动到第二行的第一个圆的位置
20            turtle.pendown()                    # 落笔
21    turtle.ht()                                 # 隐藏画笔
22    turtle.done()                               # 海龟绘图程序的结束语句（开始主循环）
```

运行程序，将在屏幕上绘制由 5 个圆组成的五环图案，效果如图 17.21 所示。

另外，在海龟绘图中，还提供了绘制圆点的 dot() 方法。通过该方法可以在屏幕上绘制指定大小和颜色的实心圆点。dot() 方法的语法格式如下：

```
turtle.dot(size=None, *color)
```

参数说明：

● size：用于指定圆点的直径，参数值为 >=1 的整型数。省略则取 pensize+4 和 2*pensize 中的较大值。

● color：用于指定圆点的颜色，其参数值为颜色字符串或颜色数值元组。

例如，在屏幕上绘制一个黄色的、直径为 50 的圆点，代码如下：

```
01    import turtle                    # 导入海龟绘图模块
02    turtle.dot(50, "yellow")
03    turtle.done()                    # 海龟绘图程序的结束语句（开始主循环）
```

运行上面的代码，将在屏幕上绘制如图 17.22 所示的圆点。

图 17.21　绘制五环图案

图 17.22　绘制圆点

17.5.4　绘制多边形

在海龟绘图中，绘制多边形通常有两种方法：一种是通过 circle() 方法实现；另一种是通过循环旋转、移动实现。下面分别进行介绍。

（1）通过 circle() 方法实现

将 circle() 方法的参数 steps 设置为想要的多边形的边数，即可绘制指定边数的正多边形，例如，绘制一个正八边形的代码如下：

```
01    import turtle                    # 导入海龟绘图模块
02    turtle.color('red')
03    turtle.circle(100,steps=8)       # 绘制正八边形
04    turtle.done()                    # 海龟绘图程序的结束语句（开始主循环）
```

运行上面的代码，将绘制一个正八边形，如图 17.23 所示。

（2）通过循环旋转、移动实现多边形

在 17.5.2 节绘制矩形时，我们通过移动指定距离（表示边长）并旋转（90°）4 次绘制出了一个矩形。那么如果把矩形换成正方形，就可以通过循环 4 次实现。通过这种方式也可以绘制其他的正多边形。关键要素如下：

● 循环次数 = 边数。

● 旋转角度 =180° − 内角的度数，内角的度数计算公式为：内角 =（边数 −2）×180° / 边数，即旋转角度 =180° −（边数 −2）×180° / 边数。

● 移动的距离 = 边长。

例如，要绘制一个彩色边框的正八边形，代码如下：

```
01   import turtle                              # 导入海龟绘图模块
02   colorlist = ['pink','purple','skyblue','cyan','green','lime','orange','red']
03   turtle.width(2)                            # 线粗 2 像素
04   side = 8                                   # 边数
05   for i in range(side):
06       turtle.color(colorlist[i])            # 设置边框颜色
07       turtle.forward(60)                    # 边长
08       turtle.left(180-(side-2)*180/side)    # 旋转角度
09   turtle.done()                             # 海龟绘图程序的结束语句（开始主循环）
```

运行上面的代码，将绘制一个彩色边框的正八边形，如图 17.24 所示。

图 17.23　绘制正八边形

图 17.24　绘制彩色边框的正八边形

17.5.5　绘制填充图形

在海龟绘图中，默认绘制的图形只显示轮廓，不会填充，可以使用 begin_fill() 和 end_fill() 方法绘制填充图形。其中，begin_fill() 方法在绘制要填充的形状之前调用，而 end_fill() 方法在绘制完要填充的形状之后调用，并且要保证前面已经调用了 begin_fill() 方法。

例如，将 17.5.4 节通过 circle() 方法绘制的正八边形填上红色，代码如下：

```
01   import turtle               # 导入海龟绘图模块
02   turtle.color('red')         # 填充颜色
03   turtle.begin_fill()         # 标记填充开始
04   turtle.circle(100,steps=8)  # 绘制正八边形
05   turtle.end_fill()           # 标记填充结束
06   turtle.ht()                 # 隐藏画笔
07   turtle.done()               # 海龟绘图程序的结束语句（开始主循环）
```

运行上面的代码，将显示如图 17.25 所示的红色实心
正八边形。

👑 说明：

如果在填充图形之前想要判断当前画笔是否为填充状态，可以使用
turtle.filling() 方法实现，如果返回值为 True，则表示为填充状态，否则为非
填充状态。

图 17.25　绘制红色实心正八边形

17.5.6　将绘制的图形定义为画笔形状

海龟绘图提供了 register_shape()/addshape() 方法，可
以实现自定义画笔形状功能，这两个方法作用是一样的。register_shape()/addshape() 方法的
语法格式如下：

```
turtle.register_shape(name, shape=None)
或者
turtle.addshape(name, shape=None)
```

参数说明：

● name：必选参数，用于指定形状的名称或者可作为形状的 GIF 文件名称，参数值为
一个字符串。

● shape：可选参数，用于指定能构成画笔形状的坐标值对元组或者形状（Shape）
对象。

使用 register_shape()/addshape() 方法通常有以下 3 种形式。

① 指定参数值为一个 GIF 文件名称。

通过该方法将实现将指定的 GIF 文件作为画笔的形状，例如，下面的代码将实现定义
画笔的形状为如图 17.26 所示的 GIF 图片。

```
01    import turtle                            # 导入海龟绘图模块
02    turtle.addshape('mr.gif',shape=None)     # 定义形状
03    turtle.shape('mr.gif')                   # 使用形状
04    turtle.done()                            # 海龟绘图程序的结束语句 ( 开始主循环 )
```

将 mr.gif 与当前的 Python 文件放置在同级目录下，运行上面的代码，效果如图 17.27
所示。

图 17.26　GIF 图片

图 17.27　显示为画笔形状

👑 注意：

当海龟转向时图像形状不会转动，因此无法显示海龟的朝向。在原地旋转时，将看不出图像形状转动。

② 指定参数值为一个形状（Shape）对象。

在海龟绘图中，提供了 begin_poly() 和 end_poly() 方法用于记录多边形。通过在绘制图形开始前和结束后添加这两个方法，如 [实例 17.7] 中的第 3 ～ 5 行代码所示，可以实现记录图形的功能。所记录的图形可以通过 get_poly() 获取为形状，获取到的该形状即可以作为 register_shape()/addshape() 方法的 shape 参数值，从而实现将绘制的图形作为画笔形状的功能。

[实例 17.7] （源码位置：资源包 \Code\17\07 ）

定义画笔形状为正八边形

将 17.5.4 节绘制的正八边形定义为画笔形状，代码如下：

```
01    import turtle                    # 导入海龟绘图模块
02    turtle.color('red')             # 设置画笔颜色为红色
03    turtle.begin_poly()             # 开始记录图形
04    turtle.circle(100,steps=8)      # 绘制正八边形
05    turtle.end_poly()               # 结束记录图形
06    p = turtle.get_poly()           # 获取 Shape 对象
07    turtle.addshape('mr',p)         # 定义为画笔形状
08    turtle.shape('mr')              # 设置使用新定义的画笔形状
09    for i in range(20):             # 循环 20 次
10        turtle.left(90)             # 逆时针旋转 90 度
11    turtle.done()                   # 海龟绘图程序的结束语句 ( 开始主循环 )
```

运行程序，在屏幕上先绘制一个红色的正八边形，然后作为画笔形状的红色实心正八边形逆时针旋转 5 圈后停止，如图 17.28 所示。

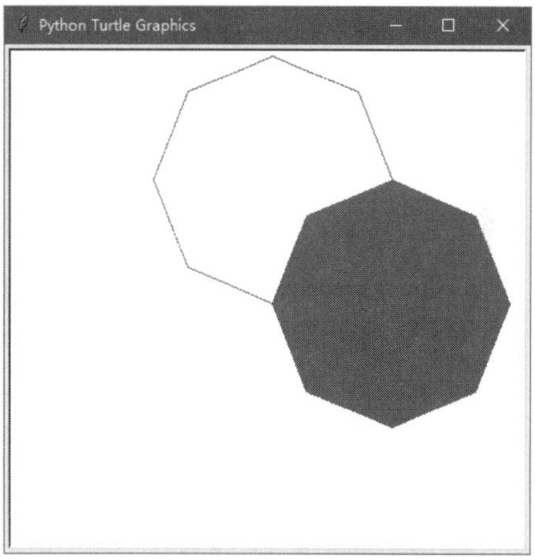

从图 17.28 中可以看出，自定画笔形状时，无论原始图形是否为填充图形，设置为画笔形状时，都会被填充为当前画笔颜色。

③ 指定参数值为构成画笔形状的坐标值对元组。

由于确定构成画笔形状的坐标值对元组比较复杂，所以这里不做介绍。

17.6 输入 / 输出文字

在海龟绘图中，也可以输入或者输出文字。下面分别进行介绍。

17.6.1 输出文字

输出文字可以使用 write() 方法实现，具体语法格式如下：

```
turtle.write(arg, move=False, align="left", font=("Arial", 8, "normal"))
```

参数说明：

图 17.28　定义画笔形状为正八边形

- arg：必选参数，用于指定要输出的文字内容，该内容会输出到当前海龟光标所在位置。
- move：可选参数，用于指定是否移动画笔到文本的右下角，默认为 False。
- align：可选参数，用于指定文字的对齐方式，其参数值为 left（居左）、center（居中）或者 right（居右）中的任意一个。默认为 left。
- font：可选参数，用于指定字体、字号和字形，通过一个三元组（字体，字号，字形）设置。

👑 说明：

字形的可设置值为 normal（正常）、bold（粗体）、italic（斜体）、underline（下划线）等。

例如，在屏幕中心输出文字"将来的你一定会感激现在拼命的自己。"，指定字体为宋体，字号为 18，字形为 normal（正常），代码如下：

```
01    import turtle                          # 导入海龟绘图模块
02    turtle.color('green')                  # 填充颜色
03    turtle.up()                            # 抬笔
04    turtle.goto(-300,50)
05    turtle.down()                          # 落笔
06    turtle.write(' 将来的你一定会感激现在拼命的自己。',font=(' 宋体 ',18,'normal'))
07    turtle.done()                          # 海龟绘图程序的结束语句（开始主循环）
```

运行上面的代码，将显示如图 17.29 所示的效果。

从图 17.29 可以看出，输出文字时，海龟光标并没有移动，如果将第 6 行代码修改为以下代码：

```
turtle.write(' 将来的你一定会感激现在拼命的自己。',True,font=(' 宋体 ',18,'normal'))
```

再次运行程序，将显示如图 17.30 所示的效果。

图 17.29　在屏幕中输出文字

图 17.30　移动光标的效果

17.6.2　输入文字

在海龟绘图中，如果想与用户交互，获取用户输入的文字，可以通过 textinput() 方法弹出一个输入对话框来实现。该方法的返回值为字符串类型。textinput() 方法的语法格式如下：

```
turtle.textinput(title, prompt)
```

参数说明：
- title：用于指定对话框的标题，显示在标题栏上。
- prompt：用于指定对话框的提示文字，提示要输入什么信息。
- 返回值：返回输入的字符串。如果对话框被取消则返回 None。

例如，先弹出输入对话框，要求用户输入一段文字，然后输出到屏幕上，代码如下：

```
01    import turtle                              # 导入海龟绘图模块
02    turtle.color('green')                      # 填充颜色
03    word = turtle.textinput(' 温馨提示: ',' 请输入要打印的文字 ')    # 弹出输入对话框
04    turtle.write(word,True,font=(' 宋体 ',18,'italic')) # 输出文字
05    turtle.done()                              # 海龟绘图程序的结束语句（开始主循环）
```

运行程序，将显示如图 17.31 所示的输入对话框，输入文字 "莫轻言放弃" 并单击 "OK" 按钮后，在屏幕上将显示如图 17.32 所示的文字。

图 17.31　输入对话框　　　　图 17.32　在屏幕中输出的效果

通过 textinput() 方法返回的内容为字符串，如果想要输入数值，可以使用 numinput() 方法实现，该方法的返回值为浮点类型。numinput() 方法的语法格式如下：

```
turtle.numinput(title, prompt, default=None, minval=None, maxval=None)
```

参数说明：
- title：必选参数，用于指定对话框的标题，显示在标题栏上。
- prompt：必选参数，用于指定对话框的提示文字，提示要输入什么信息。
- default：可选参数，用于指定一个默认数值。
- minval：可选参数，用于指定可输入的最小数值。
- maxval：可选参数，用于指定可输入的最大数值。

例如，先弹出输入对话框，要求用户输入一个 1 ～ 9 之间的数，然后输出到屏幕上，代码如下：

```
01    import turtle                              # 导入海龟绘图模块
02    turtle.color('green')                      # 填充颜色
03    # 数字输入框
04    num = turtle.numinput(' 温馨提示: ',' 请输入 1~9 之间的数字: ',default=1, minval=1, maxval=9)
05    turtle.write(num,True,font=(' 宋体 ',18,'normal'))  # 输出获取的数字
06    turtle.done()                              # 海龟绘图程序的结束语句（开始主循环）
```

运行程序，将显示如图 17.33 所示的输入对话框，输入数字 0，并单击 "OK" 按钮后，将弹出 "Too small" 对话框，提示输入的值不允许，请重新输入，如图 17.34 所示，单击 "确定" 按钮，关闭 "Too small" 对话框，将返回到输入对话框，输入 7，并单击 "OK" 按钮后，在屏幕上将显示数字 7.0，如图 17.35 所示。

图 17.33　输入对话框

图 17.34　输入不允许的数值

图 17.35　输出输入对话框输入的数值

17.7　事件处理

在海龟绘图中，也支持与鼠标或键盘的交互操作。它提供了监听键盘按键事件、鼠标事件以及定时器等方法。下面分别进行介绍。

17.7.1　键盘事件

海龟绘图中提供了对键盘事件进行监听的方法。在执行键盘事件监听时，需要调用 listen() 方法。该方法用于让海龟屏幕（TurtleScreen）获得焦点，为接收键盘事件做好准备。调用 listen() 方法的代码如下：

```
turtle.listen()
```

海龟绘图中的键盘事件主要有以下两个。

① onkey()|onkeyrelease()：当按键被按下并释放时发生。语法格式如下：

```
turtle.onkey(fun, key)
或
turtle.onkeyrelease(fun, key)
```

参数说明：

● fun：必选参数，表示一个无参数的函数，用于指定当按下并释放指定按键时执行的函数，也可以指定为 None，表示什么都不做。

● key：必选参数，表示被按下的键对应的字符串，如 "a" 或 "space"。当指定 "a" 时表示当按下并释放 a 键时执行 fun 参数所指定函数。

例如，当按下并释放键盘上的 w 键时，让海龟向上移动 100 像素，代码如下：

```
01    import turtle                         # 导入海龟绘图模块
02    def funmove():
03        turtle.left(90)                   # 逆时针旋转 90 度
04        turtle.forward(100)               # 向前移动 100 像素
05    turtle.listen()                       # 让海龟屏幕（TurtleScreen）获得焦点
06    turtle.onkey(funmove,'w')             # 按下并释放 w 键
07    turtle.done()                         # 海龟绘图程序的结束语句（开始主循环）
```

运行上面的代码，当按下并释放键盘上的 w 键时，屏幕上的向右箭头将逆时针旋转 90°，并且快速向前移动 100 像素并画线。

② onkeypress()：当按键被按下（不释放）时发生。语法格式如下：

```
turtle.onkeypress(fun, key=None)
```

参数说明：

● fun：表示一个无参数的函数，用于指定当按下（不释放）指定按键时执行的函数，也可以指定为 None，表示什么都不做。

● key：可选参数，表示被按下的键对应的字符串，如 "a" 或 "space"。当指定 "a" 时表示当按下（不松开）a 键时执行 fun 参数所指定函数。如果未指定，则移除事件绑定。

例如，当按下（不释放）键盘上的 < ↑ > 键时，让海龟一直向前移动，释放按键即停止移动，代码如下：

```
01    import turtle                        # 导入海龟绘图模块
02    def funmove():
03        turtle.forward(1)                # 向前移动 1 像素
04    turtle.listen()                      # 让海龟屏幕（TurtleScreen）获得焦点
05    turtle.onkeypress(funmove,'Up')      # 按下向上方向
06    turtle.done()                        # 海龟绘图程序的结束语句（开始主循环）
```

运行上面的代码，按下（不释放）键盘上的 < ↑ > 键时，海龟将一直向前移动。

17.7.2　鼠标事件

海龟绘图中提供了对鼠标事件进行监听的方法。海龟绘图中的鼠标事件主要有以下 3 个。

① onclick()|onscreenclick()：表示处理鼠标点击屏幕事件。语法格式如下：

```
turtle.getscreen().onclick(fun, btn=1, add=None)
或者
turtle.onscreenclick(fun, btn=1, add=None)
```

参数说明：

● fun：表示一个函数，用于指定当鼠标按键被按下时执行的函数。该函数调用时将传入两个参数表示在屏幕上点击位置的坐标，所以指定的函数需要带有两个参数。

● btn：鼠标按键编号，默认值为 1（鼠标左键）、2（鼠标中键，即滑轮）、3（鼠标右键）。

● add：一个布尔值，表示是否添加新绑定。如果为 True，则添加一个新绑定，否则将取代之前的绑定。

👑 说明：

如果将 fun 参数设置为 None，则移除事件绑定。

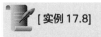[实例 17.8]　　　　　　　　　　　　　　　　　　　　（源码位置：资源包 \Code\17\08）

获取鼠标点击位置

当使用鼠标左键点击屏幕时，显示点击位置的坐标，代码如下：

```
01    import turtle                                        # 导入海龟绘图模块
02    def funclick(x,y):
03        turtle.clear()                                   # 清空屏幕
04        turtle.write((x,y),font=(' 宋体 ',15,'normal'))  # 输出坐标位置
05    turtle.onscreenclick(funclick,1)                     # 单击鼠标左键
06    turtle.done()                                        # 海龟绘图程序的结束语句（开始主循环）
```

运行上面的代码，单击屏幕将显示单击位置的坐标，如图 17.36 所示。

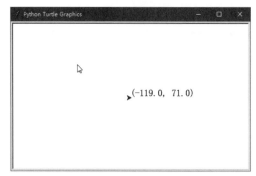

图 17.36　显示单击位置的坐标

onclick() 方法也可以作为海龟对象的方法，例如下面的代码将实现单击屏幕中的海龟时，显示当前坐标位置。

```
01    import turtle                            # 导入海龟绘图模块
02    t = turtle.Turtle()                      # 创建海龟对象
03    t.shape('turtle')                        # 设置画笔形状
04    def funclick(x,y):
05        turtle.clear()                       # 清空屏幕
06        turtle.write((x,y),font=(' 宋体 ',15,'normal')) # 显示坐标位置
07    t.onclick(funclick,1)                    # 单击海龟
08    turtle.done()                            # 海龟绘图程序的结束语句 ( 开始主循环 )
```

运行上面的代码，只在单击屏幕上的小海龟时，才会显示当前坐标位置。

② onrelease()：该方法为海龟对象的方法，表示处理鼠标释放事件。语法格式如下：

```
turtle.onrelease(fun, btn=1, add=None)
```

参数说明：

● fun：表示一个事件触发（即鼠标释放）时执行的函数。该函数调用时将传入两个参数表示释放鼠标按键时鼠标位置的坐标，所以指定的函数需要带有两个参数。

● btn：鼠标按键编号，默认值为 1（鼠标左键）、2（鼠标中键，即滑轮）、3（鼠标右键）。

● add：一个布尔值，表示是否添加新绑定。如果为 True，则添加一个新绑定，否则将取代先前的绑定。

例如，创建一个海龟对象，当用户在海龟对象上按下鼠标左键并释放时显示释放时鼠标位置的坐标，代码如下：

```
01    import turtle                            # 导入海龟绘图模块
02    t = turtle.Turtle()                      # 创建海龟对象
03    t.shape('turtle')                        # 指定画笔形状
04    def fun(x,y):
05        turtle.clear()                       # 清空屏幕
06        turtle.write((x,y),font=(' 宋体 ',15,'normal')) # 显示坐标位置
07    t.onrelease(fun,1)                       # 处理鼠标释放事件
08    turtle.done()                            # 海龟绘图程序的结束语句 ( 开始主循环 )
```

③ ondrag()：表示处理鼠标拖动事件。语法格式如下：

```
turtle.ondrag(fun, btn=1, add=None)
```

参数说明：

● fun：表示按住鼠标按键并拖动时执行的函数。该函数调用时将传入两个参数表示释放鼠标按键时鼠标位置的坐标，所以指定的函数需要带有两个参数。

● btn：鼠标按键编号，默认值为 1（鼠标左键）、2（鼠标中键，即滑轮）、3（鼠标右键）。

● add：一个布尔值，表示是否添加新绑定。如果为 True，则添加一个新绑定，否则将取代先前的绑定。

说明：

当画笔为落笔状态时，在海龟对象上单击并拖动可实现在屏幕上手绘线条。

[实例 17.9]

（源码位置：资源包 \Code\17\09）

简易手绘板

创建一个海龟对象，并且为该对象添加拖动事件，实现拖动屏幕中的海龟时，在屏幕上手绘线条，代码如下：

```
01   import turtle                          # 导入海龟绘图模块
02   t = turtle.Turtle()                    # 创建海龟对象
03   t.shape('turtle')                      # 设置画笔形状
04   t.color('blue')                        # 设置画笔颜色
05   turtle.listen()                        # 让海龟屏幕（TurtleScreen）获得焦点
06   def fun(x,y):
07       t.pendown()                        # 落笔
08       t.goto(x,y)                        # 移动到指定坐标
09   t.ondrag(fun,1)                        # 处理拖动事件
10   turtle.done()                          # 海龟绘图程序的结束语句（开始主循环）
```

运行上面的代码，效果如图 17.37 所示。

17.8 计时器

在海龟绘图中，提供了 ontimer() 方法来实现一个计时器，用于当达到指定时间时，执行一个操作。语法格式如下：

```
turtle.ontimer(fun, t=0)
```

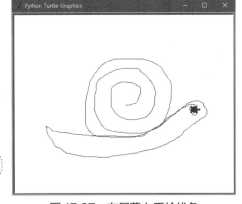

图 17.37　在屏幕上手绘线条

参数说明：

● fun：无参数的函数，当计时器到指定时间时执行。

● t：指定一个大于等于 0 的数值，表示多长时间（单位为 ms）后触发 fun 指定的函数。例如，安装一个计时器，在 300ms 后调用画正方形的函数，代码如下：

```
01   import turtle                          # 导入海龟绘图模块
02   def fun():                             # 绘制正方形
03       for i in range(4):
04           turtle.forward(100)
05           turtle.left(90)
06   turtle.getscreen().ontimer(fun, 300)   # 设置计时器
07   turtle.done()                          # 海龟绘图程序的结束语句（开始主循环）
```

运行程序，等待 300ms 后，将绘制一个正方形。

本章知识思维导图

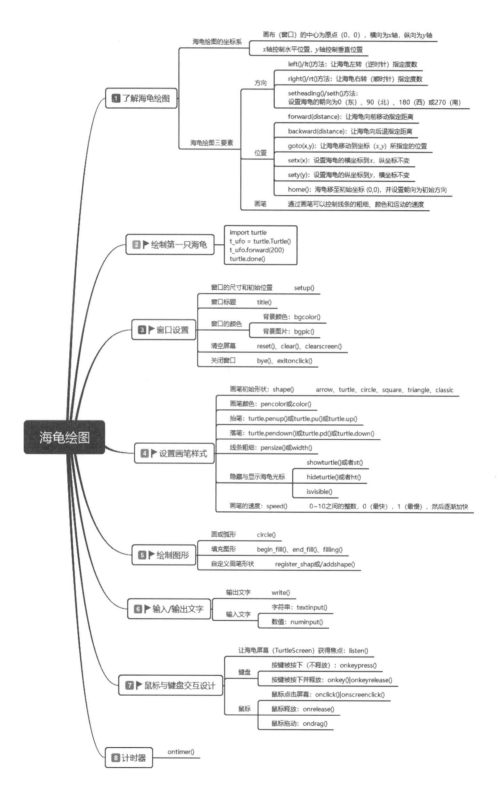

第 18 章

GUI 设计之 PyQt5

扫码领取

► 配套视频
► 配套素材
► 学习指导
► 交流社群

 本章学习目标

- 了解 GUI 与 PyQt5
- 学会安装 PyQt5
- 熟练掌握使用 Qt Designer 创建窗口
- 熟练掌握信息与槽的应用
- 熟练掌握 PyQt5 中提供的常用控件的使用

18.1 初识 Python GUI

GUI 是 Graphical User Interface（图形用户界面）的缩写，表示采用图形方式显示的计算机操作用户界面。在 GUI 中，并不只是输入文本和返回文本，用户可以看到窗口、按钮、文本框等图形，而且可以用鼠标单击，还可以通过键盘输入。

GUI 是一种人与计算机通信的界面显示格式，允许用户使用鼠标等输入设备对计算机进行操作。例如，在计算机中经常使用的 QQ 软件、Office 办公软件等都属于 GUI 程序。

在 Python 中，并没有集成 GUI 开发的功能，而是需要使用单独的模块来实现，现在已经有很多的 GUI 模块可以在 Python 中使用。例如，Python 的标准模块中的 tkinter，第三方模块 PyQt5、wxPython、Kivy 等，其中，PyQt5 以其强大的功能和较高的开发效率受到众多 Python 开发者青睐。

18.2 安装 PyQt5

在使用 PyQt5 时，推荐使用第三方开发工具 PyCharm。本节主要介绍在 PyCharm 中搭建使用 PyQt5 的开发环境，步骤如下。

① 创建或打开一个 Python 项目，进入 PyCharm 开发工具的主窗口。

② 在 PyCharm 开发工具的主窗口中，依次选择"File"→"Settings"菜单项，打开"Settings"窗口，在该窗口中，展开"Project:demopyqt5"节点，单击"Project Interpreter"选项，再单击窗口右侧底部的"+"按钮，具体步骤如图 18.1 所示。

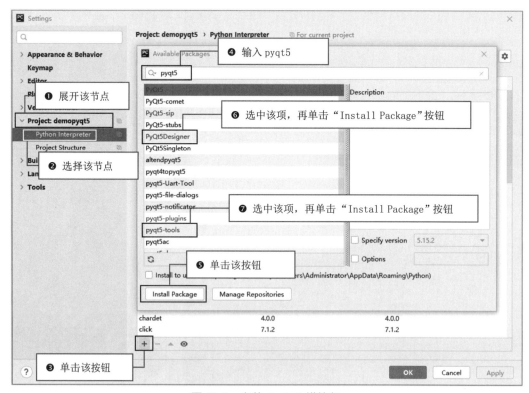

图 18.1　安装 PyQt5 模块包

👑 注意：

　　在安装 PyQt5 模块前，可以先查看一下当前 Python 中是否已经安装，如果已经安装，则不需要再重复安装。判断是否安装的方法：在单击"+"号前，Settings 窗口的列表中如果已经存在该模块名称，则说明已经安装，或者在 Available Packages 窗口中，输入模块名称后，结果列表中的文字是蓝色的，也表示已经安装。

　　③ PyQt5 模块包安装完成后，还需要配置 PyQt5 的设计器，通过它可以实现可视化界面设计。在 PyCharm 开发工具的主窗口中，依次选择"File"→"Settings"菜单项，打开"Settings"窗口，在该窗口中依次选择"Tools"→"External Tools"选项，然后在右侧单击"+"按钮，弹出"Create Tool"窗口，该窗口中，首先在"Name"文本框中填写工具名称为"Qt Designer"，然后单击"Program"右侧的文件夹图标，选择安装 pyqt5designer 模块时自动安装的 designer.exe 文件，该文件位于 Python 安装目录下的"Lib\site-packages\QtDesigner\"文件夹中，最后在"Working directory"文本框中输入"$ProjectFileDir$"，表示项目文件目录，单击"OK"按钮，如图 18.2 所示。

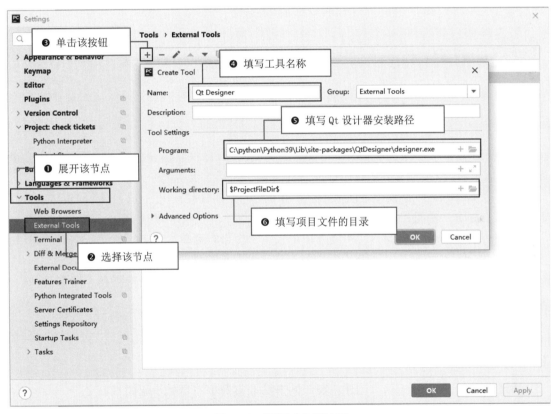

图 18.2　配置 QT 设计器

　　④ 配置将 .ui 文件转换为 .py 文件的转换工具。在步骤③所示的窗口右侧，单击"+"按钮，弹出"Create Tool"窗口，该窗口中在"Name"文本框中输入工具名称为 PyUIC，然后单击"Program"右侧的文件夹图标，选择 Python 解释器对应的 pyuic5.exe 文件，该文件位于当前 Python 安装目录的 Scripts 文件夹中，接下来在 Arguments 文本框中输入将 .ui 文件转换为 .py 文件的命令"-m PyQt5.uic.pyuic $FileName$ -o $FileNameWithoutExtension$.py"；最后在"Working directory"文本框中输入"$FileDir$"，它表示 UI 文件所在的路径，单击"OK"按钮，如图 18.3 所示。

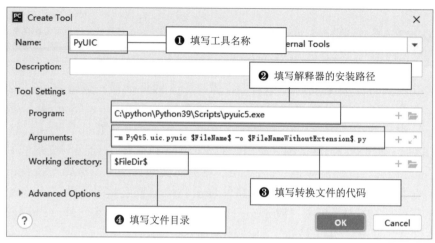

图 18.3　添加将 .ui 文件转换为 .py 文件的快捷工具

👑 注意:

在 Program 文本框中输入或者选择的路径一定不要含有中文，以避免路径无法识别的问题。

18.3　使用 Qt Designer 创建窗口

PyQt5 提供了一个 Qt Designer，中文名称为 Qt 设计师，它是一个强大的可视化 GUI 设计工具，通过使用 Qt Designer 设计 GUI 程序界面，可以大大提高开发效率。

使用 Qt Designer 创建窗口之前，先来了解 PyQt5 中的 3 种常用的窗口，即 MainWindow、Widget 和 Dialog，说明如下:

● MainWindows: 主窗口，主要为用户提供一个带有菜单栏、工具栏和状态栏的窗口。

● Widget: 通用窗口，在 PyQt5 中没有嵌入到其他控件中的控件都称为窗口。

● Dialog: 对话框窗口，主要用来执行短期任务，或者与用户进行交互，没有菜单栏、工具栏和状态栏。

这里主要对 MainWindow（主窗口）进行介绍。

18.3.1　创建主窗口

通过 Qt Designer 设计器，创建主窗口的方法非常简单，具体步骤如下。

① 在 PyCharm 的菜单栏中依次单击 "Tools" → "External Tools" → "Qt Designer" 菜单，如图 18.4 所示。

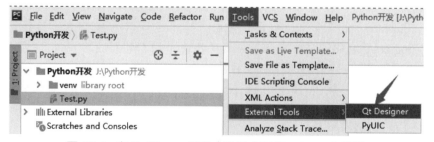

图 18.4　在 PyCharm 菜单中选择 "Qt Designer" 菜单

② 打开 Qt Designer 设计器，并显示"新建窗体"窗口。在"新建窗体"窗口中选择 "Main Window"选项，然后单击"创建"按钮即可，如图 18.5 所示。

图 18.5 创建主窗口

18.3.2 设计主窗口

创建完主窗口后，主窗口中默认只有一个菜单栏和一个状态栏。此时的 Qt Designer 设计器如图 18.6 所示。

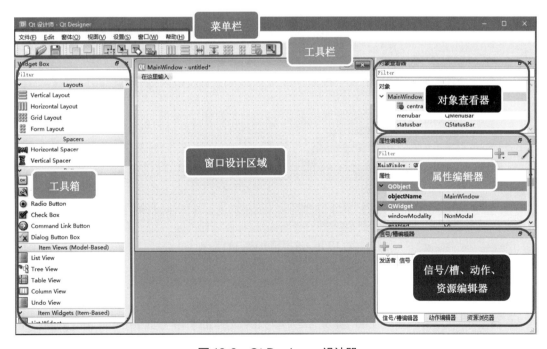

图 18.6 Qt Designer 设计器

要设计主窗口，只需要根据自己的需求，在左侧的"Widget Box"工具箱中选中相应的控件，然后按住鼠标左键，将其拖放到主窗口中的指定位置即可，操作如图 18.7 所示。

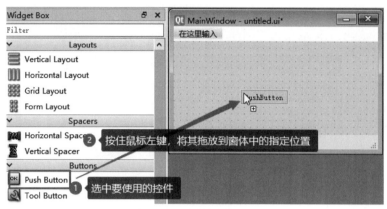

图 18.7　设计主窗口

18.3.3　预览窗口效果

Qt Designer 设计器提供了预览窗口效果的功能，可以预览设计的窗口在实际运行时的效果，以便根据该效果进行调整设计。具体使用方式：在 Qt Designer 设计器的菜单栏中选择"窗体"→"预览于"，然后选择相应的风格菜单项即可，这里提供了 3 种风格的预览方式，分别为 windowsvista 风格、Windows 风格和 Fusion 风格，如图 18.8 所示。读者根据需要选择即可。

图 18.8　选择预览窗口的菜单

18.3.4　将 .ui 文件转换为 .py 文件

在 18.2 节中，我们配置了将 .ui 文件转换为 .py 文件的扩展工具 PyUIC，在 Qt Designer 窗口中就可以使用该工具将 .ui 文件转换为对应的 .py 文件。步骤如下：

① 在 Qt Designer 设计器窗口中设计完的 GUI 窗口中，按下 <Ctrl + S> 组合快捷键将窗体 UI 保存到指定路径下，这里我们直接保存到创建的 Python 项目中。

② 在 PyCharm 的项目导航窗口中选择保存的 .ui 文件，然后选择菜单栏中的

"Tools" → "External Tools" → "PyUIC" 菜单, 如图 18.9 所示。

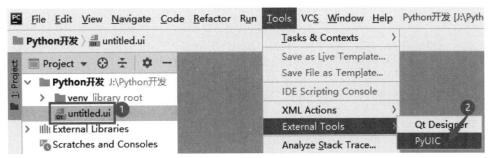

图 18.9　在 PyCharm 中选择 .ui 文件，并选择 "PyUIC" 菜单

③ 自动将选中的 .ui 文件转换为同名的 .py 文件，双击即可查看代码，如图 18.10 所示。

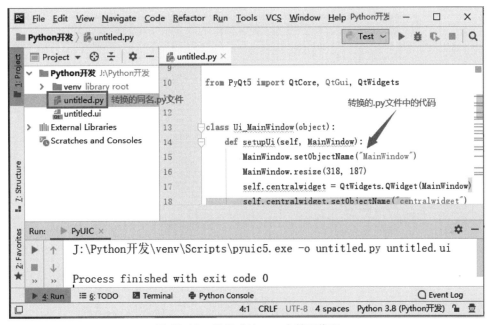

图 18.10　转换成的 .py 文件及代码

👑 注意：

每选择一次 PyUIC 菜单项就会实现一次将 .ui 文件转换为 .py 文件，就会重新生成一次 Python 代码，从而会导致对 .py 文件的更改丢失。所以，当需要重新执行转换操作时，需要做好代码备份。

通过上面的步骤，已经将在 Qt Designer 中设计的窗体转换为了 .py 脚本文件，但还不能运行，因为转换后的文件代码中没有程序入口，因此需要通过判断名称是否为 __main__ 来设置程序入口，并在其中添加以下代码，实现通过 MainWindow 对象的 show() 函数来显示窗口。

```
01    import sys
02    # 程序入口，程序从此处启动 PyQt 设计的窗口
03    if __name__ == '__main__':
04        app = QtWidgets.QApplication(sys.argv)
05        MainWindow = QtWidgets.QMainWindow()      # 创建窗口
06        ui = Ui_MainWindow()                      # 创建 PyQt 设计的窗口
07        ui.setupUi(MainWindow)                    # 初始化设置
08        MainWindow.show()                         # 显示窗口
09        sys.exit(app.exec_())                     # 程序关闭时退出进程
```

添加以上代码后，在当前的 .py 文件中，单击右键，在弹出的快捷菜单中选择 <kbd>▶ Run 'untitled'</kbd>，即可运行。这里的 untitled 为生成的 .py 文件的名称。

18.4 信号与槽

信号（signal）与槽（slot）是 Qt 的核心机制，也是进行 PyQt5 编程时对象之间通信的基础。在 PyQt5 中，每一个 QObject 对象（包括各种窗口和控件）都支持信号与槽机制，通过信号与槽的关联，就可以实现对象之间的通信，当信号发射时，连接的槽函数（方法）将会自动执行。在 PyQt5 中，信号与槽是通过对象的 signal.connect() 方法进行连接的。

PyQt5 的窗口控件中有很多内置的信号，例如，图 18.11 所示为 MainWindow 主窗口的部分内置信号与槽。

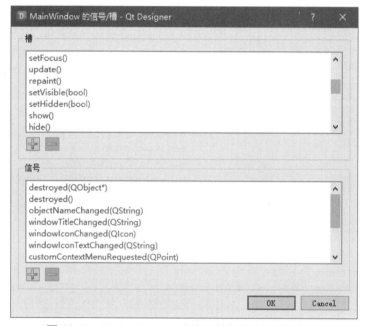

图 18.11　MainWindow 主窗口的部分内置信号与槽

PyQt5 中使用信号与槽的主要特点如下：

● 一个信号可以连接多个槽。

● 一个槽可以监听多个信号。

● 信号与信号之间可以互连。

● 信号与槽的连接可以跨线程。

● 信号与槽的连接方式既可以是同步，也可以是异步。

● 信号的参数可以是任何 Python 类型。

信号与槽的连接工作示意图如图 18.12 所示。

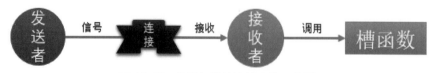

图 18.12　信号与槽的连接工作示意图

18.4.1　编辑信号与槽

通过信号（signal）与槽（slot）实现一个单击按钮关闭主窗口的运行效果，具体操作步骤如下。

① 打开 Qt Designer 设计器，从左侧的工具箱中向窗口中添加一个 PushButton 按钮，并设置按钮的 text 属性为"关闭"，然后选中添加的"关闭"按钮，在菜单栏中选择"编辑信号 / 槽"菜单项，再按住鼠标左键拖动至窗口空白区域，如图 18.13 所示。

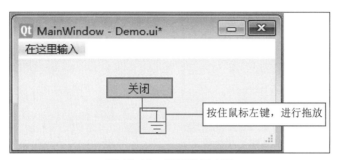

图 18.13　编辑信号 / 槽

👑 说明：

PushButton 是 PyQt5 中提供的一个控件，它是一个命令按钮控件，在单击执行一些操作时使用，将在 18.5.4 节中详细讲解该控件的使用方法，这里直接使用即可。

② 拖动至窗口空白区域松开鼠标后，将自动弹出"配置连接"对话框，首先选中"显示从 QWidget 继承的信号和槽"复选框，然后在上方的信号与槽列表中分别选择"clicked()"和"close()"，如图 18.14 所示。

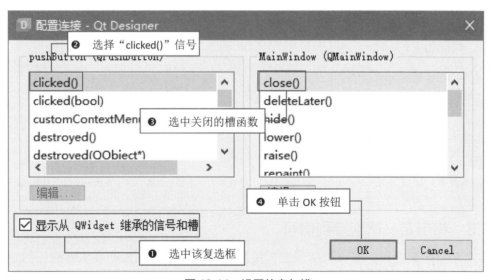

图 18.14　设置信息与槽

👑 说明：

在图 18.14 中，选中的 clicked() 为按钮的信号，然后选中的 close() 为槽函数（方法），工作逻辑是，单击按钮时发射 clicked 信号，该信号被主窗口的槽函数（方法）close() 所捕获，并触发了关闭主窗口的行为。

③ 单击"OK"按钮，即可完成信号与槽的关联，效果如图 18.15 所示。

第3篇　应用篇

保存 .ui 文件, 并使用 PyCharm 中配置的 PyUIC 工具将其转换为 .py 文件, 转换后实现单击按钮关闭窗口的关键代码如下:

```
self.pushButton.clicked.connect(MainWindow.close)
```

为转换后的 Python 代码添加程序入口, 然后运行程序, 效果如图 18.16 所示, 单击 "关闭" 按钮, 即可关闭当前窗口。

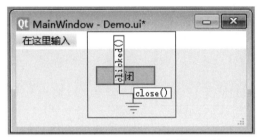

图 18.15 设置完成的信号与槽关联效果

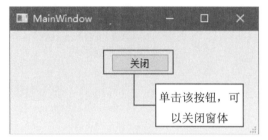

图 18.16 关闭窗口的运行效果

18.4.2 自定义槽

前面介绍了如何将控件的信号与 PyQt5 内置的槽函数相关联, 除此之外, 用户还可以自定义槽, 自定义槽本质上就是自定义一个函数, 该函数实现相应的功能。

[实例 18.1]　**信号与自定义槽的绑定**　　　　（源码位置: 资源包 \Code\18\01）

自定义一个槽函数, 实现单击按钮时, 弹出一个 "欢迎进入 PyQt5 编程世界" 的信息提示框。代码如下:

```
01   def showMessage(self):
02       from PyQt5.QtWidgets import QMessageBox    # 导入 QMessageBox 类
03       # 使用 information() 方法弹出信息提示框
04       QMessageBox.information(MainWindow," 提示框 "," 欢迎进入 PyQt5 编程世界 ",QMessageBox.Yes |
05       QMessageBox.No,QMessageBox.Yes)
```

👑 说明:

在上面代码中用到了 QMessageBox 类, 该类是 PyQt5 中提供的一个对话框类, 用于弹出一个提示对话框。

18.4.3 将自定义槽连接到信号

自定义槽函数之后, 即可与信号进行关联, 比如, 这里与 PushButton 按钮的 clicked 信号关联, 即在单击 PushButton 按钮时, 弹出信息提示框, 将自定义槽连接到信号的代码如下:

```
self.pushButton.clicked.connect(self.showMessage)
```

运行程序, 单击窗口中的 "PushButton" 按钮, 即可弹出信息提示框, 效果如图 18.17 所示。

图 18.17　将自定义槽连接到信号

18.5　常用控件

控件是用户可以用来输入或操作数据的对象，相当于汽车中的方向盘、油门、刹车、离合器等，它们都是对汽车进行操作的控件。在 PyQt5 中，控件的基类是 QFrame 类，而 QFrame 类继承自 QWidget 类，QWidget 类是所有用户界面对象的基类。下面将对 PyQt5 中的常用控件进行介绍。

18.5.1　Label：标签控件

Label 控件，又称为标签控件，主要用于显示用户不能编辑的文本，标识窗体上的对象，例如给文本框、列表框添加描述信息等，对应 PyQt5 中的 QLabel 类。Label 控件本质上是 QLabel 类的一个对象。在使用 Label 控件时，最常用的有以下几种设置。

（1）设置标签文本

可以通过两种方法设置 Label（标签）控件显示的文本。第一种方法是直接在 Qt Designer 设计器的属性编辑器中设置 text 属性，效果如图 18.18 所示。

第二种方法是直接通过 Python 代码进行设置，需要用到 QLabel 类的 setText() 方法。

> **text**	用户名：

图 18.18　设置 text 属性

[实例 18.2] （源码位置：资源包 \Code\18\02 ）

Label 标签控件的使用

将 PyQt5 窗口中的 Label 控件的文本设置为"用户名："，代码如下：

```
01    self.label = QtWidgets.QLabel(self.centralwidget)
02    self.label.setGeometry(QtCore.QRect(30, 30, 81, 41))
03    self.label.setText(" 用户名：")
```

> 说明：
>
> 将 .ui 文件转换为 .py 文件时，Lable 控件所对应的类为 QLabel，即在控件前面加了一个"Q"，表示它是 Qt 的控件，其他控件也是如此。

（2）设置标签文本的对齐方式

PyQt5 中支持设置标签中文本的对齐方式，主要用到 alignment 属性，在 Qt Designer 设计器的属性编辑器中展开 alignment 属性，可以看到两个值，分别为 Horizontal 和 Vertical，其中，Horizontal 用来设置标签文本的水平对齐方式，取值有 4 个，具体说明如表 18.1 所示。

表 18.1　Horizontal 取值及说明

值	说明	值	说明
AlignLeft	左对齐	AlignRight	右对齐
AlignHCenter	水平居中对齐	AlignJustify	两端对齐

Vertical 用来设置标签文本的垂直对齐方式，取值有 3 个，具体说明如表 18.2 所示。

表 18.2　Vertical 取值及说明

值	说明	值	说明
AlignTop	顶部对齐	AlignBottom	底部对齐
AlignVCenter	垂直居中对齐		

使用代码设置 Label 标签文本的对齐方式，需要用到 QLabel 类的 setAlignment() 方法，例如，将标签文本的对齐方式设置为水平左对齐、垂直居中对齐，代码如下：

```
self.label.setAlignment(QtCore.Qt.AlignLeft|QtCore.Qt.AlignVCenter)
```

（3）设置文本换行显示

假设将标签文本的 text 值设置为"每天编程 1 小时，从菜鸟到大牛"，在标签宽度不足的情况下，系统会默认只显示部分文字，如图 18.19 所示，遇到这种情况，可以设置标签中的文本换行显示，只需要在 Qt Designer 设计器的属性编辑器中，将 wordWrap 属性后面的复选框选中即可，如图 18.20 所示，换行显示后的效果如图 18.21 所示。

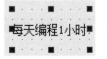

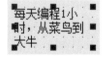

图 18.19　Label 默认显示　　　　图 18.20　设置 wordWrap 属性　　　　图 18.21　换行显示文本
长文本的一部分

使用代码设置 Label 标签文本换行显示，需要用到 QLabel 类的 setWordWrap() 方法，代码如下：

```
self.label.setWordWrap(True)
```

（4）为标签设置图片

为 Label 标签设置图片时，需要使用 QLabel 类的 setPixmap() 方法，该方法中需要有一个 QPixmap 对象，表示图标对象，代码如下：

```
01    from PyQt5.QtGui import QPixmap        # 导入 QPixmap 类
02    self.label.setPixmap(QPixmap('test.png'))    # 为 label 设置图片
```

效果如图 18.22 所示。

（5）获取标签文本

获取 Label 标签中的文本需要使用 QLabel 类的 text() 方法，例如，下面代码在控制台中打印 Label 中的文本：

```python
print(self.label.text())
```

图 18.22　在 Label 标签中显示图片

18.5.2　LineEdit：单行文本框

当 LineEdit 是单行文本框，该控件只能输入单行字符串。LineEdit 控件对应 PyQt5 中的 QLineEdit 类，该类的常用方法及说明如表 18.3 所示。

表 18.3　QLineEdit 类的常用方法及说明

方法	说明
setText()	设置文本框内容
text()	获取文本框内容
setPlaceholderText()	设置文本框浮显文字
setMaxLength()	设置允许文本框内输入字符的最大长度
setAlignment()	设置文本对齐方式
setReadOnly()	设置文本框只读
setFocus()	使文本框得到焦点
setEchoMode()	设置文本框显示字符的模式。有以下4种模式： ● QLineEdit.Normal：正常显示输入的字符，这是默认设置 ● QLineEdit.NoEcho：不显示任何输入的字符（不是不输入，只是不显示） ● QLineEdit.Password：显示与平台相关的密码掩码字符，而不是实际输入的字符 ● QLineEdit.PasswordEchoOnEdit：在编辑时显示字符，失去焦点后显示密码掩码字符
setValidator()	设置文本框验证器，有以下3种模式： ● QIntValidator：限制输入整数 ● QDoubleValidator：限制输入小数 ● QRegExpValidator：检查输入是否符合设置的正则表达式
setInputMask()	设置掩码，掩码通常由掩码字符和分隔符组成，后面可以跟一个分号和空白字符，空白字符在编辑完成后会从文本框中删除，常用的掩码有以下几种形式： ● 日期掩码：0000-00-00 ● 时间掩码：00:00:00 ● 序列号掩码：>AAAAA-AAAAA-AAAAA-AAAAA-AAAAA;#
clear()	清除文本框内容

QLineEdit 类的常用信号及说明如表 18.4 所示。

表 18.4　QLineEdit 类的常用信号及说明

信号	说明
textChanged	当更改文本框中的内容时发射该信号
editingFinished	当文本框中的内容编辑结束时发射该信号，以按下回车键为编辑结束标志

💡 说明：

对于 LineEdit 控件的属性也可以像 Label 控件一样，直接在 Qt Designer 设计器的属性编辑器中设置，其他控件也是如此，将不再赘述。

（源码位置：资源包 \Code\18\03）

[实例 18.3]

设计带用户名和密码的登录窗口

使用 LineEdit 控件，并结合 Label 控件制作一个简单的登录窗口，其中包含用户名和密码输入框，密码要求是 8 位数字，并且以掩码形式显示，步骤如下：

① 打开 Qt Designer 设计器，根据需求，从工具箱中向主窗口放入两个 Label 控件与两个 LineEdit 控件，然后分别将两个 Label 控件的 text 值修改为"用户名："和"密码："，如图 18.23 所示。

② 设计完成后，保存为 .ui 文件，并使用 PyUIC 工具将其转换为 .py 文件，并在表示密码的 LineEdit 文本框下面使用 setEchoMode() 将其设置为密码文本，同时使用 setValidator() 方法为其设置验证器，控制只能输入 8 位数字，代码如下：

```
01   self.lineEdit_2.setEchoMode(QtWidgets.QLineEdit.Password)  # 设置文本框为密码
02   # 设置只能输入 8 位数字
03   self.lineEdit_2.setValidator(QtGui.QIntValidator(10000000,99999999))
```

③ 为 .py 文件添加程序入口，代码如下：

```
01   import sys
02   # 程序入口，程序从此处启动 PyQt 设计的窗口
03   if __name__ == '__main__':
04       app = QtWidgets.QApplication(sys.argv)
05       MainWindow = QtWidgets.QMainWindow()         # 创建窗口
06       ui = Ui_MainWindow()                         # 创建 PyQt 设计的窗口
07       ui.setupUi(MainWindow)                       # 初始化设置
08       MainWindow.show()                            # 显示窗口
09       sys.exit(app.exec_())                        # 程序关闭时退出进程
```

👑 说明：

在将 .ui 文件转换为 .py 文件后，如果要运行 .py 文件，必须添加程序入口，后文将不再重复提示。

运行程序，效果如图 18.24 所示。

图 18.23　系统登录窗口设计效果

图 18.24　运行效果

👑 说明：

在密码文本框中输入字母或者超过 8 位数字时，系统将自动控制其输入，文本框中不会显示任何内容。

18.5.3　TextEdit：多行文本框

TextEdit 是多行文本框控件，主要用来显示多行的文本内容，当文本内容超出控件的显示范围时，该控件将显示垂直滚动条；另外，TextEdit 控件不仅可以显示纯文本内容，还支持显示 HTML 网页。

TextEdit 控件对应 PyQt5 中的 QTextEdit 类,该类的常用方法及说明如表 18.5 所示。

表 18.5　QTextEdit 类的常用方法及说明

方法	说明
setPlainText()	设置文本内容
toPlainText()	获取文本内容
setTextColor()	设置文本颜色,例如,将文本设置为红色,可以将该方法的参数设置为QtGui.QColor(255,0,0)
setTextBackgroundColor()	设置文本的背景颜色,颜色参数与setTextColor()相同
setHtml()	设置 HTML 文档内容
toHtml()	获取 HTML 文档内容
wordWrapMode()	设置自动换行
clear()	清除所有内容

 [实例 18.4]
（源码位置: 资源包 \Code\18\04 ）

多行文本和 HTML 文本的对比显示

使用 Qt Designer 设计器创建一个 MainWindow 窗口,其中添加两个 TextEdit 控件,然后保存为 .ui 文件,使用 PyUIC 工具将 .ui 文件转换为 .py 文件,然后分别使用 setPlainText() 方法和 setHtml() 方法为两个 TextEdit 控件设置要显示的文本内容,代码如下:

```
01  # 设置纯文本显示
02  self.textEdit.setPlainText('与失败比起来, 我对乏味和平庸的恐惧要严重得多。'
03      ' 对我而言, 很好的事要比糟糕的事好, 而糟糕的事要比平庸的事好, 因为糟糕的事至少给生活增加了滋味。')
04  # 设置 HTML 文本显示
05  self.textEdit_2.setHtml("与失败比起来, 我对乏味和平庸的恐惧要严重得多。"
06      " 对我而言, <font color='red' size=12> 很好的事要比糟糕的事好, 而糟糕的事要比平庸的事好, </font> 因为糟糕的事至少给生活增加了滋味。")
```

为 .py 文件添加程序入口的代码,然后运行程序,效果如图 18.25 所示。

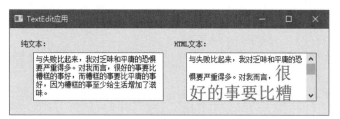

图 18.25　使用 TextEdit 控件显示多行文本和 HTML 文本

18.5.4　PushButton: 按钮

PushButton 是 PyQt5 中最常用的控件之一,它被称为按钮控件,允许用户通过单击来执行操作。PushButton 控件既可以显示文本,也可以显示图像,当该控件被单击时,它看起来像是被按下,然后被释放。

PushButton 控件对应 PyQt5 中的 QPushButton 类,该类的常用方法及说明如表 18.6 所示。

表 18.6　QPushButton 类的常用方法及说明

方法	说明
setText()	设置按钮所显示的文本
text()	获取按钮所显示的文本
setIcon()	设置按钮上的图标，可以将参数设置为 QtGui.QIcon('图标路径')
setIconSize()	设置按钮图标的大小，参数可以设置为 QtCore.QSize(int width，int height)
setEnabled()	设置按钮是否可用，参数设置为 False 时，按钮为不可用状态
setShortcut()	设置按钮的快捷键，参数可以设置为键盘中的按键或组合键，例如 'Alt+0'

PushButton 按钮最常用的信号是 clicked，当按钮被单击时，会发射该信号，执行相应的操作。

[实例 18.5]　　　　　　　　　　　（源码位置：资源包 \Code\18\05）

制作用户登录窗口

完善 [实例 18.3]，为系统登录窗口添加"登录"和"退出"按钮，当单击"登录"按钮时，弹出用户输入的用户名和密码；而当单击"退出"按钮时，关闭当前登录窗口。代码如下：

```python
01    from PyQt5 import QtCore, QtGui, QtWidgets
02    from PyQt5.QtGui import QPixmap,QIcon
03    class Ui_MainWindow(object):
04        def setupUi(self, MainWindow):
05            MainWindow.setObjectName("MainWindow")
06            MainWindow.resize(225, 121)
07            self.centralwidget = QtWidgets.QWidget(MainWindow)
08            self.centralwidget.setObjectName("centralwidget")
09            self.pushButton = QtWidgets.QPushButton(self.centralwidget)
10            self.pushButton.setGeometry(QtCore.QRect(40, 83, 61, 23))
11            self.pushButton.setObjectName("pushButton")
12            self.pushButton.setIcon(QIcon(QPixmap("login.ico"))) # 为登录按钮设置图标
13            self.label = QtWidgets.QLabel(self.centralwidget)
14            self.label.setGeometry(QtCore.QRect(29, 22, 54, 12))
15            self.label.setObjectName("label")
16            self.label_2 = QtWidgets.QLabel(self.centralwidget)
17            self.label_2.setGeometry(QtCore.QRect(29, 52, 54, 12))
18            self.label_2.setObjectName("label_2")
19            self.lineEdit = QtWidgets.QLineEdit(self.centralwidget)
20            self.lineEdit.setGeometry(QtCore.QRect(79, 18, 113, 20))
21            self.lineEdit.setObjectName("lineEdit")
22            self.lineEdit_2 = QtWidgets.QLineEdit(self.centralwidget)
23            self.lineEdit_2.setGeometry(QtCore.QRect(78, 50, 113, 20))
24            self.lineEdit_2.setObjectName("lineEdit_2")
25            self.lineEdit_2.setEchoMode(QtWidgets.QLineEdit.Password)    # 设置文本框为密码
26            # 设置只能输入 8 位数字
27            self.lineEdit_2.setValidator(QtGui.QIntValidator(10000000, 99999999))
28            self.pushButton_2 = QtWidgets.QPushButton(self.centralwidget)
29            self.pushButton_2.setGeometry(QtCore.QRect(120, 83, 61, 23))
30            self.pushButton_2.setObjectName("pushButton_2")
31            self.pushButton_2.setIcon(QIcon(QPixmap("exit.ico")))        # 为退出按钮设置图标
32            MainWindow.setCentralWidget(self.centralwidget)
33            self.retranslateUi(MainWindow)
34            # 为登录按钮的 clicked 信号绑定自定义槽函数
35            self.pushButton.clicked.connect(self.login)
36            # 为退出按钮的 clicked 信号绑定 MainWindow 窗口自带的 close 槽函数
37            self.pushButton_2.clicked.connect(MainWindow.close)
```

```
38
39              QtCore.QMetaObject.connectSlotsByName(MainWindow)
40      def login(self):
41              from PyQt5.QtWidgets import QMessageBox
42              # 使用 information() 方法弹出信息提示框
43              QMessageBox.information(MainWindow, " 登录信息 ", " 用户名: "+self.lineEdit.text()+"
密码: "+self.lineEdit_2.text(), QMessageBox.Ok)
44      def retranslateUi(self, MainWindow):
45              _translate = QtCore.QCoreApplication.translate
46              MainWindow.setWindowTitle(_translate("MainWindow", " 系统登录 "))
47              self.pushButton.setText(_translate("MainWindow", " 登录 "))
48              self.label.setText(_translate("MainWindow", " 用户名: "))
49              self.label_2.setText(_translate("MainWindow", " 密  码: "))
50              self.pushButton_2.setText(_translate("MainWindow", " 退出 "))
51  import sys
52  # 程序入口，程序从此处启动 PyQt 设计的窗体
53  if __name__ == '__main__':
54      app = QtWidgets.QApplication(sys.argv)
55      MainWindow = QtWidgets.QMainWindow()        # 创建窗体对象
56      ui = Ui_MainWindow()                        # 创建 PyQt 设计的窗体对象
57      ui.setupUi(MainWindow)                      # 调用 PyQt 窗体的方法对窗体对象进行初始化设置
58      MainWindow.show()                           # 显示窗体
59      sys.exit(app.exec_())                       # 程序关闭时退出进程
```

上面代码中为"登录"按钮和"退出"按钮设置图标时，用到了两个图标文件 login.ico 和 exit.ico，需要提前准备好这两个图标文件，并将它们复制到与 .py 文件同级目录下。

运行程序，输入用户名和密码，单击"登录"按钮，可以在弹出的提示框中显示输入的用户名和密码，如图 18.26 所示，而单击"退出"按钮，可以直接关闭当前窗口。

图 18.26　制作登录窗口

18.5.5　CheckBox: 复选框

CheckBox 是复选框控件，用来表示是否选取了某个选项条件，常用于为用户提供具有是 / 否或真 / 假值的选项，对应 PyQt5 中的 QCheckBox 类。

它为用户提供"多选多"的选择，有 QT.Checked（选中）、QT.Unchecked（未选中）和 QT.PartiallyChecked（半选中）3 种状态。如果需要半选中状态，需要使用 QCheckBox 类的 setTristate() 方法使其生效，并且可以使用 checkState() 方法查询当前状态。

CheckBox 控件最常用的信号是 stateChanged，在复选框的状态改变时发射该信号。

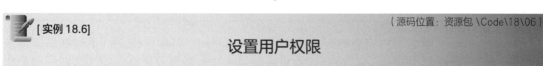

[实例 18.6]　　　　　　　　　　　　　　　　　　　（源码位置: 资源包 \Code\18\06）

设置用户权限

在 Qt Designer 设计器中创建一个窗口，实现通过复选框的选中状态设置用户权限的功能。在窗口中添加 5 个 CheckBox 控件，文本分别设置为"基本信息管理""进货管理""销售管理""库存管理"和"系统管理"，主要用来表示要设置的权限；添加一个 PushButton 控件，用来显示选择的权限。设计完成后保存为 .ui 文件，并使用 PyUIC 工具将其转换为 .py 代码文件。在 .py 代码文件中自定义一个 getvalue() 方法，用来根据 CheckBox 控件的选中状态记录相应的权限，代码如下:

```
01   def getvalue(self):
02       oper=""                              # 记录用户权限
03       if self.checkBox.isChecked():        # 判断复选框是否选中
04           oper+=self.checkBox.text()       # 记录选中的权限
05       if self.checkBox_2.isChecked():
06           oper +='\n'+ self.checkBox_2.text()
07       if self.checkBox_3.isChecked():
08           oper+='\n'+ self.checkBox_3.text()
09       if self.checkBox_4.isChecked():
10           oper+='\n'+ self.checkBox_4.text()
11       if self.checkBox_5.isChecked():
12           oper+='\n'+ self.checkBox_5.text()
13       from PyQt5.QtWidgets import QMessageBox
14       # 使用 information() 方法弹出信息提示，显示所有选择的权限
15       QMessageBox.information(MainWindow, "提示", "您选择的权限如下: \n"+oper, QMessageBox.Ok)
```

将"设置"按钮的 clicked 信号与自定义的槽函数 getvalue() 相关联，代码如下：

```
self.pushButton.clicked.connect(self.getvalue)
```

为 .py 文件添加程序入口的代码，然后运行程序，选中相应权限的复选框，单击"设置"按钮，即可在弹出提示框中显示用户选择的权限，如图 18.27 所示。

图 18.27　通过复选框的选中状态设置用户权限

18.5.6　RadioButton：单选按钮

RadioButton 是单选按钮控件，为用户提供由两个或多个互斥选项组成的选项集，当用户选中某单选按钮时，同一组中的其他单选按钮不能选定。RadioButton 控件对应 PyQt5 中的 QRadioButton 类，该类的常用方法及说明如表 18.7 所示。

表 18.7　QRadioButton 类的常用方法及说明

方法	说明
setText()	设置单选按钮显示的文本
text()	获取单选按钮显示的文本
setChecked() 或者 setCheckable()	设置单选按钮是否为选中状态，True 为选中状态，False 为未选中状态
isChecked()	返回单选按钮的状态，True 为选中状态，False 为未选中状态
setText()	设置单选按钮显示的文本

RadioButton 控件常用的信号有两个：clicked 和 toggled，其中，clicked 信号在每次单击单选按钮时都会发射，而 toggled 信号则在单选按钮的状态改变时才会发射，因此，通常使用 toggled 信号监控单选按钮的选择状态。

例如，为一个名称为 radioButton 的单选按钮绑定监控单选按钮的选择状态的槽函数，代码如下：

```
self.radioButton.toggled.connect(self.自定义槽函数名)
```

使用单选按钮控件时，还经常需要判断其是否处于选中状态，假设单选按钮名称为

radioButton，可以使用下面的代码。

```
self.radioButton.isChecked()
```

18.5.7　ComboBox：下拉组合框

CamboBox 控件，又称为下拉组合框控件，主要用于在下拉组合框中显示数据，用户可以从中选择项。ComboBox 控件对应 PyQt5 中的 QComboBox 类，该类的常用方法及说明如表 18.8 所示。

表 18.8　QComboBox 类的常用方法及说明

方法	说明
addItem()	添加一个下拉列表项
addItems()	从列表中添加下拉选项
currentText()	获取选中项的文本
currentIndex()	获取选中项的索引
itemText(index)	获取索引为 index 的项的文本
setItemText(index,text)	设置索引为 index 的项的文本
count()	获取所有选项的数量
clear()	删除所有选项

CamboBox 控件常用的信号有两个：activated 和 currentIndexChanged，其中，activated 信号在用户选中一个下拉选项时发射，而 currentIndexChanged 信号则在下拉选项的索引发生改变时发射。

👑　说明：

在 Qt Designer 中，添加 ComboBox 控件后，双击该控件，将打开如图 18.28 所示的"编辑组合框 -Qt Designer"对话框，在该对话框中，通过 + 和 - 按钮可以添加下拉选项。

图 18.28　"编辑组合框 - Qt Designer"对话框

[实例 18.7]

（源码位置：资源包 \Code\18\07 ）

在下拉列表中选择职位

在 Qt Designer 设计器中创建一个窗口，实现通过 ComboBox 控件选择职位的功能。在窗口中添加两个 Label 控件和一个 ComboBox 控件，其中，第一个 Label 用来作为标识，文本设置为"职位："，第二个 Label 用来显示 ComboBox 中选择的职位；ComboBox 控件用来作为职位的下拉列表。设计完成后保存为 .ui 文件，并使用 PyUIC 工具将其转换为 .py 代码文件。在 .py 代码文件中自定义一个 showinfo() 方法，用来将 ComboBox 下拉列表中选择的项显示在 Label 标签中，代码如下：

```
01    def showinfo(self):
02        self.label_2.setText(" 您选择的职位是:"+self.comboBox.currentText()) # 显示选择的职位
```

为 ComboBox 设置下拉列表项及信号与槽的关联。代码如下：

```
01    # 定义职位列表
02    list=[" 总经理 ", " 副总经理 ", " 人事部经理 ", " 财务部经理 ", " 部门经理 ", " 普通员工 " ]
03    self.comboBox.addItems(list)                    # 将职位列表添加到 ComboBox 下拉列表中
04    # 将 ComboBox 控件的选项更改信号与自定义槽函数关联
05    self.comboBox.currentIndexChanged.connect(self.showinfo)
```

为 .py 文件添加程序入口的代码，然后运行程序，当在职位列表中选中某个职位时，将会在下方的 Label 标签中显示选中的职位，效果如图 18.29 所示。

图 18.29　使用 ComboBox 控件选择职位

 本章知识思维导图

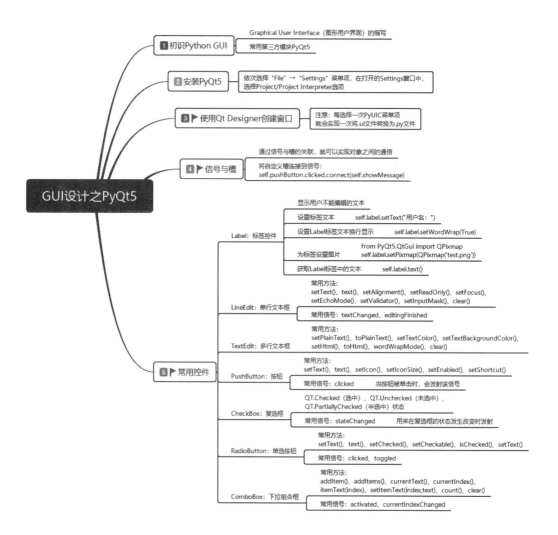

第 19 章

网络爬虫开发

扫码领取
➤ 配套视频
➤ 配套素材
➤ 学习指导
➤ 交流社群

 本章学习目标

- 了解网络爬虫的基本工作流程
- 掌握网络爬虫中常用的网络请求模块
- 掌握如何处理请求头 headers
- 掌握如何模拟和处理网络超时
- 掌握代理服务的使用
- 掌握 HTML 解析库 BeautifulSoup 的使用
- 掌握常用网络爬虫开发框架 Scrapy
- 学会实战项目快手爬票的开发

19.1　初识网络爬虫

19.1.1　网络爬虫概述

网络爬虫（又被称作网络蜘蛛、网络机器人，在某社区中经常被称为网页追逐者），可以按照指定的规则（网络爬虫的算法）自动浏览或抓取网络中的信息，通过 Python 可以很轻松地编写爬虫程序或者是脚本。

在生活中网络爬虫经常出现，搜索引擎就离不开网络爬虫。例如，百度搜索引擎的爬虫名字叫作百度蜘蛛（Baiduspider）。它每天都会在海量的互联网信息中进行爬取，收集并整理互联网上的网页、图片、视频等信息。然后当用户在百度搜索引擎中输入对应的关键词时，百度将从收集的网络信息中找出相关的内容，按照一定的顺序将信息展现给用户。百度蜘蛛在工作的过程中，搜索引擎会构建一个调度程序来调度百度蜘蛛的工作，这些调度程序都是需要使用一定的算法来实现的。采用不同的算法，爬虫的工作效率也会有所不同，爬取的结果也会有所差异。所以，在学习爬虫的时候不仅需要了解爬虫的实现过程，还需要了解一些常见的爬虫算法。在特定的情况下，还需要开发者自己制定相应的算法。

19.1.2　网络爬虫的基本工作流程

一个通用的网络爬虫基本工作流程如图 19.1 所示。网络爬虫的基本工作流程如下。

① 获取初始的 URL 地址（网址），该 URL 地址是用户自己指定的初始爬取的网页。

② 爬取对应 URL 地址的网页时，获取新的 URL 地址。

③ 将新的 URL 地址放入 URL 地址队列中。

④ 从 URL 地址队列中读取新的 URL 地址，然后依据新的 URL 地址爬取网页，同时从新的网页中获取新的 URL 地址，重复上述的爬取过程。

⑤ 设置停止条件，如果没有设置停止条件，爬虫会一直爬取下去，直到无法获取新的 URL 地址为止。设置了停止条件后，爬虫将会在满足停止条件时停止爬取。

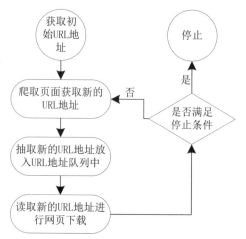

图 19.1　通用的网络爬虫基本工作流程

19.2　网络爬虫的常用技术

19.2.1　网络请求模块

在 19.1 节中多次提到了 URL 地址与下载网页，这两项是网络爬虫必备又关键的功能，说到这两个功能，必然要与 HTTP 打交道。本节将介绍在 Python 中实现 HTTP 网络请求常见的 3 个模块：urllib、urllib3 和 requests。

（1）urllib 模块

urllib 是 Python 自带模块，该模块中提供了一个 urlopen() 方法，通过该方法指定 URL 发送网络请求来获取数据。urllib 提供了多个子模块，具体的模块名称与含义如表 19.1 所示。

表 19.1　urllib 中的子模块

模块名称	描述
urllib.request	该模块定义了打开 URL（主要是 HTTP）的方法和类，如身份验证、重定向、cookie 等
urllib.error	该模块中主要包含异常类，基本的异常类是 URLError
urllib.parse	该模块定义的功能分为两大类：URL 解析和 URL 引用
urllib.robotparser	该模块用于解析 robots.txt 文件

通过 urllib.request 模块实现发送请求并读取网页内容的简单示例如下：

```
01    import urllib.request                          # 导入模块
02    # 打开指定需要爬取的网页
03    response = urllib.request.urlopen('http://www.baidu.com')
04    html = response.read()                         # 读取网页代码
05    print(html)                                    # 打印读取内容
```

上面的示例中，是通过 urllib.request 获取百度的网页内容。下面通过使用 urllib.parse 模块实现请求参数的编码，示例如下：

```
01    import urllib.parse
02    import urllib.request
03
04    # 将数据使用 urlencode 编码处理后，再使用 encoding 设置为 utf-8 编码
05    data = bytes(urllib.parse.urlencode({'word': 'hello'}), encoding='utf8')
06    # 打开指定需要爬取的网页
07    response = urllib.request.urlopen('http://httpbin.org/post', data=data)
08    html = response.read()                         # 读取网页代码
09    print(html)                                    # 打印读取内容
```

📖 说明：

这里通过 http://httpbin.org/post 网站进行演示，该网站作为练习使用 urllib 的一个站点，可以模拟各种请求操作。

（2）urllib3 模块

urllib3 是一个功能强大、条理清晰、用于 HTTP 客户端的 Python 库，许多 Python 的原生系统已经开始使用 urllib3。urllib3 提供了很多 Python 标准库里没有的重要特性：

- 线程安全。
- 连接池。
- 客户端 SSL / TLS 验证。
- 使用多部分编码上传文件。
- Helpers 用于重试请求并处理 HTTP 重定向。
- 支持 gzip 和 deflate 编码。
- 支持 HTTP 和 SOCKS 代理。

● 100% 的测试覆盖率。

通过 urllib3 模块实现发送网络请求的示例代码如下：

```
01  import urllib3
02  # 创建 PoolManager 对象，用于处理与线程池的连接以及线程安全的所有细节
03  http = urllib3.PoolManager()
04  # 对需要爬取的网页发送请求
05  response = http.request('GET','https://www.baidu.com/')
06  print(response.data)       # 打印读取内容
```

post 请求实现获取网页信息的内容，关键代码如下：

```
01  # 对需要爬取的网页发送请求
02  response = http.request('POST',
03                          'http://httpbin.org/post'
04                          ,fields={'word': 'hello'})
```

👑 注意：

在使用 urllib3 模块前，需要在 Python 中通过 pip install urllib3 代码进行模块的安装。

（3）requests 模块

requests 是 Python 中实现 HTTP 请求的一种方式，requests 是第三方模块，该模块在实现 HTTP 请求时要比 urllib 模块简化很多，操作更加人性化。在使用 requests 模块时需要执行 pip install requests 代码进行该模块的安装。requests 功能特性如下：

● Keep-Alive & 连接池。
● 国际化域名和 URL。
● 带持久 Cookie 的会话。
● 浏览器式的 SSL 认证。
● 自动内容解码。
● 基本 / 摘要式的身份认证。
● 优雅的 key/value Cookie。
● 自动解压。
● Unicode 响应体。
● HTTP(S) 代理支持。
● 文件分块上传。
● 流下载。
● 连接超时。
● 分块请求。
● 支持 .netrc。

以 GET 请求方式为例，打印多种请求信息的示例代码如下：

```
01  import requests                              # 导入模块
02  response = requests.get('http://www.baidu.com')
03  print(response.status_code)                  # 打印状态码
04  print(response.url)                          # 打印请求 url
05  print(response.headers)                      # 打印头部信息
06  print(response.cookies)                      # 打印 cookie 信息
07  print(response.text)                         # 以文本形式打印网页源码
08  print(response.content)                      # 以字节流形式打印网页源码
```

以 POST 请求方式，发送 HTTP 网络请求的示例代码如下：

```
01    import requests
02    data = {'word': 'hello'}                    # 表单参数
03    # 对需要爬取的网页发送请求
04    response = requests.post('http://httpbin.org/post', data=data)
05    print(response.content)                      # 以字节流形式打印网页源码
```

requests 模块不仅提供了以上两种常用的请求方式，还提供以下多种网络请求的方式。代码如下：

```
01    requests.put('http://httpbin.org/put',data = {'key':'value'})    # PUT 请求
02    requests.delete('http://httpbin.org/delete')                     # DELETE 请求
03    requests.head('http://httpbin.org/get')                          # HEAD 请求
04    requests.options('http://httpbin.org/get')                       # OPTIONS 请求
```

如果发现请求的 URL 地址中参数是跟在"？"（问号）的后面，例如，httpbin.org/get?key=val。requests 模块提供了传递参数的方法，允许用户使用 params 关键字参数，以一个字符串字典来提供这些参数。例如，用户想传递 key1=value1 和 key2=value2 到 httpbin.org/get ，那么可以使用如下代码：

```
01    import requests
02    payload = {'key1': 'value1', 'key2': 'value2'}    # 传递的参数
03    # 对需要爬取的网页发送请求
04    response = requests.get("http://httpbin.org/get", params=payload)
05    print(response.content)                          # 以字节流形式打印网页源码
```

19.2.2 处理请求头 headers

有时在请求一个网页内容时，发现无论通过 GET 还是 POST 以及其他请求方式，都会出现 403 错误。这种现象多数为服务器拒绝了你的访问，那是因为这些网页为了防止恶意采集信息所使用的反爬虫设置。此时可以通过模拟浏览器的头部信息来进行访问，这样就能解决以上反爬设置的问题。下面以 requests 模块为例介绍请求头部 headers 的处理，具体步骤如下。

① 通过浏览器的网络监视器查看头部信息，首先通过火狐浏览器打开对应的网页地址，然后按快捷键 <Ctrl + Shift + E> 打开网络监视器，再刷新当前页面，网络监视器将显示如图 19.2 所示的数据变化。

图 19.2 网络监视器的数据变化

② 选中第一条信息，右侧的消息头面板中将显示请求头部信息，然后复制该信息，如图 19.3 所示。

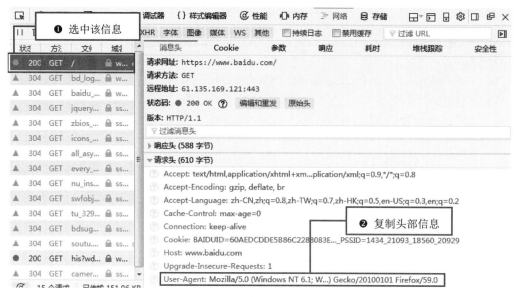

图 19.3　复制头部信息

③ 实现代码，首先创建一个需要爬取的 url 地址，然后创建 headers 头部信息，再发送请求等待响应，最后打印网页的代码信息。实现代码如下：

```
01    import requests
02    url = 'https://www.baidu.com/'                        # 创建需要爬取网页的地址
03    # 创建头部信息
04    headers = {'User-Agent':'Mozilla/5.0(Windows NT 6.1;W...) Gecko/20100101 Firefox/59.0'}
05    response  = requests.get(url, headers=headers)        # 发送网络请求
06    print(response.content)                               # 以字节流形式打印网页源码
```

19.2.3　模拟网络超时的处理

在访问一个网页时，如果该网页长时间未响应，系统就会判断该网页超时，所以无法打开网页。下面通过代码来模拟一个网络超时的现象，代码如下：

```
01    import requests
02    # 循环发送请求 50 次
03    for a in range(0, 50):
04        try:                                    # 捕获异常
05            # 设置超时为 0.5 秒
06            response = requests.get('https://www.baidu.com/', timeout=0.5)
07            print(response.status_code)         # 打印状态码
08        except Exception as e:                  # 捕获异常
09            print(' 异常 '+str(e))               # 打印异常信息
```

上面的代码中，模拟进行了 50 次循环请求，并且设置了超时的时间为 0.5s，在 0.5s 内服务器未做出响应将视为超时，所以将超时信息打印在控制台中。根据以上的模拟测试结果，可以确认在不同的情况下设置不同的 timeout 值。

打印结果如图 19.4 所示。

说起网络异常信息，requests 模块同样提供了 3 种常见的网络异常类，示例代码如下：

```
01    import requests
02    # 导入 requests.exceptions 模块中的 3 种异常类
03    from requests.exceptions import ReadTimeout,HTTPError,RequestException
```

```
04     # 循环发送请求 50 次
05     for a in range(0, 50):
06         try:                                    # 捕获异常
07             # 设置超时为 0.5 秒
08             response = requests.get('https://www.baidu.com/', timeout=0.5)
09             print(response.status_code)         # 打印状态码
10         except ReadTimeout:                      # 超时异常
11             print('timeout')
12         except HTTPError:                        # HTTP 异常
13             print('httperror')
14         except RequestException:                 # 请求异常
15             print('reqerror')
```

```
200
200
200
异常HTTPSConnectionPool(host='www.baidu.com', port=443): Read timed out. (read timeout=1)
200
200
200
```

图 19.4　异常信息

19.2.4　代理服务

在爬取网页的过程中，经常会出现不久前可以爬取的网页现在无法爬取了，这是因为你的 IP 被爬取网站的服务器屏蔽了。此时代理服务可以解决这一问题，设置代理时，首先需要找到代理地址，如 150.138.253.72，对应的端口号为 808，完整的格式为 http://150.138.253.72:808 或者 https://150.138.253.72:808。示例代码如下：

```
01   import requests
02   proxy = {'http': 'http://150.138.253.72:808',
03            'https': 'https://150.138.253.72:808'}   # 设置代理 IP 与对应的端口号
04   # 对需要爬取的网页发送请求
05   response = requests.get('http://www.mingrisoft.com/', proxies=proxy)
06   print(response.content)   # 以字节流形式打印网页源码
```

由于示例中代理 IP 是免费的，所以使用的时间不固定，超出使用的时间范围，该地址将失效。在地址失效或者地址错误时，控制台将显示如图 19.5 所示的错误信息。

```
Traceback (most recent call last):
  File "C:\Python\Python39\lib\site-packages\urllib3\connection.py", line 141, in _new_conn
    (self.host, self.port), self.timeout, **extra_kw)
  File "C:\Python\Python39\lib\site-packages\urllib3\util\connection.py", line 83, in create_connection
    raise err
  File "C:\Python\Python39\lib\site-packages\urllib3\util\connection.py", line 73, in create_connection
    sock.connect(sa)
TimeoutError: [WinError 10060] 由于连接方在一段时间后没有正确答复或连接的主机没有反应，连接尝试失败。
```

图 19.5　代理地址失效或错误所提示的信息

📖 注意：

在指定代理地址时，需要加上 http:// 或者 https://。不要以为前面已经写了 http 或者 https，这里就不需要添加了。如果不添加，会抛出 "requests.exceptions.InvalidURL: Proxy URL had no scheme, should start with http:// or https://" 异常。

第3篇　应用篇

19.2.5 HTML 解析之 BeautifulSoup

BeautifulSoup 是一个用于从 HTML 和 XML 文件中提取数据的 Python 库。BeautifulSoup 提供一些简单的函数用来处理导航、搜索、修改分析树等功能。BeautifulSoup 模块中的查找提取功能非常强大，而且非常便捷，它通常可以节省程序员数小时或数天的工作时间。

BeautifulSoup 自动将输入文档转换为 Unicode 编码，输出文档转换为 utf-8 编码。用户不需要考虑编码方式，除非文档没有指定编码方式，这时，BeautifulSoup 就不能自动识别编码方式了。然后，用户仅仅需要说明一下原始编码方式就可以了。

（1）BeautifulSoup 的安装

BeautifulSoup 3 已经停止开发，目前推荐使用的是 BeautifulSoup 4，不过它已经被移植到 bs4 当中了，所以在导入时需要 from bs4，然后再导入 BeautifulSoup。安装 BeautifulSoup 有以下 3 种方式。

① 如果使用的是最新版本的 Debian 或 Ubuntu Linux，则可以使用系统软件包管理器安装 BeautifulSoup。安装命令为：apt-get install python-bs4。

② BeautifulSoup 4 是通过 PyPi 发布的，可以通过 easy_install 或 pip 来安装。包名是 beautifulsoup 4，安装命令为：easy_install beautifulsoup4 或者是 pip install beautifulsoup4。

③ 如果当前的 BeautifulSoup 不是想要的版本，可以通过下载源码的方式进行安装，源码的下载地址为 https://www.crummy.com/software/BeautifulSoup/bs4/download/，然后在控制台中打开源码的指定路径，输入命令 python setup.py install 即可，如图 19.6 所示。

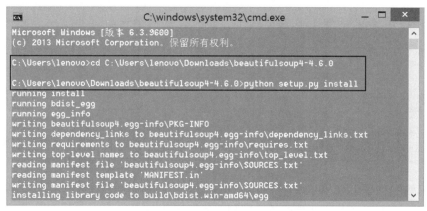

图 19.6　通过源码安装 BeautifulSoup

BeautifulSoup 支持 Python 标准库中包含的 HTML 解析器，也支持许多第三方 Python 解析器，其中包含 lxml 解析器。根据不同的操作系统，用户可以使用以下命令之一安装 lxml。

- apt-get install python-lxml。
- easy_install lxml。
- pip install lxml。

另一个解析器是 html5lib，它是一个用于解析 HTML 的 Python 库，按照 Web 浏览器的方式解析 HTML。用户可以使用以下命令之一安装 html5lib。

- apt-get install python-html5lib。
- easy_install html5lib。
- pip install html5lib。

表 19.2 总结了每个解析器的优缺点。

表 19.2　解析器的比较

解析器	用法	优点	缺点
Python 标准库	BeautifulSoup(markup, "html.parser")	Python 标准库 执行速度适中	（在 Python 2.7.3 或 3.2.2 之前的版本中）文档容错能力差
lxml 的 HTML 解析器	BeautifulSoup(markup, "lxml")	速度快 文档容错能力强	需要安装 C 语言库
lxml 的 XML 解析器	BeautifulSoup(markup, "lxml-xml") BeautifulSoup(markup, "xml")	速度快 唯一支持 XML 的解析器	需要安装 C 语言库
html5lib	BeautifulSoup(markup, "html5lib")	最好的容错性 以浏览器的方式解析文档 生成 HTML5 格式的文档	速度慢，不依赖外部扩展

（2）BeautifulSoup 的使用

BeautifulSoup 安装完成以后，下面将介绍如何通过 BeautifulSoup 库进行 HTML 的解析工作，具体示例步骤如下：

① 导入 bs4 库，然后创建一个模拟 HTML 代码的字符串，代码如下：

```
01    from bs4 import BeautifulSoup    # 导入 BeautifulSoup 库
02    # 创建模拟 HTML 代码的字符串
03    html_doc = """
04    <html><head><title>The Dormouse's story</title></head>
05    <body>
06    <p class="title"><b>The Dormouse's story</b></p>
07
08    <p class="story">Once upon a time there were three little sisters; and their names were
09    <a href="http://example.com/elsie" class="sister" id="link1">Elsie</a>,
10    <a href="http://example.com/lacie" class="sister" id="link2">Lacie</a> and
11    <a href="http://example.com/tillie" class="sister" id="link3">Tillie</a>;
12    and they lived at the bottom of a well.</p>
13
14    <p class="story">...</p>
15    """
```

② 创建 BeautifulSoup 对象，并指定解析器为 lxml，最后通过打印的方式将解析的 HTML 代码显示在控制台当中，代码如下：

```
01    # 创建一个 BeautifulSoup 对象，获取页面正文
02    soup = BeautifulSoup(html_doc, features="lxml")
03    print(soup)                                    # 打印解析的 HTML 代码
```

👑 说明：

如果将 html_doc 字符串中的代码保存在 index.html 文件中，可以通过打开 HTML 文件的方式进行代码的解析，并且可以通过 prettify() 方法进行代码的格式化处理，代码如下：

```
01    # 创建 BeautifulSoup 对象打开需要解析的 html 文件
02    soup = BeautifulSoup(open('index.html'),'lxml')
03    print(soup.prettify())                         # 打印格式化后的代码
```

运行结果如图 19.7 所示。

```
<html><head><title>The Dormouse's story</title></head>
<body>
<p class="title"><b>The Dormouse's story</b></p>
<p class="story">Once upon a time there were three little sisters; and their names were
<a class="sister" href="http://example.com/elsie" id="link1">Elsie</a>,
<a class="sister" href="http://example.com/lacie" id="link2">Lacie</a> and
<a class="sister" href="http://example.com/tillie" id="link3">Tillie</a>;
and they lived at the bottom of a well.</p>
<p class="story">...</p>
</body></html>
```

图 19.7　显示解析后的 HTML 代码

👑 说明：

在运行上面的代码之前，需要先使用命令 pip install lxml 安装 lxml 模块。

19.3　常用网络爬虫开发框架 Scrapy

使用 Requests 与其他 HTML 解析库所实现的爬虫程序，只是满足了爬取数据的需求。如果想要更加规范地爬取数据，则需要使用爬虫框架。Scrapy 框架是一套比较成熟的 Python 爬虫框架，简单轻巧，并且非常方便，可以高效率地爬取 Web 页面并从页面中提取结构化的数据。Scrapy 是一套开源的框架，所以在使用时不需要担心收取费用的问题。

19.3.1　安装 Scrapy 爬虫框架

由于 Scrapy 爬虫框架依赖的库比较多，尤其是 Windows 系统下，至少需要依赖的库有 Twisted、lxml、pyOpenSSL 以及 pywin32。搭建 Scrapy 爬虫框架的具体步骤如下。

（1）安装 Twisted 模块

① 打开 Python 扩展包的非官方 Windows 二进制文件网站（https://www.lfd.uci.edu/~gohlke/pythonlibs/），然后按快捷键 <Ctrl+F> 搜索 "twisted" 模块，单击对应的索引 twisted。网页将自动定位到下载 "twisted" 扩展包二进制文件下载的位置，然后根据自己的 Python 版本进行下载即可。由于笔者使用的是 Python 3.9，所以这里单击 "Twisted-20.3.0-cp39-cp39-win_amd64.whl" 进行下载，其中 "cp39" 表示对应 Python 3.9 版本，"win32" 与 "win_amd64" 分别表示 Windows 32 位与 64 位系统，如图 19.8 所示。

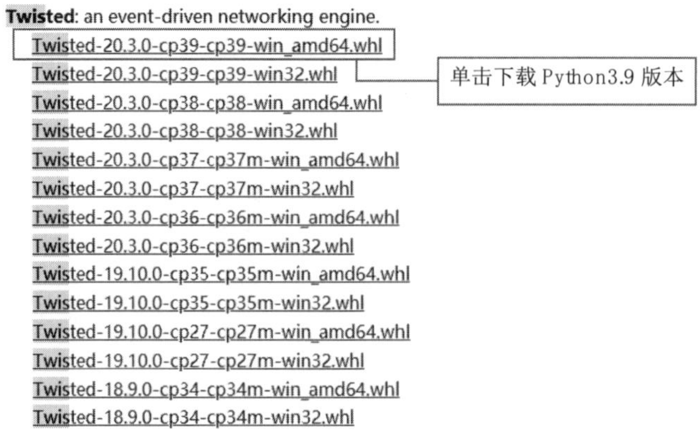

Twisted: an event-driven networking engine.
Twisted-20.3.0-cp39-cp39-win_amd64.whl ← 单击下载 Python3.9 版本
Twisted-20.3.0-cp39-cp39-win32.whl
Twisted-20.3.0-cp38-cp38-win_amd64.whl
Twisted-20.3.0-cp38-cp38-win32.whl
Twisted-20.3.0-cp37-cp37m-win_amd64.whl
Twisted-20.3.0-cp37-cp37m-win32.whl
Twisted-20.3.0-cp36-cp36m-win_amd64.whl
Twisted-20.3.0-cp36-cp36m-win32.whl
Twisted-19.10.0-cp35-cp35m-win_amd64.whl
Twisted-19.10.0-cp35-cp35m-win32.whl
Twisted-19.10.0-cp27-cp27m-win_amd64.whl
Twisted-19.10.0-cp27-cp27m-win32.whl
Twisted-18.9.0-cp34-cp34m-win_amd64.whl
Twisted-18.9.0-cp34-cp34m-win32.whl

图 19.8　下载 "Twisted-20.3.0-cp39-cp39-win_amd64.whl" 二进制文件

② 文件下载完成后，以管理员身份运行命令提示符窗口，然后使用"pip install .whl 文件的完整路径"命令，通过本地文件安装 Twisted 模块，例如，.whl 文件保存位置为 D:\temp\Twisted-20.3.0-cp39-cp39-win_amd64.whl，可以输入命令：pip install D:\temp\Twisted-20.3.0-cp39-cp39-win_amd64.whl，如图 19.9 所示。

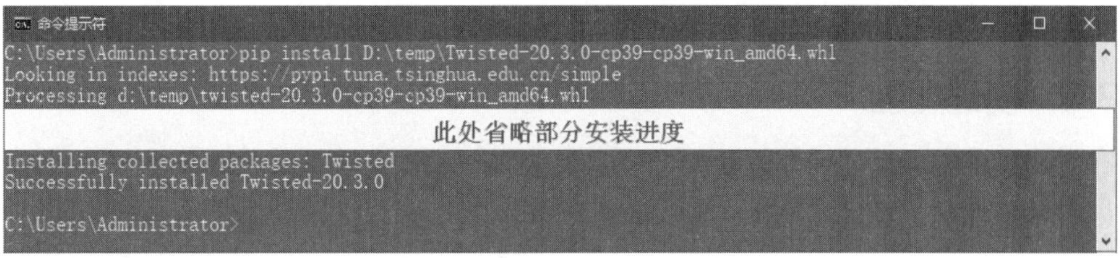

图 19.9　安装 Twisted 模块

（2）安装 Scrapy

打开命令提示符窗口，然后输入"pip install Scrapy"命令，安装 Scrapy 框架。如果没有出现异常或错误信息，则表示 Scrapy 框架安装成功。

👑 说明：

在安装 Scrapy 框架的过程中，同时会将 lxml 与 pyOpenSSL 模块也安装在 Python 环境当中。

（3）安装 pywin32

打开命令行窗口，然后输入"pip install pywin32"命令，安装 pywin32 模块。安装完成以后，在 Python 命令行下输入"import pywin32_system32"，如果没有提示错误信息，则表示安装成功。

19.3.2　创建 Scrapy 项目

在任意路径下创建一个保存项目的文件夹，例如，在 F:\PycharmProjects 文件夹内运行命令行窗口，然后输入"scrapy startproject scrapyDemo"即可创建一个名称为"scrapyDemo"的项目，如图 19.10 所示。

项目创建完成后，可以看到如图 19.11 所示的目录结构。

图 19.10　创建 Scrapy 项目 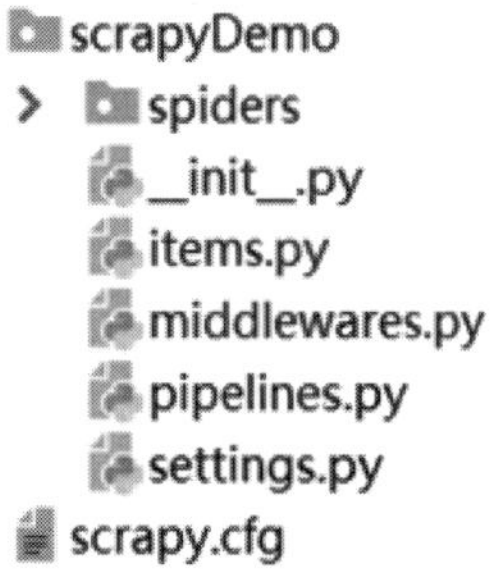　　　　图 19.11　项目目录结构

目录结构中的文件说明如下：

● spiders（文件夹）：用于创建爬虫文件，编写爬虫规则。
● __init__.py 文件：初始化文件。
● items.py 文件：用于数据的定义，可以寄存处理后的数据。

● middlewares.py 文件：定义爬取时的中间件，其中包括 SpiderMiddleware（爬虫中间件）、DownloaderMiddleware（下载中间件）。

● pipelines.py 文件：用于实现清洗数据、验证数据、保存数据。

● settings.py 文件：整个框架的配置文件，主要包含配置爬虫信息、请求头、中间件等。

● scrapy.cfg 文件：项目部署文件，其中定义了项目的配置文件路径等相关信息。

19.3.3　创建爬虫

在创建爬虫时，首先需要创建一个爬虫模块文件，该文件需要放置在 spiders 文件夹当中。爬虫模块是用于从一个网站或多个网站中爬取数据的类，它需要继承 scrapy.Spider 类，scrapy.Spider 类中提供了 start_requests() 方法实现初始化网络请求，然后通过 parse() 方法解析返回的结果。

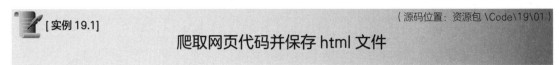

[实例 19.1]　　（源码位置：资源包 \Code\19\01）

爬取网页代码并保存 html 文件

下面以爬取图 19.12 所示的网页为例，实现爬取网页后将网页的代码以 html 文件保存至项目文件夹当中。

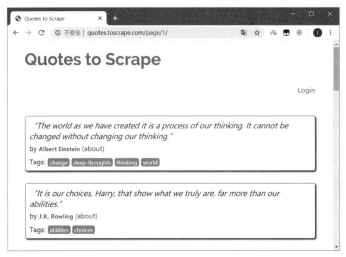

图 19.12　爬取的目标网页

在 spiders 文件夹当中创建一个名称为 "crawl.py" 的爬虫文件，然后在该文件中，首先创建 QuotesSpider 类，该类需要继承自 scrapy.Spider 类，然后重写 start_requests() 方法实现网络的请求工作，接着重写 parse() 方法，实现向文件中写入获取的 html 代码。示例代码如下：

```
01    import scrapy                               # 导入框架
02    class QuotesSpider(scrapy.Spider):
03        name = "quotes"                         # 定义爬虫名称
04        def start_requests(self):
05            # 设置爬取目标的地址
06            urls = [
07                'http://quotes.toscrape.com/page/1/',
08                'http://quotes.toscrape.com/page/2/',
09            ]
10            # 获取所有地址，有几个地址发送几次请求
```

```
11          for url in urls:
12              # 发送网络请求
13              yield scrapy.Request(url=url, callback=self.parse)
14      def parse(self, response):
15          # 获取页数
16          page = response.url.split("/")[-2]
17          # 根据页数设置文件名称
18          filename = 'quotes-%s.html' % page
19          # 以写入文件模式打开文件, 如果没有该文件将创建该文件
20          with open(filename, 'wb') as f:
21              # 向文件中写入获取的 html 代码
22              f.write(response.body)
23          # 输出保存文件的名称
24          self.log('Saved file %s' % filename)
```

在运行 Scrapy 所创建的爬虫项目时，需要在创建的爬虫文件所在目录中，单击鼠标右键，在弹出的快捷菜单中，选择"在此处打开 Powershell 窗口"菜单项，启动 Powershell 命令窗口，在该窗口中输入"scrapy crawl quotes"，其中"quotes"是自己定义的爬虫名称。运行完成后，将显示如图 19.13 所示的信息。程序运行完成后，将在"crawl.py"文件的同级自动生成两个 .html 文件，如图 19.14 所示。

图 19.13　显示启动爬虫后的信息　　　　图 19.14　自动生成 .html 文件

19.4　实战项目：快手爬票

19.4.1　概述

无论是出差还是旅行，都离不开交通工具的支持。现如今随着科技水平的提高，高铁与动车成为人们喜爱的交通工具。如果想要知道每列车次的时间信息，需要在列车网站中进行查询，本节将通过 Python 的爬虫技术开发一个快手爬票工具，如图 19.15 所示。

19.4.2　创建快手爬票项目

在 PyCharm 中，创建一个 Python 项目，名称为"check tickets"。有时在创建 Python 项目时，需要设置项目的存放位置以及 Python 解释器，这里需要注意的是，设置 Python 解释器应该是 python.exe 文件的地址，如图 19.16 所示。设置完成后，单击 Create 按钮，即可进入 PyCharm 开发工具的主窗口，完成项目的创建。

图 19.15　快手爬票

图 19.16　设置项目路径及 Python 解释器

19.4.3　主窗体设计

项目创建完成后，接下来将对快手爬票的主窗体进行设计，首先需要创建主窗体外层，然后依次添加顶部图片、查询区域、选择车次类型区域、分类图片区域、信息表格区域。设计顺序如图 19.17 所示。

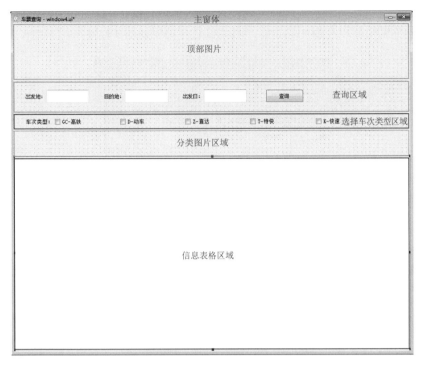

图 19.17　窗体设计思路

（1）在 Qt Designer 中拖拽控件

了解了窗体设计思路以后，接下来需要实现快手爬票的主窗体。由于在 19.4.2 节中已经完成该项目的创建，下面直接设计窗体即可。设计窗体的具体步骤如下。

① 打开项目后，在顶部的菜单栏中依次选择"Tools"→"External Tools"→"Qt Designer"命令，如图 19.18 所示。

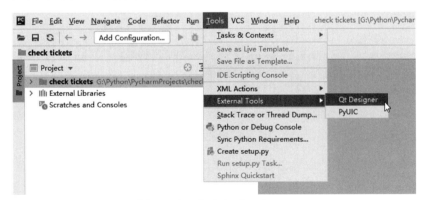

图 19.18　启动 Qt Designer

② 单击"Qt Designer"快捷工具后，Qt 的窗口编辑工具将自动打开，并且会自动弹出一个新建窗体的窗口，在该窗口中选择一个主窗体的模板，这里选择"Main Window"，然后单击"创建"按钮即可，如图 19.19 所示。

③ 主窗体创建完成后，自动进入 Qt Designer 的设计界面，顶部区域是菜单栏与菜单快捷选项，左侧区域是各种控件与布局，中间的区域为编辑区域，可以将控件拖拽至此处，也可以预览窗体的设计效果。右侧上方是对象查看器，此处列出所有控件以及彼此所属的关系层。

右侧中间的位置是属性编辑器，此处可以设置控件的各种属性。右侧底部的位置分别为信号 /
槽编辑器、动作编辑器以及资源浏览器，具体位置与功能如图 19.20 所示。

图 19.19　选择主窗体模板

图 19.20　Qt Designer 的设计界面

④ 根据图 19.20 所示的设计思路依次将指定的控件拖拽至主窗体中，首先添加主窗体
容器内的控件，如表 19.3 所示。

表 19.3　主窗体容器与控件

对象名称	控件名称	描述
centralwidget	QWidget	该控件与对象名称是创建主窗体后默认生成的，为主窗体外层容器
label_title_img	QLabel	该控件用于设置顶部图片所使用，对象名称自定义，该控件在主窗体容器内
label_train_img	QLabel	该控件用于设置分类图片所使用，对象名称自定义，该控件在主窗体容器内
tableView	QTableView	该控件用于显示信息表格，对象名称自定义，该控件在主窗体容器内

向主窗体中添加查询区域容器与控件，如表 19.4 所示。

表 19.4　查询区域容器与控件

对象名称	控件名称	描述
widget_query	QWidget	该控件用于显示查询区域，对象名称自定义，该控件为查询区域的容器
Label	QLabel	该控件用于显示"出发地："文字，对象名称自定义，该控件在查询区域的容器内
label_2	QLabel	该控件用于显示"目的地："文字，对象名称自定义，该控件在查询区域的容器内
label_3	QLabel	该控件用于显示"出发日："文字，对象名称自定义，该控件在查询区域的容器内
pushbutton	QPushButton	该控件用于显示查询按钮，对象名称自定义，该控件在查询区域的容器内
textEdit	QTextEdit	该控件用于显示"出发地"所对应的编辑框，对象名称自定义，该控件在查询区域的容器内
textEdit_2	QTextEdit	该控件用于显示"目的地"所对应的编辑框，对象名称自定义，该控件在查询区域的容器内
textEdit_3	QTextEdit	该控件用于显示"出发日"所对应的编辑框，对象名称自定义，该控件在查询区域的容器内

向主窗体中添加选择车次类型容器与控件，如表 19.5 所示。

表 19.5　选择车次类型容器与控件

对象名称	控件名称	描述
widget_checkBox	QWidget	该控件用于显示选择车次类型区域，对象名称自定义，该控件为选择车次类型区域的容器
checkBox_D	QCheckBox	该控件用于选择动车类型，对象名称自定义，该控件在选择车次类型的容器内
checkBox_G	QCheckBox	该控件用于选择高铁类型，对象名称自定义，该控件在选择车次类型的容器内
checkBox_K	QCheckBox	该控件用于选择快车类型，对象名称自定义，该控件在选择车次类型的容器内
checkBox_T	QCheckBox	该控件用于选择特快类型，对象名称自定义，该控件在选择车次类型的容器内
checkBox_Z	QCheckBox	该控件用于选择直达类型，对象名称自定义，该控件在选择车次类型的容器内
label_type	QLabel	该控件用于显示"车次类型："文字，对象名称自定义，该控件在选择车次类型的容器内

👑 注意：

除了主窗体默认创建的 QWidget 控件以外，其他每个 QWidget 就是一个显示区域的容器，都需要自行拖拽到主窗体当中，然后将每个区域对应的控件拖拽并摆放在当前的容器中即可。在拖拽控件时可以根据控件边缘的蓝色调节点设置控件的位置与大小，如图 19.21 所示。

如果需要修改非常精确的参数值，可以在属性编辑器中进行设置，也可以在生成后的 Python 代码中对窗体的详细参数进行修改。在设置控件文字时，可以选中控件，然后在右侧的属性编辑器的 text 标签中进行设置，如图 19.22 所示。

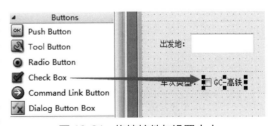

图 19.21　拖拽控件与设置大小

图 19.22　设置控件显示的文字

⑤ 窗体设计完成后，按快捷键 <Ctrl+S> 保存窗体设计文件名称为 window.ui，然后需要将该文件保存在当前项目的目录当中，再在该文件右键菜单中选择"External Tools"→"PyUIC"命令，将窗体设计的 ui 文件转换为 py 文件，如图 19.23 所示。转换后的 py 文件将显示在当前目录中，如图 19.24 所示。

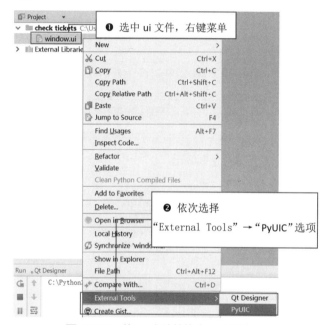

图 19.23　将 ui 文件转换为 py 文件

图 19.24　显示转换后的 py 文件

（2）代码调试细节

打开 window.py 文件后，自动生成的代码中已经导入了 PyQt5 以及其内部的常用模块。下面通过代码来调试主窗体中各种控件的细节以及相应的属性。具体步骤如下。

① 打开 window.py 文件，在右侧代码区域的 setupUi() 方法中修改主窗体的最大值与最小值，用于保持主窗体大小不变，无法扩大或缩小。代码如下：

```
01    MainWindow.setObjectName("MainWindow")              # 设置窗体对象名称
02    MainWindow.resize(960, 786)                         # 设置窗体大小
03    MainWindow.setMinimumSize(QtCore.QSize(960, 786))   # 主窗体最小值
04    MainWindow.setMaximumSize(QtCore.QSize(960, 786))   # 主窗体最大值
05    self.centralwidget = QtWidgets.QWidget(MainWindow)  # 主窗体的 widget 控件
06    self.centralwidget.setObjectName("centralwidget")   # 设置对象名称
```

② 将图片资源 img 文件夹复制到该项目中，然后导入 PyQt5.QtGui 模块中的 QPalette、QPixmap、QColor 用于对控件设置背景图片，为对象名 label_title_img 的 Label 控件设置背景图片，该控件用于显示顶部图片。关键代码如下：

```
01    from PyQt5.QtGui import QPalette, QPixmap, QColor  # 导入 QtGui 模块
02    # 通过 label 控件显示顶部图片
03    self.label_title_img = QtWidgets.QLabel(self.centralwidget)
04    self.label_title_img.setGeometry(QtCore.QRect(0, 0, 960, 141))
05    self.label_title_img.setObjectName("label_title_img")
06    title_img = QPixmap('img/bg1.png')                        # 打开顶部位图
07    self.label_title_img.setPixmap(title_img)                # 设置调色板
```

③ 设置查询部分 widget 控件的背景图片，该控件起到容器的作用，在设置背景图片时并没有 Label 控件那么简单。首先需要为该控件开启自动填充背景功能，然后创建调色板对象，指定调色板背景图片，最后为控件设置对应的调色板即可。关键代码如下：

```
01    # 查询部分的 widget
02    self.widget_query = QtWidgets.QWidget(self.centralwidget)
03    self.widget_query.setGeometry(QtCore.QRect(0, 141, 960, 80))
04    self.widget_query.setObjectName("widget_query")
05    # 开启自动填充背景
06    self.widget_query.setAutoFillBackground(True)
07    palette = QPalette()                                     # 调色板类
08    # 设置背景图片
09    palette.setBrush(QPalette.Background, QtGui.QBrush(QtGui.QPixmap('img/bg2.png')))
10    self.widget_query.setPalette(palette)              # 为控件设置对应的调色板即可
```

👑 说明：

根据以上两种设置背景图片的方法，分别为选择车次类型的 widget 控件与显示火车信息图片的 Label 控件设置背景图片。

④ 通过代码修改窗体或控件文字时，需要在 retranslateUi() 方法中进行设置，关键代码如下：

```
01    def retranslateUi(self, MainWindow):
02        MainWindow.setWindowTitle(_translate("MainWindow", " 车票查询 "))
03        self.checkBox_T.setText(_translate("MainWindow", "T- 特快 "))
04        self.checkBox_K.setText(_translate("MainWindow", "K- 快速 "))
05        self.checkBox_Z.setText(_translate("MainWindow", "Z- 直达 "))
06        self.checkBox_D.setText(_translate("MainWindow", "D- 动车 "))
07        self.checkBox_G.setText(_translate("MainWindow", "GC- 高铁 "))
08        self.label_type.setText(_translate("MainWindow", " 车次类型: "))
09        self.label.setText(_translate("MainWindow", " 出发地: "))
10        self.label_3.setText(_translate("MainWindow", " 目的地: "))
11        self.label_4.setText(_translate("MainWindow", " 出发日: "))
12        self.pushButton.setText(_translate("MainWindow", " 查询 "))
```

⑤ 导入 sys 模块，然后在代码块的最外层创建 show_MainWindow() 方法，该方法用于显示窗体。关键代码如下：

```
01    def show_MainWindow():
02        app = QtWidgets.QApplication(sys.argv)     # 实例化 QApplication 类，作为 GUI 主程序入口
03        MainWindow = QtWidgets.QMainWindow()        # 创建 MainWindow
04        ui = Ui_MainWindow()                        # 实例 UI 类
05        ui.setupUi(MainWindow)                      # 设置窗体 UI
06        MainWindow.show()                           # 显示窗体
07        sys.exit(app.exec_())                       # 当窗口创建完成，需要结束主循环过程
```

👑 说明：

sys 是 Python 自带模块，该模块提供了一系列有关 Python 运行环境的变量和函数。sys 模块的常见用法与含义如表 19.6 所示。

表 19.6　sys 模块的常见用法

常见用法	描述
sys.argv	该方法用于获取当前正在执行的命令行参数的参数列表
sys.path	该方法用于获取指定模块路径的字符串集合
sys.exit()	该方法用于退出程序，当参数非0时，会引发一个SystemExit异常，从而可以在主程序中捕获该异常
sys.platform	该方法用于获取当前系统平台
sys.modules	该方法用于加载模块的字典，每当程序员导入新的模块，sys.modules将自动记录该模块。当相同模块第二次导入时，Python将从该字典中进行查询，从而加快程序的运行速度
sys.getdefaultencoding()	该方法用于获取当前系统编码方式

⑥在代码块的最外层模拟Python的程序入口，然后调用显示窗体的show_MainWindow()方法。关键代码如下：

```
01  if __name__ == "__main__":
02      show_MainWindow()
```

在该文件右键菜单中选择"Run window"命令，将显示如图 19.25 所示的快手爬票的主窗体界面。

图 19.25　快手爬票主窗体界面

19.4.4　分析网页请求参数

既然是爬票，那么一定需要一个爬取的对象，本节将通过 12306 中国铁路客户服务中心所提供的查票请求地址来获取火车票的相关信息。在发送请求时，地址中需要填写必要的参数，否则后台将无法返回前台所需要的正确信息，所以首先需要分析网页请求参数，具体步骤如下。

① 使用火狐浏览器打开 12306 官方网站（http://www.12306.cn/），在左上角的车票框中输入出发地、到达地及出发日期等信息，单击查询按钮，进入到车票查询页面，然后输入出发地与目的地，出发日默认即可。按快捷键 <Ctrl + Shift + E> 打开网络监视器，然后单击网页中的"查询"按钮，在网络监视器中将显示查询按钮所对应的网络请求。车票查询页面的操作步骤如图 19.26 所示。

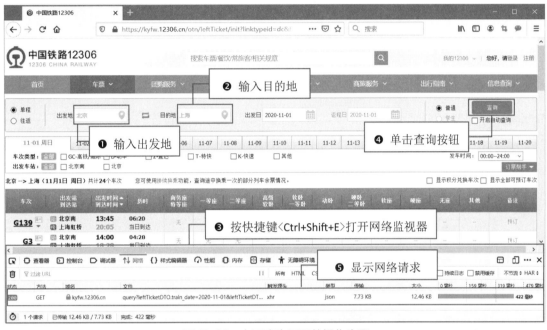

图 19.26　车票查询页面的操作步骤

② 单击网络请求将显示请求细节的窗口，在该窗口中默认会显示消息头的相关数据，此处可以获取完整的请求地址，如图 19.27 所示。

图 19.27　获取完整的请求地址

👑　注意：

　　随着 12306 官方网站的更新，请求地址会发生改变，要以当时获取的地址为准。

③ 在"消息头"所对应的标签中，找到如图 19.28 所示的"请求头"信息，然后将 Cookie 信息提取，并添加至发送请求信息的代码中。

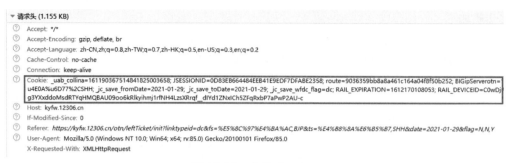

图 19.28　查找 Cookie

④ 在请求地址的上方选择参数选项，将显示该请求地址中的必要参数，如图 19.29 所示。

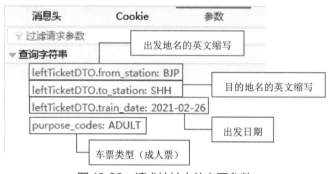

图 19.29　请求地址中的必要参数

19.4.5　下载站名文件

得到了请求地址与请求参数后，可以发现请求参数中的出发地与目的地均为车站名的英文缩写。而这个英文缩写的字母是通过输入中文车站名转换而来的，所以需要在网页中仔细查找是否有将车站名自动转换为英文缩写的请求信息，具体步骤如下。

① 关闭并重新打开网络监视器，然后按快捷键 <F5> 进行余票查询网页的刷新，此时在网络监视器中选择类型为 js 的网络请求。在文件类型中仔细分析文件内容是否有与车站名相关的信息，如图 19.30 所示。

状态	方法	文件					传输	大小	0毫秒
▲ 304	GET	common_js.js?scriptVersion=1.9080		❶ 选择类型为 js 的网络请求			已缓存	322.05 KB	→ 89 ms
▲ 304	GET	WdatePicker.js	🔒 kyfw.12306.cn	script	js		已缓存	8.77 KB	→ 285 ms
▲ 304	GET	data.jcokies.js	🔒 kyfw.12306.cn	script	js		已缓存	0 字节	→ 148 ms
▲ 304	GET	queryLeftTicket_js.js?scriptVersion...	🔒 kyfw.12306.cn	script	js		已缓存	0 字节	→ 169 ms
▲ 304	GET	jquery.bgiframe.mi.js	🔒 kyfw.12306.cn	script	js		已缓存	0 字节	→ 910 ms
● 200	GET	qpebrsa	🔒 kyfw	❷ 找到与车站名相关的网络请求				0 字节	→ 195 ms
▲ 304	GET	new.js	🔒 kyfw					0 字节	→ 168 ms
▲ 304	GET	station_name.js?station_version=1...	🔒 kyfw.12306.cn	script	js		已缓存	0 字节	→ 178 ms
▲ 304	GET	favorite_name.js	🔒 kyfw.12306.cn	script	js		已缓存	653 字节	→ 183 ms

图 19.30　找到与车站名相关的信息

👑 说明：

在分析信息位置时，可以想到查询按钮仅实现了发送查票的网络请求，而并没有发现将文字转换为车站名缩写的相关处理，此时可以判断在进入余票查询页面时，就已经得到了将车站名转换为英文缩写的相关信息，所以可以试图刷新页面，查看网络监视器中的网络请求。

② 选中与车站名相关的网络请求，在请求细节中找到该请求的完整地址。然后在网页中打开该地址，测试返回数据，如图 19.31 所示。

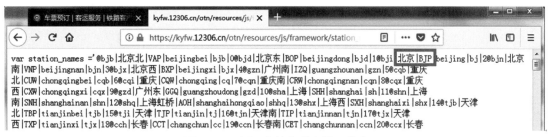

图 19.31　返回车站名英文缩写信息

👑 说明：

看到返回的车站名信息，此时可以确认根据该信息将车站名汉字与对应的英文缩写进行转换。例如，北京对应的是 BJP，可以在该条信息中找到。由于该条信息并没有自动转换的功能，所以需要将该信息以文件的方式保存在项目中。当需要转换时，在文件中查找对应的英文缩写即可。

③ 打开 PyCharm 开发工具，在 check tickets 目录的右键菜单中选择 New → Python File 命令，创建一个名称为 get_stations.py 的文件，然后参考前述步骤安装 requests 模块即可。

④ 在 get_stations.py 文件中分别导入 requests、re 以及 os 模块，然后创建 getStation() 方法，该方法用于发送获取地址信息的网络请求，并将返回的数据转换为需要的类型。关键代码如下：

```
01    def getStation():
02        # 发送请求获取所有车站名称，通过输入的站名称转换为查询地址的参数
03        url = 'https://kyfw.12306.cn/otn/resources/js/framework/
04    station_name.js?station_version=1.9050'
05        response = requests.get(url, verify=True)# 请求并进行验证
06        # 获取需要的车站名称
07        stations = re.findall(u'([\u4e00-\u9fa5]+)\|([A-Z]+)', response.text)
08        stations = dict((stations))              # 转换为字典类型
09        stations = str(stations)                 # 转换为字符串类型，否则无法写入文件
10        write(stations)                          # 调用写入方法
```

👑 说明：

a．requests 模块为第三方模块，该模块主要用于处理网络请求。re 模块为 Python 自带模块，主要用于通过正则表达式匹配处理相应的字符串。os 模块为 Python 自带模块，主要用于判断某个路径下的某个文件。

b．随着 12306 官方网站的更新，请求地址会发生改变，要以当时获取的地址为准。

⑤ 分别创建 write()、read() 以及 isStations() 方法，分别用于写入文件、读取文件以及判断车站文件是否存在，代码如下：

```
01    def write(stations):
02        file = open('stations.text', 'w', encoding='utf_8_sig') # 以写模式打开文件
03        file.write(stations)                     # 写入文件
04        file.close()
05    def read():
06        file = open('stations.text', 'r', encoding='utf_8_sig') # 以读模式打开文件
07        data = file.readline()                   # 读取文件
08        file.close()
09        return data
10    def isStations():
11        isStations = os.path.exists('stations.text')          # 判断车站文件是否存在
12        return isStations
```

⑥ 打开 window.py 文件，首先导入 get_stations 文件下的所有方法，然后在模拟 Python 的程序入口处修改代码。首先判断是否有所有车站信息的文件，如果没有该文件，就下载车站信息的文件，然后显示窗体；如果有，将直接显示窗体。修改后代码如下：

```
01   from get_stations import *              # 导入 get_stations 文件下的所有方法
02   if __name__ == "__main__":
03       if isStations() == False:           # 判断是否有所有车站的文件，没有就下载，有就直接
                                              #   显示窗体
04           getStation()                     # 下载所有车站文件
05           show_MainWindow()                # 调用显示窗体的方法
06       else:
07           show_MainWindow()                # 调用显示窗体的方法
```

⑦ 在 window.py 文件右键菜单中选择"Run window"命令，运行主窗体，主窗体界面显示后在 check tickets 目录下将自动下载 stations.text 文件，如图 19.32 所示，通过该文件可以实现车站名称与对应的英文缩写的转换。

19.4.6　获取车票信息并显示

（1）发送获取车票信息的请求并分析车票信息

得到了获取车票信息的网络请求地址，然后又分析出请求地址的必要参数以及车站名称转换的文件。接下来就需要将主窗体中输入的出发地、目的地以及出发日 3 个重要的参数配置到查票的请求地址中，然后分析并接收所查询车票的对应信息。具体步骤如下。

① 在浏览器中打开 19.4.4 节步骤②中的查询请求地址，然后在浏览器中以 json 的方式返回车票的查询信息，如图 19.33 所示。

图 19.33　返回加密的车票信息

👑 说明：

在看到加密信息后，先分析数据中是否含有可用的信息，例如，网页中的预订、时间、车次。可以看到图 19.33 中的加密信息内含有 G13 的字样以及时间信息。然后对照浏览器中余票查询的页面，查找对应车次信息，如图 19.34 所示。此时可以判断返回的 json 信息确实含有可用数据。

车次	出发站 到达站	出发时间 ▲ 到达时间 ▼	历时
G13	北京南 上海虹桥	10:00 14:28	04:28 当日到达

图 19.34　对照可用数据

② 发现可用数据后，在项目中创建 query_request.py 文件，在该文件中首先导入 get_stations 文件下的所有方法，然后分别创建名称为 data 与 type_data 的列表（list），分别用于保存整理好的车次信息与分类后的车次信息。代码如下：

```
01    from get_stations import *
02    data = []                                # 用于保存整理好的车次信息
03    type_data = []                           # 保存分类后车次信息
```

👑 说明:

从返回的加密信息中可以看出信息很乱,所以需要创建 data = [] 列表来保存后期整理好的车次信息,然后需要将车次分类,如高铁、动车等,所以需要创建 type_data = [] 列表来保存分类后的车次信息。

③ 创建 query() 方法,在调用该方法时需要 3 个参数,分别为出发日期、出发地以及目的地,然后创建查询请求的完整地址并通过 format() 方法为地址进行格式化,再将返回的 json 数据转换为字典类型,最后通过字典类型键值的方法取出对应的数据并进行整理与分类。代码如下:

👑 说明:

由于返回的 json 信息顺序比较乱,所以在获取指定的数据时,只能在 tmp_list 分割后的列表中将数据与浏览器余票查询页面中的数据逐个对比,才能找出数据所对应的位置。通过对比后找到的数据位置如下:

```
01    '''5-7 目的地   3 车次   6 出发地   8 出发时间   9 到达时间   10 历时   26 无座   29 硬座
02         24 软座  28 硬卧  33 动卧  23 软卧  21 高级软卧  30 二等座  31 一等座  32 商务座特等座
03    '''
```

其中,数字为数据分割后 tmp_list 的索引值。

④ 依次创建获取高铁信息、移除高铁信息、获取动车、移除动车、获取直达、移除直达、获取特快、移除特快、获取快速以及移除快速的方法。以上方法用于车次分类数据的处理,代码如下:

```
01    headers = {'User-Agent': 'Mozilla/5.0 (Windows NT 10.0; Win64; x64; rv:85.0)
Gecko/20100101 Firefox/85.0',
02                'Cookie': '_填写自己获取到的 Cookie 信息 '
03                }                            # 随机生成浏览器头部信息
04
05
06    def query(date, from_station, to_station):
07        data.clear()                         # 清空数据
08        # 查询请求地址
09        url = 'https://kyfw.12306.cn/otn/leftTicket/queryO? leftTicketDTO.train_date=
{}&leftTicketDTO.from_ station={}&
10
11
12    leftTicketDTO.to_station = {} & purpose_codes = ADULT
13    '.format(date, from_station, to_station)
14        # 发送查询请求
15        response = requests.get(url, headers=headers)
16        # 将 json 数据转换为字典类型,通过键值对取数据
17        result = response.json()
18        result = result['data']['result']
19        # 判断车站文件是否存在
20        if isStations() == True:
21            stations = eval(read())          # 读取所有车站并转换为 dic 类型
22            if len(result) != 0:             # 判断返回数据是否为空
23                for i in result:
24                    # 分割数据并添加到列表中
25                    tmp_list = i.split('|')
26                    # 因为查询结果中出发站和到达站为站名的缩写字母,
27                    # 所以需要在车站库中找到对应的车站名称
28                    from_station = list(stations.keys())[list(stations.values()).index(tmp_list[6])]
29                    to_station = list(stations.keys())[list(stations.values()).index(tmp_list[7])]
```

```
30                # 创建座位数组，由于返回的座位数据中含有空，即 ""，所以将空改成 "--"，这样好识别
31              seat = [tmp_list[3], from_station, to_station, tmp_list[8],
32                      tmp_list[9], tmp_list[10], tmp_list[32], tmp_list[31],
33                      tmp_list[30], tmp_list[21], tmp_list[23], tmp_list[33],
34                      tmp_list[28], tmp_list[24], tmp_list[29], tmp_list[26]]
35              newSeat = []
36              # 循环将座位信息中的空，即 ""，改成 "--"，这样好识别
37              for s in seat:
38                  if s == "":
39                      s = "--"
40                  else:
41                      s = s
42                  newSeat.append(s)              # 保存新的座位信息
43              data.append(newSeat)
44      return data                               # 返回整理好的车次信息
```

（2）在主窗体中显示车票信息

完成了车票信息查询请求的文件后，接下来需要将获取的车票信息显示在快手爬票的主窗体当中。具体实现步骤如下。

① 打开 window.py 文件，导入 PyQt5.QtCore 模块中的 Qt 类，然后导入 PyQt5.QtWidgets 与 PyQt5.QtGui 模块下的所有方法，再导入 query_request 文件中的所有方法即可。代码如下：

```
01   from PyQt5.QtCore import Qt              # 导入 Qt 类
02   from PyQt5.QtWidgets import *            # 导入对应模块的所有方法
03   from query_request import *
04   from PyQt5.QtGui import *
```

② 在 setupUi() 方法中找到用于显示车票信息的 tableView 表格控件。然后为该控件设置相关属性，关键代码如下：

```
01   # 显示车次信息的列表
02   self.tableView = QtWidgets.QTableView(self.centralwidget)
03   self.tableView.setGeometry(QtCore.QRect(0, 320, 960, 440))
04   self.tableView.setObjectName("tableView")
05   self.model = QStandardItemModel();             # 创建存储数据的模式
06   # 根据空间自动改变列宽度并且不可修改列宽度
07   self.tableView.horizontalHeader().setSectionResizeMode(QHeaderView.Stretch)
08   # 设置横向表头不可见
09   self.tableView.horizontalHeader().setVisible(False)
10   # 设置纵向表头不可见
11   self.tableView.verticalHeader().setVisible(False)
12   # 设置表格内容文字大小
13   font = QtGui.QFont()
14   font.setPointSize(10)
15   self.tableView.setFont(font)
16   # 设置表格内容不可编辑
17   self.tableView.setEditTriggers(QAbstractItemView.NoEditTriggers)
18   # 垂直滚动条始终开启
19   self.tableView.setVerticalScrollBarPolicy(Qt.ScrollBarAlwaysOn)
```

③ 导入 time 模块，该模块提供了用于处理时间的各种方法。然后在代码块的最外层创建 get_time() 方法，用于获取系统的当前日期，再创建 is_valid_date() 方法，用于判断输入的日期是否是一个有效的日期字符串，代码如下：

```
01   import time
02
```

```
03    # 获取系统当前时间并转换为请求数据所需要的格式
04    def get_time():
05        # 获得当前时间的时间戳
06        now = int(time.time())
07        # 转换为其他日期格式, 如 "%Y-%m-%d %H:%M:%S"
08        timeStruct = time.localtime(now)
09        strTime = time.strftime("%Y-%m-%d", timeStruct)
10        return strTime
11    def is_valid_date(str):
12        ''' 判断是否是一个有效的日期字符串 '''
13        try:
14            time.strptime(str, "%Y-%m-%d")
15            return True
16        except:
17            return False
```

④ 依次创建 change_G()、change_D()、change_Z()、change_T()、change_K() 方法, 以上方法均为车次分类复选框的事件处理, 由于代码几乎相同, 此处提供关键代码如下:

```
01    # 高铁复选框事件处理
02    def change_G(self, state):
03        # 选中将高铁信息添加到最后要显示的数据当中
04        if state == QtCore.Qt.Checked:
05            # 获取高铁信息
06            g_vehicle()
07            # 通过表格显示该车型数据
08            self.displayTable(len(type_data), 16, type_data)
09        else:
10            # 取消选中状态将移除该数据
11            r_g_vehicle()
12            self.displayTable(len(type_data), 16, type_data)
```

⑤ 创建 messageDialog() 方法, 该方法用于显示主窗体非法操作的消息提示框。然后创建 displayTable() 方法, 该方法用于显示车次信息的表格与内容。代码如下:

```
01    # 显示消息提示框, 参数 title 为提示框标题文字, message 为提示信息
02    def messageDialog(self, title, message):
03        msg_box = QMessageBox(QMessageBox.Warning, title, message)
04        msg_box.exec_()
05    # 显示车次信息的表格
06    # train 参数为共有多少趟列车, 该参数作为表格的行
07    # info 参数为每趟列车的具体信息, 例如有座、无座、卧铺等。该参数作为表格的列
08    def displayTable(self, train, info, data):
09        self.model.clear()
10        for row in range(train):
11            for column in range(info):
12                # 添加表格内容
13                item = QStandardItem(data[row][column])
14                # 向表格存储模式中添加表格具体信息
15                self.model.setItem(row, column, item)
16        # 设置表格存储数据的模式
17        self.tableView.setModel(self.model)
```

⑥ 创建 on_click() 方法, 该方法是查询按钮的单击事件。在该方法中首先需要获取出发地、目的地与出发日期 3 个编辑框的输入内容, 然后对 3 个编辑框中输入的内容进行合法检测, 符合规范后调用 query() 方法, 提交车票查询的请求, 并且将返回的数据赋值给 data, 最后通过调用 displayTable() 方法, 实现在表格中显示车票查询的全部信息。代码如下:

```
01    # 查询按钮的单击事件
02    def on_click(self):
03        get_from = self.textEdit.toPlainText()      # 获取出发地
04        get_to = self.textEdit_2.toPlainText()      # 获取到达地
05        get_date = self.textEdit_3.toPlainText()    # 获取出发时间
06        # 判断车站文件是否存在
07        if isStations() == True:
08            stations = eval(read())                 # 读取所有车站并转换为 dic 类型
09            # 判断所有参数是否为空，出发地、目的地、出发日期
10            if get_from != "" and get_to != "" and get_date != "":
11                # 判断输入的车站名称是否存在，以及时间格式是否正确
12                if get_from in stations and get_to in stations and is_valid_date(get_date):
13                    # 获取输入的日期是当前年的第几天
14                    inputYearDay = time.strptime(get_date, "%Y-%m-%d").tm_yday
15                    # 获取系统当前日期是当前年的第几天
16                    yearToday = time.localtime(time.time()).tm_yday
17                    # 计算时间差，也就是输入的日期减掉系统当前的日期
18                    timeDifference = inputYearDay - yearToday
19                    # 判断时间差为 0 时证明是查询当前的车票，
20                    # 以及 29 天以后的车票。12306 官方要求只能查询 30 天以内的车票
21                    if timeDifference >= 0 and timeDifference <= 28:
22                        # 在所有车站文件中找到对应的参数，出发地英文缩写
23                        from_station = stations[get_from]
24                        to_station = stations[get_to]  # 目的地
25                        # 发送查询请求，并获取返回的信息
26                        data = query(get_date, from_station, to_station)
27                        if len(data) != 0:        # 判断返回的数据是否为空
28                            # 如果不是空的数据就将车票信息显示在表格中
29                            self.displayTable(len(data), 16, data)
30                        else:
31                            self.messageDialog('警告', '没有返回的网络数据！')
32                    else:
33                        self.messageDialog('警告', '超出查询日期的范围，'
34                                            '不可查询昨天的车票信息，以及 29 天以后的车票信息！')
35                else:
36                    self.messageDialog('警告', '输入的站名不存在，或日期格式不正确！')
37            else:
38                self.messageDialog('警告', '请填写车站名称！')
39        else:
40            self.messageDialog('警告', '未下载车站查询文件！')
```

⑦ 在 retranslateUi() 方法中，首先设置在出发日的编辑框中显示系统的当前日期，然后设置查询按钮的单击事件，最后分别设置高铁、动车、直达、特快以及快车复选框选中与取消事件。关键代码如下：

```
01    self.textEdit_3.setText(get_time())                          # 出发日显示当天日期
02    self.pushButton.clicked.connect(self.on_click)              # 查询按钮指定单击事件的方法
03    self.checkBox_G.stateChanged.connect(self.change_G)          # 高铁选中与取消事件
04    self.checkBox_D.stateChanged.connect(self.change_D)          # 动车选中与取消事件
05    self.checkBox_Z.stateChanged.connect(self.change_Z)          # 直达车选中与取消事件
06    self.checkBox_T.stateChanged.connect(self.change_T)          # 特快车选中与取消事件
07    self.checkBox_K.stateChanged.connect(self.change_K)          # 快车选中与取消事件
```

⑧ 在 window.py 文件右键菜单中选择 Run window 命令，运行主窗体，然后输入符合规范的出发地、目的地与出发日期，单击"查询"按钮，显示查询的查票信息如图 19.35 所示。

图 19.35　显示查询的查票信息

 本章知识思维导图

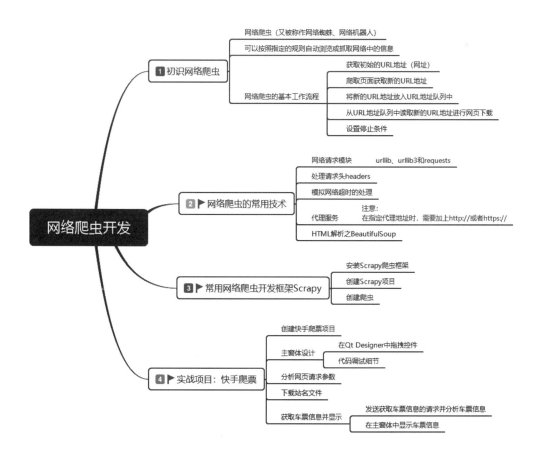

Python

从零开始学　Python

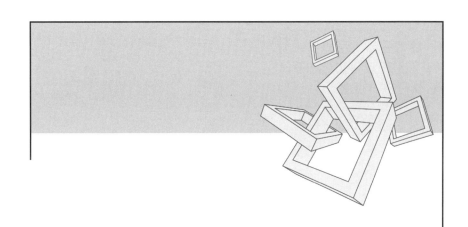

第4篇
项目篇

第 20 章

小海龟挑战大迷宫

 本章学习目标

- 了解小海龟挑战大迷宫的需求
- 了解游戏功能结构和业务流程
- 了解开发环境及文件夹组织结构
- 学会主窗口设计
- 掌握游戏地图的设计
- 掌握走迷宫功能的设计
- 掌握关卡设置

20.1 需求分析

为了增加游戏的趣味性和挑战性，小海龟挑战大迷宫游戏应该具备以下功能：
- 界面美观，易于操作。
- 由易到难，提供多个关卡。
- 玩家可以自行选择开始关卡。
- 标记行走路线。
- 可以查看答案，并且显示动画效果。

20.2 系统设计

20.2.1 游戏功能结构

小海龟挑战大迷宫游戏主要分为两个界面，分别为主窗口和游戏闯关界面，其中游戏闯关界面共提供了 3 关，在每一关都可以手动走迷宫和显示答案（即自动走迷宫），具体的功能结构如图 20.1 所示。

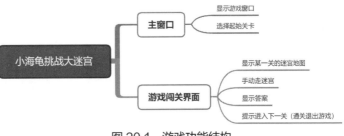

图 20.1 游戏功能结构

20.2.2 游戏业务流程

在开发小海龟挑战大迷宫游戏前，需要先梳理出游戏业务流程。根据小海龟挑战大迷宫游戏的需求分析及功能结构，设计出如图 20.2 所示的游戏业务流程图。

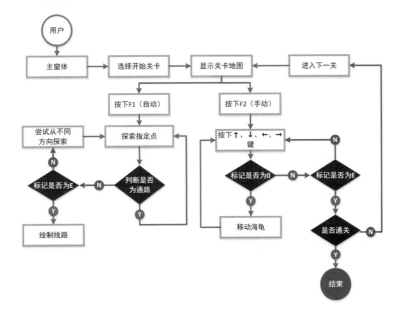

图 20.2 游戏业务流程

20.2.3 系统预览

小海龟挑战大迷宫游戏是一款通过 Python 的海龟绘图实现的桌面游戏。运行程序，首先进入的是游戏主界面，在该界面中，玩家可以选择开始的关卡，效果如图 20.3 所示。

图 20.3　游戏主界面运行效果

在主界面中输入代表关卡的数字，将进入到相应的关卡，例如，输入 1 将进入到第一关，此时按下 <F1> 键，将显示答案，效果如图 20.4 所示；按下 <F2> 键，即可通过↑、↓、←、→方向键控制小海龟走迷宫，效果如图 20.5 所示。

图 20.4　显示答案的运行效果

图 20.5　手动走迷宫的运行效果

成功走到迷宫的出口时，将给出提示，准备进入下一关，效果如图 20.6 所示。

图 20.6　过关提示效果

20.3　系统开发必备

20.3.1　系统开发环境

本系统的软件开发及运行环境具体如下。

- 操作系统: Windows 10 及以上。
- Python 版本: Python 3.9。
- 开发工具: Python IDLE。
- Python 内置模块: os、re。

20.3.2　文件夹组织结构

小海龟挑战大迷宫游戏的文件夹组织结构如图 20.7 所示。

图 20.7　文件夹组织结构

20.4　主窗口设计

小海龟挑战大迷宫游戏的主窗口主要用于显示游戏窗口以及选择游戏开始关卡。运行效果如图 20.8 所示。

图 20.8　游戏主窗口运行效果

实现游戏主窗体的具体步骤如下。

① 创建一个 Python 文件 turtlemaze.py，并且在该文件的同级目录下创建两个目录，分别为 image（用于保存图片文件）和 map（用于保存地图文件）。

② 由于本游戏采用海龟绘图实现，所以需要在 turtlemaze.py 文件的顶部导入海龟绘图模块，具体代码如下：

```
import turtle                              # 导入海龟绘图模块
```

③ 定义保存游戏名字的变量 gametitle，并且赋值为游戏的名字"小海龟挑战大迷宫"，代码如下：

```
gametitle = '小海龟挑战大迷宫'              # 游戏名字
```

④ 创建程序入口，在程序入口中，首先设置窗口标题为步骤③中定义的游戏名字，并且设置主窗口的尺寸，然后设置主窗口背景为提前设计好的图片（保存在 image 目录中），再使用海龟绘图的 numinput() 方法弹出一个数值对话框，用于输入开始的关卡，最后调用海龟绘图的 done() 方法启动事件循环，让打开的海龟绘图窗口不关闭，代码如下：

```
01    if __name__ == '__main__':                    # 程序入口
02        turtle.title(gametitle)                   # 设置窗口标题
03        # turtle 为主窗口海龟
04        turtle.setup(width=700, height=520)       # 设置主窗口的尺寸
05        turtle.bgpic('image/start.png')           # 主窗口背景
06        turtle.colormode(255)                     # 设置颜色模式
07        level = turtle.numinput('选择关卡：', '输入 1~3 的数字！', default=1, minval=1, maxval=3)
08        levelinit()                               # 开始闯关
09        turtle.done()                             # 启动事件循环
```

20.5　游戏地图的设计

在走迷宫游戏中，游戏地图设计很重要，它关系到游戏的难度和趣味性。在小海龟挑

战大迷宫游戏中，游戏地图的设计思路：将代表入口（S）、出口（E）、墙（1）和通路（0）的标识保存在一个文本文件中，然后再通过 Python 读取该文本文件并转换为二维列表，最后通过嵌套的 for 循环根据二维列表绘制由多个正方形组成的迷宫地图，如图 20.9 所示。

20.5.1　设计保存地图信息的 TXT 文件

在小海龟挑战大迷宫游戏中，地图信息被保存在扩展名为 .txt 的文本文件中。其中，数字 0 代表该位置为通路，数字 1 代表该位置为墙，不可以通过。另外，还需要在通路的起点和终点使用字母 S 和 E 进行标识。如图 20.10 所示为一个设计好的保存地图信息的文本文件的内容。

图 20.9　迷宫地图

图 20.10　保存地图信息的文本文件

👑 注意：

　　在设计地图信息时，要保证在起点 S 和终点 E 之间有一条通路。如图 20.10 中所标注的线路为迷宫的通路。

20.5.2　读取文件并转换为二维列表

设计好保存地图信息的文本文件后，还需要读取该文件并将其转换为二维列表，方便进行地图的绘制。具体步骤如下。

① 在文件的顶部定义一个全局变量 txt_path，用于记录地图信息文本文件所在的位置，默认赋值为 map1.txt 文件，代码如下：

```
txt_path = 'map/map1.txt'                               # 地图信息文本文件路径及名称
```

② 编写一个 get_map() 函数，该函数有一个参数，用于指定要读取地图文件的文件名（包括路径）。在该函数中，首先使用内置函数 open() 以只读模式打开要读取的文件，并且读取全部行，然后通过 for 循环读取每一行的内容，在该 for 循环中，使用空格将每一行中的内容分割为列表，并且添加到保存地图的列表中，从而实现二维列表，最后返回保存地图信息的二维列表。get_map() 函数的代码如下：

```
01    def get_map(filename):
02        '''
03        功能：读取保存地图的文本文件内容到列表
04        :param filename: 地图文件名
```

```
05          :return 地图列表
06          '''
07          with open(filename, 'r') as f:          # 打开文件
08              fl = f.readlines()                    # 读取全部行
09          maze_list = []                            # 保存地图的列表
10          for line in fl:                           # 将读取的内容以空格分割为二维列表
11              line = line.strip()                   # 去掉空格
12              line_list = line.split(" ")           # 以空格进行分割为列表
13              maze_list.append(line_list)           # 将分割后的列表添加到地图列表中
14          return maze_list                          # 返回地图列表
```

👑 说明：

执行代码 get_map('map/map1.txt') 后，将返回一个二维列表，内容如图 20.11 所示。

```
[['1', '1', '1', '1', '1', '1', '1', '1', '1', '1', '1', '1', '1', '1', '1', '1', '1', '1', '1'],
 ['1', 'E', '0', '0', '0', '0', '0', '0', '0', '1', '0', '0', '0', '1', '0', '1', '0', '1'],
 ['1', '0', '1', '1', '1', '1', '1', '1', '0', '1', '0', '1', '1', '1', '0', '0', '0', '1'],
 ['1', '1', '1', '0', '0', '0', '0', '1', '0', '1', '0', '0', '0', '1', '0', '1', '0', '1'],
 ['1', '0', '0', '0', '1', '1', '1', '1', '1', '1', '1', '1', '1', '1', '0', '1', '0', '1'],
 ['1', '1', '1', '0', '1', '0', '0', '0', '1', '0', '1', '0', '0', '0', '0', '1', '0', '1'],
 ['1', '0', '0', '0', '1', '1', '1', '0', '1', '0', '1', '0', '1', '1', '1', '1', '0', '1'],
 ['1', '0', '1', '0', '0', '0', '1', '0', '1', '0', '1', '0', '0', '0', '0', '0', '1'],
 ['1', '0', '1', '1', '1', '0', '1', '1', '1', '1', '1', '1', '1', '1', '0', '1'],
 ['1', '1', '1', '1', '1', '1', '1', '1', '1', '1', '1', '1', '1', '1', '1', '1', '1', '1']]
```

图 20.11　保存地图信息的二维列表

20.5.3　绘制迷宫地图

从文本文件中读取到地图信息并保存到二维列表中以后，就可以使用该二维列表绘制迷宫地图了，具体步骤如下：

① 在实现绘制迷宫地图时，需要定义保存迷宫通道颜色、地图的总行数和总列表、一个格子的尺寸等全局变量，具体代码如下：

```
01    roadcolor = (191, 217, 225)            # 迷宫通道的颜色
02    R, C = 0, 0                            # 迷宫地图的总行数 R、总列数 C
03    cellsize = 20                         # 一个格子的尺寸
04    area_sign = {}                        # 记录入口和出口索引位置
05    mazeList = []                         # 地图列表
```

② 在绘制迷宫地图时，需要两个海龟对象，分别用于绘制地图和出入口标记，代码如下：

```
01    map_t = turtle.Turtle()               # 绘制地图的海龟
02    map_t.speed(0)                        # 设置绘图速度最快（地图绘制）
03    sign_t = turtle.Turtle()              # 绘制入口和出口标记的海龟
```

③ 在绘制地图时，由于需要绘制多个正方形组成迷宫地图，所以需要编写一个公共的绘制正方形的方法 draw_square()，该方法包括 3 个参数，第一个参数 ci，用于指定列索引（对应二维列表中的列）；第二个参数 ri，用于下行索引（对应二维列表中的行）；第三个参数 colorsign，用于指定颜色标识。在该方法中，首先根据索引值 ci 和 ri 计算正方形起点的 x 和 y 坐标，并且将海龟光标移动到该位置，然后根据指定的颜色标识设置正方形的填充颜色，并绘制填充的正方形，最后隐藏海龟光标。draw_square() 方法的代码如下：

```
01    def draw_square(ci, ri, colorsign):
02        '''
```

```
03          功能: 绘制组成地图的小正方形
04          :param ci: 列索引
05          :param ri: 行索引
06          :param colorsign: 填充颜色
07          '''
08          tx = ci * cellsize - C * cellsize / 2      # 根据索引值计算每个正方形的起点（x 坐标）
09          ty = R * cellsize / 2 - ri * cellsize      # 根据索引值计算每个正方形的起点（y 坐标）
10          map_t.penup()                              # 抬笔
11          map_t.goto(tx, ty)                         # 移动到绘图起点（正方形的左上角）
12          if colorsign == '1':                       # 判断是否为墙（如果为墙，则随机生成填充颜色）
13              r = random.randint(100, 130)           # 红色值
14              g = random.randint(150, 180)           # 绿色值
15              map_t.color(r, g, 200)                 # 指定颜色为随机生成的颜色
16          else:
17              map_t.color(colorsign)                 # 设置为指定的通道颜色
18          map_t.pendown()                            # 落笔
19          map_t.begin_fill()                         # 填充开始
20          for i in range(4):                         # 绘制正方形
21              map_t.fd(cellsize)
22              map_t.right(90)
23          map_t.end_fill()                           # 填充结束
24          map_t.ht()                                 # 隐藏海龟光标
```

👑 说明:

由于在指定墙的颜色时，为了美化界面效果，采用了随机生成墙的颜色，所以需要导入随机数模块，代码如下:

```
import random   # 导入随机数模块
```

④ 由于需要在地图上标记迷宫的起点和终点，即入口和出口，所以还需要定义一个绘制入口和出口标记的方法 draw_sign()，该方法包括 3 个参数，分别用于指定列索引、行索引和标记文字的内容。在该方法中，首先将索引位置转换为坐标位置，并隐藏海龟光标，然后设置抬笔并移动海龟光标到标记位置，再将画笔设置为红色，最后绘制标记文字。draw_sign() 方法的代码如下:

```
01   def draw_sign(ci, ri, word):
02          '''
03          功能: 绘制入口和出口标记
04          :param ci: 列索引
05          :param ri: 行索引
06          :param word: 标记文字内容
07          '''
08          cx, cy = itoc((ci, ri))                    # 将索引位置转换为坐标位置
09          sign_t.ht()                                # 隐藏海龟光标
10          sign_t.penup()                             # 抬笔
11          sign_t.goto(cx, cy)                        # 移动到标记位置
12          sign_t.color('red')                        # 设置画笔为红色
13          sign_t.write(word, font=(' 黑体 ', 12, 'normal'))      # 绘制标记文字
```

在上面的代码中，实现将索引位置转换为坐标位置，调用了 itoc() 方法，该方法有一个参数 ituple，该参数为由行、列索引组成的元组。itoc() 方法中，将根据行、列索引值计算每个正方形中心点的 x 和 y 坐标，并且将计算结果以元组类型返回。itoc() 方法的代码如下:

```
01   def itoc(ituple):
02          '''
03          将索引位置转换为实际坐标位置
04          :param ci: 列索引
05          :param ri: 行索引
```

```
06        :return:  实际坐标位置
07        '''
08        ci = ituple[0]
09        ri = ituple[1]
10        tx = ci * cellsize - C * cellsize / 2    # 根据索引值计算每个正方形的起点（x 坐标）
11        ty = R * cellsize / 2 - ri * cellsize    # 根据索引值计算每个正方形的起点（y 坐标）
12        cx = tx + cellsize / 2                    # 正方形中心的 x 坐标
13        cy = ty - cellsize / 2                    # 正方形中心的 y 坐标
14        return (cx, cy)
```

⑤ 创建绘制迷宫地图的 draw_map() 方法，该方法的参数为保存地图信息的二维列表。在该方法中，将通过两个嵌套的 for 循环遍历二维列表，并且根据标记内容绘制不同颜色的正方形，从而完成迷宫地图。如果标记为 S 或 E 时，还需要绘制入口和出口标记，并且记录相应的索引值。代码如下：

```
01    def draw_map(mazelist):
02        '''
03        功能: 遍历地图列表绘制迷宫地图
04        :param mazelist:  保存地图数据的列表
05        '''
06        turtle.tracer(0)                          # 隐藏动画效果
07        global area_sign                          # 全局变量, 记录入口和出口索引位置
08        for ri in range(R):                       # 遍历行
09            for ci in range(C):                   # 遍历列
10                item = mazelist[ri][ci]
11                if item in ['1']:                 # 判断墙
12                    draw_square(ci, ri, '1')      # 绘制墙
13                elif item == "S":                 # 判断入口
14                    draw_square(ci, ri, roadcolor) # 绘制通道
15                    draw_sign(ci - 1, ri, ' 入口 ') # 标记入口
16                    area_sign['entry_i'] = (ci, ri) # 保存入口索引
17                elif item == "E":                 # 判断出口
18                    draw_square(ci, ri, roadcolor) # 绘制通道
19                    draw_sign(ci - 1, ri, ' 出口 ') # 标记出口
20                    area_sign['exit_i'] = (ci, ri) # 保存出口索引
21                else:
22                    draw_square(ci, ri, roadcolor) # 绘制通道
23        turtle.tracer(1)                          # 显示动画效果
```

👑 说明：

在上面的代码中，调用 turtle.tracer() 方法用于显示或隐藏动画效果。传递的值为 0 时，表示隐藏动画效果；传递的值为 1 时，表示显示动画效果。

20.6 走迷宫设计

小海龟挑战大迷宫游戏中，走迷宫主要分为手动走迷宫和显示答案（即自动走迷宫）。下面分别进行介绍。

20.6.1 手动走迷宫

在游戏的主窗体中，输入开始的关卡，将进入到相应关卡中，此时按下键盘上的 <F2> 键，将进入手动走迷宫模式。在该模式下，玩家通过键盘上的 ↑、↓、←、→ 方向键控制小海龟沿着通路移动，如图 20.12 所示。直到小海龟从入口走到出口，则完成本关任务，并

且提示进入下一关。

图 20.12　手动走迷宫

实现手动走迷宫的步骤如下。

① 实现手动走迷宫需要创建一个海龟对象，并且设置它的画笔粗细、绘图速度、海龟光标形状等，代码如下：

```
01    manual_t = turtle.Turtle()                  # 手动走迷宫的海龟
02    manual_t.pensize(5)                         # 画笔粗细（手动）
03    manual_t.speed(0)                           # 设置绘图速度最快（手动）
04    manual_t.shape('turtle')                    # 设置海龟光标为小海龟（手动）
05    manual_t.ht()                               # 隐藏手动走迷宫所用的海龟光标（手动）
```

② 定义一个记录向 4 个方向探索对应的索引变化规则，代码如下：

```
01    # 要探索 4 个方向对应索引的变化规则
02    direction = [
03        (1, 0),                                 # 右
04        (-1, 0),                                # 左
05        (0, 1),                                 # 上
06        (0, -1)                                 # 下
```

③ 编写手动走迷宫时通用探索并移动的 manual_move() 函数。在该函数中，首先根据索引的变化规则列表中的数据获取到目标点的位置，并且调用 ctoi() 函数转换为行、列索引，然后在地图列表中获取到目标点的标记，并且根据标记进行不同的操作，如果是通路，则向前移动并且绘制红色线；如果是已探索，则绘制与通道相同颜色的线；如果是出口，则调用 wintip() 函数显示过关提示，代码如下：

```
01    def manual_move(d):
02        '''
03        功能：手动走迷宫时通用探索并移动函数
04        :param d: 向不同方向走时索引的变化规则
05        '''
06        dc, dr = d   # 将表示方向的元组分别赋值给两个变量 dc 和 dr，其中 dc 为 x 轴方向，dr 为 y 轴方向
07        rici = ctoi(round(manual_t.xcor(), 1) + dc * cellsize, round(manual_t.ycor(), 1) + dr
* cellsize)                                       # 获取行列索引
08        point = mazeList[rici[0]][rici[1]]       # 获取地图列表中对应点的值
09        if point == '0':                         # 通路
10            manual_t.color('red')
11            mazeList[rici[0]][rici[1]] = '$'     # 将当前位置标记为已探索
```

```
12          manual_t.forward(cellsize)                    # 向前移动
13      elif point == '$':                                # 已探索
14          manual_t.color(roadcolor)                     # 绘制和通道相同颜色的线，达到擦除痕迹的效果
15          # 将当前位置的前一个点设置为未探索（目的是取消标记）
16          mazeList[rici[0] + dr][rici[1] - dc] = '0'
17          manual_t.forward(cellsize)                    # 向前移动
18          manual_t.color('red')
19      elif point == 'E':                                # 出口
20          wintip()
```

在上面的代码中，调用了 ctoi() 方法，实现将坐标位置转换为对应的索引位置。该方法包括两个参数，分别用于指定列坐标和行坐标，返回值为计算后的行列索引的元组。代码如下：

```
01  def ctoi(cx, cy):
02      '''
03      根据 cx 和 cy 求在列表中对应的索引
04      :param cx: x 轴坐标
05      :param cy: y 轴坐标
06      :return: 元组，(ci,ri)
07      '''
08      ci = ((C - 1) * cellsize / 2 + cx) / cellsize # 计算列索引
09      ri = ((R - 1) * cellsize / 2 - cy) / cellsize # 计算行索引
10      return (int(ri), int(ci))                     # 返回行列索引的元组
```

④ 编写 manualpath() 函数，用于控制手动走迷宫。在该函数中，首先清除绘图，并且隐藏海龟，然后重新读取地图数据，并且调用 cmoveto() 函数，根据坐标位置移动到入口位置（不画线），再设置画笔颜色及粗细，最后让海龟屏幕（TurtleScreen）获得焦点，并且设置↑、↓、←、→方向键被按下时调用的函数。代码如下：

```
01  def manualpath():
02      '''
03      功能: 手动走迷宫
04      '''
05      manual_t.clear()                               # 清除绘图
06      auto_t.ht()                                    # 隐藏海龟
07      auto_t.clear()                                 # 清除绘图
08      global mazeList                                # 定义全局变量
09      mazeList = get_map(txt_path)                   # 重新读取地图数据
10      # print(area_sign['entry_i'][0],area_sign['entry_i'][1])
11      cmoveto(manual_t, itoc(area_sign['entry_i']))  # 移动到入口位置
12      manual_t.st()                                  # 显示手动走迷宫所用的海龟光标
13      manual_t.width(3)                              # 设置画笔粗细为 3 像素
14      manual_t.color('red')                          # 设置画笔为红色
15      manual_t.getscreen().listen()                  # 让海龟屏幕（TurtleScreen）获得焦点
16      manual_t.getscreen().onkeyrelease(upmove, 'Up')       # 按下向上方向键
17      manual_t.getscreen().onkeyrelease(downmove, 'Down')   # 按下向下方向键
18      manual_t.getscreen().onkeyrelease(leftmove, 'Left')   # 按下向左方向键
19      manual_t.getscreen().onkeyrelease(rightmove, 'Right') # 按下向右方向键
```

⑤ 在上面的代码中，调用了 cmoveto() 函数，根据坐标位置移动到入口位置（不画线），该函数包括两个参数，第一个参数 t，用于指定要操作的海龟对象；第二个参数为记录坐标位置的元组。在该函数中，首先隐藏海龟光标，并且设置抬笔，然后移动海龟到指定位置，再设置落笔。代码如下：

```
01  def cmoveto(t, ctuple):                            # 移动到指定位置
02      '''
03      功能: 根据坐标位置移动到指定位置（不画线）
```

```
04          :param t: 海龟对象
05          :param ctuple: 记录坐标位置的元组
06          '''
07          t.ht()                              # 隐藏海龟光标
08          t.penup()                           # 抬笔
09          t.goto(ctuple[0], ctuple[1])        # 移动到坐标指定的位置
10          t.pendown()                         # 落笔
```

⑥ 编写↑、↓、←、→方向键对应的方法。在每个方法中设置海龟朝向，并且调用 manual_move() 函数探索并移动海龟。代码如下：

```
01      def upmove():                           # 朝上
02          manual_t.setheading(90)             # 设置海龟朝向
03          manual_move(direction[2])           # 手动探索并移动
04      def downmove():                         # 朝下
05          manual_t.setheading(270)            # 设置海龟朝向
06          manual_move(direction[3])           # 手动探索并移动
07      def leftmove():                         # 朝左
08          manual_t.setheading(180)            # 设置海龟朝向
09          manual_move(direction[1])           # 手动探索并移动
10      def rightmove():                        # 朝右
11          manual_t.setheading(0)              # 设置海龟朝向
12          manual_move(direction[0])           # 手动探索并移动
```

⑦ 在程序入口中，添加键盘监听，并且设置当按下〈F2〉键时，调用 manualpath() 函数开启手动走迷宫。代码如下：

```
01          turtle.listen()                     # 添加键盘监听
02          turtle.onkey(manualpath, 'F2')      # 手动走迷宫
```

20.6.2 显示答案（自动走迷宫）

在游戏的主窗体中，输入开始的关卡，将进入相应关卡中，此时按下键盘上的<F1>键，将显示正确的行走路线，即进入自动走迷宫模式。在该模式下，玩家不需要操作，小海龟会自动从出口走向入口，同时留下行走痕迹，如图 20.13 所示。

图 20.13 显示答案

👑 多学两招：

　　在玩走迷宫游戏时，如果通路比较复杂，可以从出口开始向入口逆向行走。但是本章中实现的小海龟挑战大迷宫游戏，手动走迷宫时不支持逆向行走。

实现自动走迷宫的步骤如下。

① 实现自动走迷宫需要创建一个海龟对象，并且设置它的画笔粗细、绘图速度、海龟光标形状等，代码如下：

```
01    auto_t = turtle.Turtle()            # 自动走迷宫的海龟
02    auto_t.pensize(5)                    # 画笔粗细（自动）
03    auto_t.speed(0)                      # 设置绘图速度最快（手动）
04    auto_t.ht()                          # 隐藏海龟光标
```

② 编写根据索引位置移动海龟（画线）的 draw_path() 函数。该函数包括 3 个参数，分别用于指定列、行索引和画笔颜色。在该函数中，首先设置海龟光标显示，然后应用 itoc() 函数将索引位置转换为坐标位置，再设置画笔颜色，最后移动海龟到指定位置，代码如下：

```
01    def draw_path(ci, ri, color="green"):     # 自动绘制用
02        '''
03        功能：根据索引位置移动海龟（画线）
04        :param ci： 列索引
05        :param ri： 行索引
06        :param color： 画笔颜色
07        '''
08        auto_t.st()                       # 显示海龟光标
09        cx, cy = itoc((ci, ri))           # 将索引位置转换为坐标位置
10        auto_t.color(color)
11        auto_t.goto(cx, cy)
```

③ 编写 autopath() 函数，用于控制自动走迷宫。在该函数中，首先重新读取地图数据，并且隐藏海龟，然后清除绘图，并设置画笔粗细和绘图速度，再隐藏海龟光标，最后调用 find() 函数开始探索。代码如下：

```
01    def autopath():
02        '''
03        功能：查看答案（自动走迷宫）
04        '''
05        global mazeList                   # 定义全局变量
06        mazeList = get_map(txt_path)      # 重新读取地图数据
07        manual_t.ht()                     # 隐藏海龟
08        manual_t.clear()                  # 清除绘图
09        auto_t.clear()                    # 清除绘图
10        auto_t.pensize(5)                 # 设置画笔粗细
11        auto_t.speed(0)                   # 绘图速度
12        auto_t.ht()                       # 隐藏海龟光标
13        find(mazeList)                    # 开始探索
```

④ 编写 find() 函数，该函数有一个参数，用于指定地图列表。在该函数中，首先清除帮助绘图，然后通过嵌套的 for 循环遍历保存地图的二维列表，并且找到入口位置，再调用 draw_path() 函数绘制海龟移动痕迹，并且调用 findnext() 函数进行递归探索当前路线是否为通路。代码如下：

```
01    def find(mazeList):
02        '''
03        功能：开始探索
04        :param mazeList: 地图列表
05        '''
06        auto_t.clear()                    # 清空帮助
07        start_r, start_c = 0, 0
08        for ri in range(R):
09            for ci in range(C):
```

```
10                item = mazeList[ri][ci]
11                if item == "S":
12                    start_r, start_c = ri, ci
13      auto_t.penup()                              # 抬笔
14      draw_path(start_c, start_r)
15      findnext(mazeList, start_c, start_r)
```

⑤ 编写递归搜索判断是否为通路的函数 findnext()。该函数包括 3 个参数，分别为地图列表、列索引和行索引，返回值为布尔值，为 True 表示是通路，为 False 表示是墙。在该函数中，从地图列表中获取要探索位置对应的标记，然后根据获取的标记进行相应的判断，如果当前点为通路，还需要递归调用 findnext() 函数，继续判断，直到找到一条通路则不再探索，并且返回 True。代码如下：

```
01   def findnext(mlist, ci, ri):
02       '''
03       功能: 递归搜索判断是否为通路
04       :param mlist: 地图列表
05       :param ci: 列索引
06       :param ri: 行索引
07       :return: 布尔值，表示是否为通路
08       '''
09       if mlist[ri][ci] == "E":
10           imoveto(ci, ri)                        # 移动到出口
11           return True
12       if not (0 <= ci < C and 0 <= ri < R):      # 判断位置是否不合法
13           return False
14       if mlist[ri][ci] in ['1', '$']:            # 判断是否为墙或者已探索过的
15           return False
16       mlist[ri][ci] = "$"                        # 标记已探索过
17       for d in direction:   # 尝试从不同方向探索是否为通路，如果发现一条通路，则不再继续探索
18           dc, dr = d   # 将索引变化规则的值分别赋值给 dc 和 dr，其中 dc 为 x 轴方向，dr 为 y 轴方向
19           found = findnext(mlist, ci + dc, ri + dr)   # 递归调用
20           if found:                              # 如果是通路则绘制线路
21               draw_path(ci, ri)                  # 绘制线路
22               return True                        # 返回 True，不再探索
23       return False                               # 当所有方向都不通时，返回 False
```

在上面的代码中，调用了 imoveto() 函数，根据索引位置移动海龟（不画线），该函数包括两个参数，分别用于指定列索引和行索引。在该函数中，首先设置抬笔，并且调用 itoc() 函数，将传递的索引位置转换为坐标位置，然后移动海龟到指定位置，再设置落笔，最后设置海龟光标形状、画笔颜色，并且显示海龟光标。代码如下：

```
01   def imoveto(ci, ri):
02       '''
03       功能: 根据索引位置移动海龟 (不画线)
04       :param ci: 列索引
05       :param ri: 行索引
06       '''
07       auto_t.penup()                             # 抬笔
08       cx,cy = itoc((ci,ri))                      # 将索引位置转换为坐标位置
09       auto_t.goto(cx, cy)                        # 移动到指定位置
10       auto_t.pendown()                           # 落笔
11       auto_t.shape('turtle')                     # 设置海龟光标的形状
12       auto_t.color('red')                        # 设置画笔颜色为红色
13       auto_t.st()                                # 显示海龟光标
```

⑥ 在程序入口中，设置当按下〈F1〉键时，调用 autopath() 函数显示答案。代码如下：

```
turtle.onkey(autopath, 'F1')                        # 显示答案
```

20.7　关卡设置

小海龟挑战大迷宫游戏共提供 3 个关卡，每个关卡的难度逐渐增加，第 3 关为关底，通过第 3 关后将退出游戏。下面将介绍如何在小海龟挑战大迷宫游戏中进行关卡设置。

20.7.1　初始化关卡信息

编写初始化关卡信息的函数 levelinit()，在该函数中，首先清除绘图，并定义一些全局变量，然后根据关卡数设置采用的地图文件和背景图片，并且调用 get_map() 函数获取地图列表，再根据获取的地图数据设置窗口尺寸，并且设置背景，最后隐藏海龟光标，并且调用 draw_map() 函数绘制地图，代码如下：

```
01    def levelinit():
02        '''
03        功能: 开始闯关
04            游戏规则:
05            按下 F2 键开始手动走迷宫; 按下 F1 键查看答案
06            按下↑↓←→方向键控制小海龟移动, 闯关成功后, 按 Enter 进入下一关
07        '''
08        manual_t.clear()                            # 清除绘图
09        auto_t.clear()                              # 清除绘图
10        turtle.clear()                              # 清除绘图
11        global txt_path, level, mazeList, R, C      # 定义全局变量
12        if level == 1:                              # 第一关的地图文件和背景
13            txt_path = "map/map1.txt"
14            levelbg = 'image/level1.png'
15        elif level == 2:                            # 第二关的地图文件和背景
16            txt_path = "map/map2.txt"
17            levelbg = 'image/level2.png'
18        elif level == 3:                            # 第三关的地图文件和背景
19            txt_path = "map/map3.txt"
20            levelbg = 'image/level3.png'
21        else:
22            turtle.bye()                            # 退出程序
23            return
24        mazeList = get_map(txt_path)                # 获取地图数据
25        R, C = len(mazeList), len(mazeList[0])
26        turtle.setup(width=C * cellsize + 50, height=R * cellsize + 100)# 根据地图调整窗口尺寸
27        turtle.bgpic(levelbg)                       # 设置背景图片
28        '''
29        # 如果想要手动绘制关卡数, 可以使用下面的两行代码
30        cmoveto(turtle, (1 * cellsize - C * cellsize / 2, R * cellsize / 2+10))
31        turtle.write(' 关卡: '+str(int(level)), font=(' 宋体 ', 16, 'normal'))
32        '''
33        turtle.ht()                                 # 隐藏海龟光标
34        draw_map(mazeList)                          # 绘制地图
```

在程序入口中，调用 levelinit() 函数，开始闯关，代码如下：

```
levelinit()                                         # 开始闯关
```

20.7.2 实现过关提示

过关提示即玩家闯过一关后给出的提示。在小海龟挑战大迷宫游戏中，过关提示分为两种：一种是进入关底给出提示并且退出游戏，如图 20.14 所示；另一种是进入下一关提示，如图 20.15 所示。

图 20.14　关底提示

图 20.15　进入下一关提示

在 20.6.1 节编写的 manual_move() 函数中，如果为出口，则调用 wintip() 函数显示过关提示。下面将编写该函数，用于在屏幕中显示过关提示。如果是第 3 关，则退出游戏，否则提示进入下一关。代码如下：

```
01  def wintip():
02      '''
03      功能: 制作过关提示
04      '''
05      global level
06      cmoveto(manual_t, (-150, 0))
07      manual_t.color('blue')
08      if int(level) == 3:
09          manual_t.write('\n 恭喜您顺利通关! ', font=(' 黑体 ', 20, 'bold'))
10          turtle.onkey(turtle.bye, key='Return')      # 监听按下 Enter 键退出游戏
11      else:
12          manual_t.write('\n 恭喜过关! \n 按下 Enter 进入下一关! ', font=(' 黑体 ', 20, 'bold'))
13          level += 1
14          manual_t.color('red')
15          turtle.onkey(levelinit, key='Return')       # 监听按下 Enter 键
```

第4篇　项目篇

本章知识思维导图

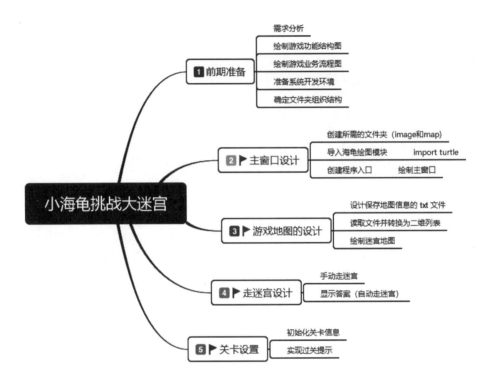

第 21 章
AI 图像识别助手

扫码领取
➤ 配套视频
➤ 配套素材
➤ 学习指导
➤ 交流社群

 本章学习目标

- 了解 AI 图像识别助手的需求
- 了解系统功能结构和业务流程
- 了解开发环境及文件夹组织结构
- 掌握如何申请百度 AI 接口
- 学会主窗口设计
- 掌握调用百度 AI 接口进行图像识别的方法
- 掌握复制识别结果到剪贴板的方法

21.1 需求分析

从一张图片中获取图片上的相关信息是一件很麻烦的事情，本章将通过 Python 与 PyQt5+ 百度 AI 开放平台开发接口技术，实现简单的识别图片上信息的项目——AI 图像识别助手。本项目可以识别银行卡、植物、动物、通用票据、营业执照、身份证、车牌号、驾驶证、行驶证、车型、Logo 等图片中的相关信息。

21.2 系统设计

21.2.1 系统功能结构

AI 图像识别助手只有一个主窗体，在该窗体中，可以选择识别类型，然后再选择要识别的图片，最后显示识别结果，具体的功能结构如图 21.1 所示。

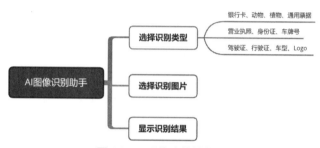

图 21.1 系统功能结构图

21.2.2 系统设计流程

AI 图像识别助手的设计流程如图 21.2 所示。

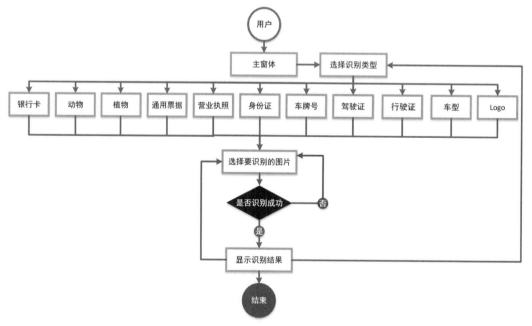

图 21.2 设计流程图

21.2.3 系统预览

AI 图像识别助手默认显示效果如图 21.3 所示。

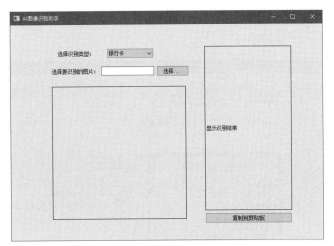

图 21.3　AI 图像识别助手默认显示效果

选择识别类型，点击默认显示银行卡的下拉按钮，如图 21.4 所示。

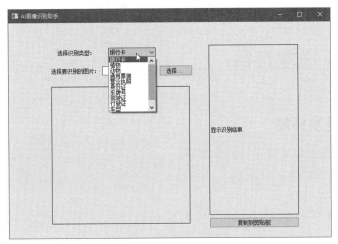

图 21.4　选择识别类型

选择完类别后，点击"选择 ..."按钮，弹出选择图片弹窗，如图 21.5 所示。

图 21.5　弹出选择图片弹窗

找到想要选择的图片，选择完成后，将会根据选择的类型显示图片中的相关信息。以驾驶证图片识别为例，结果如图 21.6 所示。

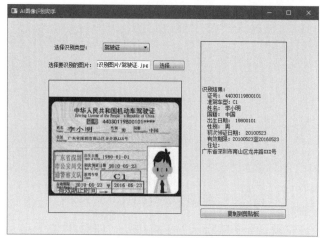

图 21.6　显示驾驶证识别结果

21.3　系统开发必备

21.3.1　系统开发环境

本系统的软件开发及运行环境具体如下。

- 操作系统：Windows 10 及以上。
- 虚拟环境：virtualenv。
- 开发工具：PyCharm / Sublime Text 3 等。
- 第三方模块：urllib、urllib.request、Base64、json、PyQt5。
- API 接口：百度 API 接口。

21.3.2　文件夹组织结构

AI 图像识别助手的文件夹结构比较简单，只包括一个程序编码文件、界面 UI 文件和初始化文件，具体的文件夹组织结构如图 21.7 所示。

图 21.7　文件夹组织结构

21.4　开发前的准备工作

在开发 AI 图像识别助手项目时，主要使用了 PyQt5 搭建界面，以及 Base64、urllib、

urllib.request 这 3 种模块来获取百度 API 接口信息，然后使用 json 模块解析，返回 json 类型数据。

21.4.1 申请百度 AI 接口

图像识别主要使用的就是百度 AI 开放平台申请的接口，申请地址为 "http://ai.baidu.com/"。访问该申请地址后，点击菜单栏中的 "控制台"，再点击 "图像识别"，如图 21.8 所示。

图 21.8　点击 "图像识别"

点击 "图像识别" 后，会提示进入登录页面，如图 21.9 所示。

图 21.9　登录页面

登录成功后进入控制台，依次单击 "产品服务" → "全部产品" → "图像识别"，如图 21.10 所示。

进入 "图像识别" 页面后选择创建应用，添加应用名称，然后根据项目需求可以勾选多个接口权限（默认仅有图像识别权限），最后单击立即创建，完成应用创建。应用创建完成后进入 "应用列表" 页面，在该页面中查看项目中需要使用的 API Key、Secret Key 的值。如图 21.11 所示。

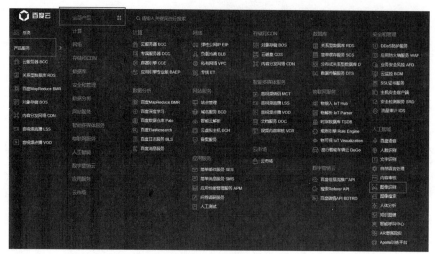

图 21.10　图像识别

	应用名称	AppID	API Key	Secret Key	创建时间	操作
1	图像识别工具			＊＊＊＊＊＊＊ 显示		报表 管理 删除

图 21.11　查询应用 API Key、Secret Key

👑 注意：

申请百度 AI 接口的 Key 后，创建的应用一定不要删除，如果删除了，那么再使用已经申请到的 Key 将抛出异常。

21.4.2　urllib、urllib.request 模块

urllib 是 Python 内置的 HTTP 请求库，用于获取 url（Uniform Resource Locators，统一资源定位符），可以用来抓取远程的数据。urllib.request 为请求模块。

导入 urllib 库，然后使用 urllib.request 请求，代码如下：

```
01    import urllib.request
02    # client_id 为官网获取的 AK，client_secret 为官网获取的 SK
03    host = 'https://aip.baidubce.com/oauth/2.0/token?grant_type=client_credentials&client_
      id=' + API_KEY + '&client_secret=' + SECRET_KEY
04    # 发送请求
05    request = urllib.request.Request(host)
06    # 添加请求头
07    request.add_header('Content-Type', 'application/json; charset=UTF-8')
08    # 获取返回内容
09    response = urllib.request.urlopen(request)
10    # 读取返回内容
11    content = response.read()
```

👑 说明：

以上网络请求的目标地址为百度 AI 图像识别助手的接口，详细信息可以参考官网中的 API 文档。

21.4.3　json 模块

JSON 是 Java Script Object Notation 的简称。它是一种轻量级的数据交换格式。Python 3.x 可以使用 json 模块来对 JSON 数据进行编解码。

（1）json 模块的常用方法

- json.dump()：将 Python 数据对象以 JSON 格式数据流的形式写入到文件。
- json.load()：解析包含 JSON 数据的文件为 Python 对象。
- json.dumps()：将 Python 数据对象转换为 JSON 格式的字符串。
- json.loads()：将包含 JSON 格式的字符串、字节以及字节数组解析为 Python 对象。

（2）json 的使用

导入 json 模块，然后使用 json 模块解析 JSON 格式数据，代码如下：

```
01    import json
02    # Python 字典类型转换为 JSON 对象
03    data1 = {
04        'no' : 1,
05        'name' : 'Runoob',
06        'url' : 'http://www.runoob.com'
07    }
08    json_str = json.dumps(data1)
09    print ("Python 原始数据: ", repr(data1))
10    print ("JSON 对象: ", json_str)
11    # 将 JSON 对象转换为 Python 字典
12    data2 = json.loads(json_str)
13    print ("data2['name']: ", data2['name'])
14    int ("data2['url']: ", data2['url'])
```

执行以上代码输出结果为：

```
Python 原始数据: {'name': 'Runoob', 'no': 1, 'url': 'http://www.runoob.com'}
JSON 对象: {"name": "Runoob", "no": 1, "url": "http://www.runoob.com"}
data2['name']:  Runoob
data2['url']:  http://www.runoob.com
```

21.5　AI 图像识别助手的开发

21.5.1　设计主窗体

在设计 AI 图像识别助手的主窗体时，首先需要创建主窗体外层，然后依次添加分类选择部分、图片选择部分、选择的图片显示部分、识别结果显示部分、复制识别结果部分，如图 21.12 所示。

21.5.2　添加分类

根据原型分析分类有银行卡、动物、植物、通用票据、营业执照、身份证、车牌号、驾驶证、行驶证、车型、Logo 等。需要添加分类到控件 QComboBox 中，代码如下：

```
01    # 设置下拉控件选项内容
02    self.comboBox.setItemText(0, _translate("Form", "银行卡"))
03    self.comboBox.setItemText(1, _translate("Form", "植物"))
04    self.comboBox.setItemText(2, _translate("Form", "动物"))
05    self.comboBox.setItemText(3, _translate("Form", "通用票据"))
06    self.comboBox.setItemText(4, _translate("Form", "营业执照"))
07    self.comboBox.setItemText(5, _translate("Form", "身份证"))
08    self.comboBox.setItemText(6, _translate("Form", "车牌号"))
```

```
09    self.comboBox.setItemText(7, _translate("Form", "驾驶证"))
10    self.comboBox.setItemText(8, _translate("Form", "行驶证"))
11    self.comboBox.setItemText(9, _translate("Form", "车型"))
12    self.comboBox.setItemText(10, _translate("Form", "Logo"))
```

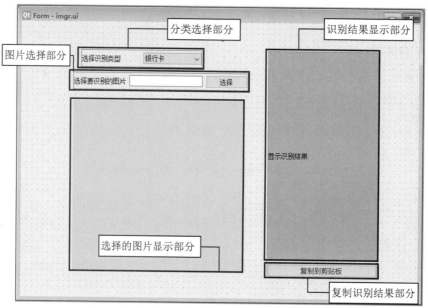

图 21.12　AI 图像识别助手的主窗体

添加分类运行效果如图 21.13 所示。

21.5.3　选择识别的图片

图 21.13　添加分类

选择要识别图片的功能是单击按钮后弹出选择框，进行图片选择，图片选择后显示图片路径以及图片预览效果，同时根据选择的分类去进行图像的识别，实现步骤如下：

① 为按钮添加单击事件，代码如下：

```
01    # 为按钮设置方法
02    self.pushButton.clicked.connect(self.openfile)
```

② 实现新建 openfile 按钮单击事件方法，在该方法中打开文件选择对话框，查找图片，返回选择的图片，进行相应的处理，包括显示图片、设置显示图片路径、调用创建的 typeTp() 方法判断选择类型，进行图片识别，代码如下：

```
01    # 打开文件选择对话框方法
02    def openfile(self):
03        # 启动选择文件对话框，查找 jpg 以及 png 图片
04        self.download_path = QFileDialog.getOpenFileName(self.widget1, "选择要识别的图片",
"/", "Image Files(*.jpg *.png)")
05        # 判断是否选择图片
06        if not self.download_path[0].strip():
07            # 没有选择图片
08            pass
09        else:
10            # 选择图片执行以下内容
```

```
11          # 设置图片路径
12          self.lineEdit.setText(self.download_path[0])
13          # pixmap 解析图片
14          pixmap = QPixmap(self.download_path[0])
15          # 等比例缩放图片
16          scaredPixmap = pixmap.scaled(QSize(311, 301), aspectRatioMode=Qt.KeepAspectRatio)
17          # 设置图片
18          self.image.setPixmap(scaredPixmap)
19          # 判断选择的类型, 根据类型做相应的图片处理
20          self.image.show()
21          # 判断选择的类型
22          self.typeTp()
23          pass
```

③ 实现分类方法 typeTp(), 判断选择的分类, 进行图片识别, 代码如下:

```
01  # 判断选择的类型进行相应处理
02  def typeTp(self):
03      # 银行卡识别
04      if self.comboBox.currentIndex() == 0:
05          self.get_bankcard(self.get_token())
06          pass
07      # 植物识别
08      elif self.comboBox.currentIndex() == 1:
09          self.get_plant(self.get_token())
10          pass
11      # 动物识别
12      elif self.comboBox.currentIndex() == 2:
13          self.get_animal(self.get_token())
14          pass
15      # 通用票据识别
16      elif self.comboBox.currentIndex() == 3:
17          self.get_vat_invoice(self.get_token())
18          pass
19      # 营业执照识别
20      elif self.comboBox.currentIndex() == 4:
21          self.get_business_licensev(self.get_token())
22          pass
23      # 身份证识别
24      elif self.comboBox.currentIndex() == 5:
25          self.get_idcard(self.get_token())
26          pass
27      # 车牌号识别
28      elif self.comboBox.currentIndex() == 6:
29          self.get_license_plate(self.get_token())
30          pass
31      # 驾驶证识别
32      elif self.comboBox.currentIndex() == 7:
33          self.get_driving_license(self.get_token())
34          pass
35      # 行驶证识别
36      elif self.comboBox.currentIndex() == 8:
37          self.get_vehicle_license(self.get_token())
38          pass
39      # 车型识别
40      elif self.comboBox.currentIndex() == 9:
41          self.get_car(self.get_token())
42          pass
43      # Logo 识别
44      elif self.comboBox.currentIndex() == 10:
45          self.get_logo(self.get_token())
46          pass
47      pass
```

第 4 篇 项目篇

355

运行程序，选择要识别的图片，效果如图 21.14 所示。

图 21.14　选择要识别的图片

21.5.4　银行卡图像识别

图像识别使用的是百度 AI 接口，访问百度接口，返回相应的数据，使用 json 进行处理。以银行卡识别为例，代码如下：

```
01  # 银行卡识别
02  def get_bankcard(self, access_token):
03      request_url = "https://aip.baidubce.com/rest/2.0/ocr/v1/bankcard"
04      # 二进制方式打开图片文件
05      f = self.get_file_content(self.download_path[0])
06      img = base64.b64encode(f)
07      params = {"image": img}
08      params = urllib.parse.urlencode(params).encode('utf-8')
09      request_url = request_url + "?access_token=" + access_token
10      request = urllib.request.Request(url=request_url, data=params)
11      request.add_header('Content-Type', 'application/x-www-form-urlencoded')
12      response = urllib.request.urlopen(request)
13      content = response.read()
14      if content:
15          # 解析返回数据
16          bankcards = json.loads(content)
17          # 输出返回结果
18          strover = ' 识别结果: \n'
19          # 捕捉异常判断是否正确返回信息
20          try:
21              # 判断银行卡类型
22              if bankcards['result']['bank_card_type']==0:
23                  bank_card_type=' 不能识别 '
24              elif bankcards['result']['bank_card_type']==1:
25                  bank_card_type = ' 借记卡 '
26              elif bankcards['result']['bank_card_type'] == 2:
27                  bank_card_type = ' 信用卡 '
28              strover += '  卡号: {} \n  银行: {} \n  类型: {} \n'.format(bankcards['result']
['bank_card_number'], bankcards['result']['bank_name'],bank_card_type)
```

```
29          # 错误的时候提示错误原因
30          except BaseException:
31              error_msg = bankcards['error_msg']
32              strover += ' 错误: \n {} \n '.format(error_msg)
33          # 设置识别显示结果
34          self.label_3.setText(strover)
```

运行程序，银行卡图像识别的效果如图 21.15 所示。

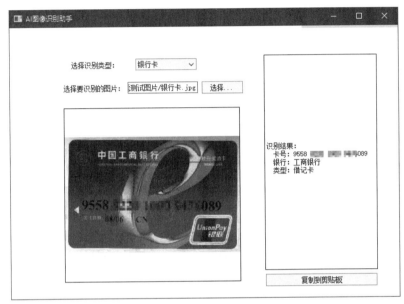

图 21.15　银行卡图像识别

21.5.5　植物图像识别

图像识别使用的是百度 AI 接口，有了银行卡识别的基础，接下来实现植物图像识别，
代码如下：

```
01  # 植物识别
02  def get_plant(self, access_token):
03      request_url = "https://aip.baidubce.com/rest/2.0/image-classify/v1/plant"
04      # 二进制方式打开图片文件
05      f = self.get_file_content(self.download_path[0])
06      # 转换图片
07      img = base64.b64encode(f)
08      # 拼接图片参数
09      params = {"image": img}
10      params = urllib.parse.urlencode(params).encode('utf-8')
11      # 请求地址
12      request_url = request_url + "?access_token=" + access_token
13      # 发送请求传递图片参数
14      request = urllib.request.Request(url=request_url, data=params)
15      # 添加访问头部
16      request.add_header('Content-Type', 'application/x-www-form-urlencoded')
17      # 接收返回内容
18      response = urllib.request.urlopen(request)
19      # 读取返回内容
20      content = response.read()
21      # 内容判断
```

第 4 篇　项目篇

```
22        if content:
23            plants = json.loads(content)
24            strover = ' 识别结果: \n'
25            try:
26                i = 1
27                for plant in plants['result']:
28                    strover += '{} 植物名称: {} \n'.format(i, plant['name'])
29                    i += 1
30            except BaseException:
31                error_msg = plants['error_msg']
32                strover += '  错误: \n {} \n '.format(error_msg)
33            self.label_3.setText(strover)
```

运行程序，植物图像识别的效果如图 21.16 所示。

图 21.16　植物图像识别

21.5.6　动物图像识别

使用百度 AI 接口时，还提供了动物图像识别的功能，具体代码如下：

```
01    # 动物识别
02    def get_animal(self, access_token):
03        request_url = "https://aip.baidubce.com/rest/2.0/image-classify/v1/animal"
04        # 二进制方式打开图片文件
05        f = self.get_file_content(self.download_path[0])
06        img = base64.b64encode(f)                      # 转换图片
07        # 拼接图片参数
08        params = {"image": img, "top_num": 6}
09        params = urllib.parse.urlencode(params).encode('utf-8')
10        # 请求地址
11        request_url = request_url + "?access_token=" + access_token
12        # 发送请求传递图片参数
13        request = urllib.request.Request(url=request_url, data=params)
14        # 添加访问头部
15        request.add_header('Content-Type', 'application/x-www-form-urlencoded')
16        response = urllib.request.urlopen(request)      # 接收返回内容
```

```
17        content = response.read()                          # 读取返回内容
18        if content:                                        # 内容判断
19            animals = json.loads(content)
20            strover = ' 识别结果: \n'
21            try:
22                i = 1
23                for animal in animals['result']:
24                    strover += '{} 动物名称: {} \n'.format(i, animal['name'])
25                    i += 1
26            except BaseException:
27                error_msg = animals['error_msg']
28                strover += ' 错误: \n {} \n '.format(error_msg)
29            self.label_3.setText(strover)
```

运行程序，动物图像识别的效果如图 21.17 所示。

图 21.17　动物图像识别

21.5.7　复制识别结果到剪贴板

通过上面的步骤，我们获取到了图像的识别结果，接下来复制识别结果到剪贴板，该功能在 Python 中很好实现。

为按钮添加单击事件，代码如下：

```
01    # 为按钮设置点击方法
02    self.pushButton_2.clicked.connect(self.copyText)
```

创建 copyText() 方法，该方法可以实现复制识别结果到剪贴板，代码如下：

```
01    # 复制文字到剪贴板方法
02    def copyText(self):
03        # 复制文字到剪贴板
04        clipboard = QApplication.clipboard()
05        # 设置复制的内容
06        clipboard.setText(self.label_3.text())
```

本章知识思维导图

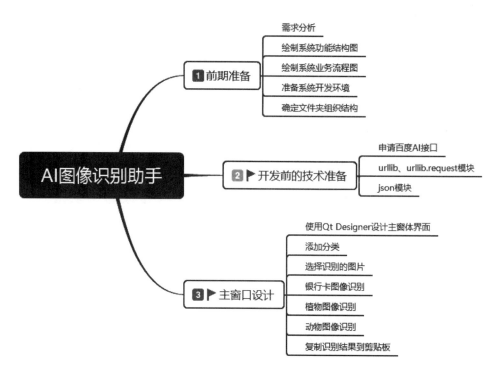